Check up

Mathematik 7/8

Schroedel

Check up
Mathematik 7/8

Autor:

Rolf Hermes

ISBN 978-3-507-23103-0

Druck [1] / Jahr 2007

Umschlaggestaltung: Janssen Kahlert Design & Kommunikation, Hannover
Pictogramme: Thies Schwarz, Hannover
Gesamtherstellung: imprint, Zusmarshausen
Fachkorrektur: Rainer Hild
Druck und Bindung: pva, Landau

Liebe Schülerin, lieber Schüler,

Check-up wird dir helfen, den Überblick über den Mathematikstoff der Jahrgangsstufen 7 und 8 zu bewahren oder ihn zu gewinnen! Du kannst mit diesem Buch kapitelweise oder auch von vorne nach hinten arbeiten. Das gibt dir garantiert eine Menge Übung und Sicherheit.

Alle wichtigen Stoffbereiche des 7. und 8. Schuljahres findest du hier in gut überschaubaren Einheiten. So kannst du gezielt Wissenslücken schließen und deine Kenntnisse verbessern. Jedes Kapitel ist dreigeteilt.

Wissen: Im ersten Teil wird anschaulich und knapp Basiswissen erklärt.
Tests: Jede Menge Aufgaben – damit kannst du dich selbst prüfen.
Lösungen: Der letzte Teil bietet dir weit mehr als nur die richtigen Ergebnisse. Schritt für Schritt werden Lösungswege gezeigt, Tipps und Tricks helfen weiter.

Wenn du im Buch nicht genügend Platz für deine Lösungen hast, solltest du die CD-Version nutzen oder dir ein eigenes Übungsheft anlegen.

Auf der CD-ROM findest Du **alle Tests** und **viele Zusatzaufgaben** zum Ausdrucken. Das Inhaltsverzeichnis zur CD-ROM steht auf Seite 192.

Die Glühbirne kennzeichnet Aufgaben, bei denen du etwas mehr wissen oder auch mal „um die Ecke“ denken musst – oder die einfach nur wirklich schwierig sind.

Die Gewitterwolke warnt dich vor typischen Fehlerquellen oder möglichen Missverständnissen.

Das Ausrufezeichen macht dich auf Tipps, Tricks und Regeln aufmerksam, die du dir auf jeden Fall merken solltest.

Viel Erfolg wünscht dir
das Check-up-Team

1 Rechnen mit rationalen Zahlen

1 Natürliche, ganze und rationale Zahlen

Die rationalen Zahlen umfassen alle Zahlenmengen, die du kennengelernt hast: die **natürlichen Zahlen**: $\mathbb{N} = \{1;\ 2;\ 3;\ 4;\ 5\ ...\}$
bzw. **einschließlich Null**: $\mathbb{N}_0 = \{0;\ 1;\ 2;\ 3;\ 4;\ ...\}$
die **ganzen Zahlen**: $\mathbb{Z} = \{...;\ -3;\ -2;\ -1;\ 0;\ 1;\ 2;\ 3;\ ...\}$
die **rationalen Zahlen**: $\mathbb{Q} = \left\{\frac{p}{q} \mid p \in \mathbb{Z} \text{ und } q \in \mathbb{N}\right\}$

Merke dir folgende Teilmengenbeziehungen: $\mathbb{N} \subset \mathbb{N}_0 \subset \mathbb{Z} \subset \mathbb{Q}$

Beispiel 1: -5 ist eine ganze Zahl: $-5 \in \mathbb{Z}$; durch die Schreibweise $-5 = -\frac{5}{1} = -\frac{10}{2} = ...$ wird deutlich, dass -5 auch als Bruch aufgefasst werden kann und deshalb auch rational ist: $-5 \in \mathbb{Q}$.
(Diese Überlegung gilt für alle ganzen Zahlen, daher gilt: $\mathbb{Z} \subset \mathbb{Q}$.)
(Das Zeichen „$\subset$“ bedeutet „Teilmenge von“, „$\supset$“ bedeutet „Obermenge von“.)

Zur Erinnerung: Eine rationale Zahl kannst du auch als **Dezimalbruch** schreiben, und zwar als endliche Dezimalzahl $\left(\text{z. B. } \frac{3}{4} = 0{,}75\right)$ oder als unendlich-periodische Dezimalzahl $\left(\text{z. B. } \frac{1}{12} = 0{,}08\overline{3}\right)$.

2 Rationale Zahlen auf dem Zahlenstrahl

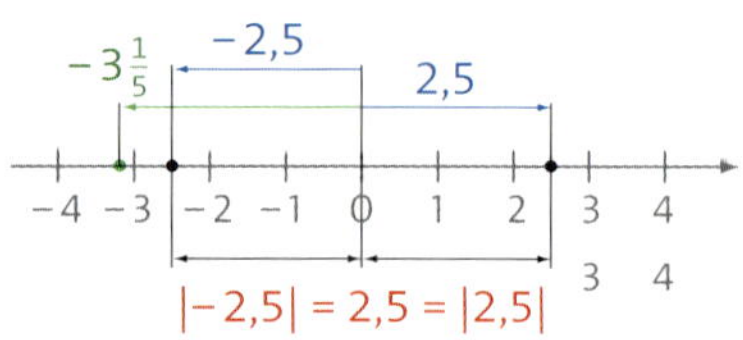

In der Regel wird ein Zahlenstrahl mithilfe ganzer Zahlen skaliert. Jeder rationalen Zahl kann dann eindeutig ein **Punkt auf dem Zahlenstrahl** zugewiesen werden, wahlweise auch die **orientierte Länge des Pfeils, der von Null aus zu dieser Zahl weist.**

Beispiel 2: Rationale Zahlen, die sich nur durch ihr Vorzeichen unterscheiden, z. B. 2,5 und $-2{,}5$, nennt man **Gegenzahlen** (auch: **Spiegelzahlen**), und ihre Pfeile besitzen dieselbe Länge. Ihr **Betrag** gibt ihren Abstand zur Null an, z. B. $|-2{,}5| = |2{,}5| = 2{,}5$.

Beispiel 3: Zwei rationale Zahlen $a;\ b \in \mathbb{Q}$ erfüllen stets eine der **drei Relationen „$a < b$“** (a ist kleiner als b), **„$a > b$“** (a ist größer als b) oder **„$a = b$“** (a ist gleich b).
Auf dem Zahlenstrahl liegt die kleinere Zahl stets weiter links, z. B.: $-3\frac{1}{5} < -2{,}5 < 2{,}5$.

3 Zwei wichtige Eigenschaften rationaler Zahlen

– Zwischen zwei rationalen Zahlen $a; b \in \mathbb{Q}$ liegt stets mindestens eine weitere rationale Zahl, z. B. ihr Mittelwert $\frac{1}{2} \cdot (a + b)$, deshalb wird die **Menge** $\mathbb{Q}$ als **dicht** bezeichnet.

– Mache dir zunächst klar, dass in der folgenden Tabelle *alle* rationalen Zahlen $\frac{p}{q}$ aufgeführt werden. Folgst du nun dem roten Zählpfad **1** → **2** → **3** → ..., so werden alle rationalen Zahlen auch lückenlos gezählt. Man sagt, dass die **Menge** $\mathbb{Q}$ **abzählbar** ist.

...	−3	−2	−1	←p→ / q↓	0	1	2	3	...
...	[16] $\frac{-3}{1} = -3$	[4] $\frac{-2}{1} = -2$	[3] $\frac{-1}{1} = -1$	1	[1] $\frac{0}{1} = 0$	[9] $\frac{1}{1} = 1$	[10] $\frac{2}{1} = 2$	$\frac{3}{1} = 3$	...
...	$\frac{-3}{2} = -1\frac{1}{2}$	$\frac{-2}{2} = -1$	[2] $\frac{-1}{2}$	2	$\frac{0}{2} = 0$	[8] $\frac{1}{2}$	$\frac{2}{2} = 1$	$\frac{3}{2} = 1\frac{1}{2}$	...
...	[15] $\frac{-3}{3} = -1$	[5] $\frac{-2}{3}$	[6] $\frac{-1}{3}$	3	$\frac{0}{3} = 0$	[7] $\frac{1}{3}$	[11] $\frac{2}{3}$	$\frac{3}{3} = 1$	...
...	[14] $\frac{-3}{4}$	$\frac{-2}{4} = \frac{-1}{2}$	[13] $\frac{-1}{4}$	4	$\frac{0}{4} = 0$	[12] $\frac{1}{4}$	$\frac{2}{4} = \frac{1}{2}$	$\frac{3}{4}$	...
	⋮	⋮	⋮	⋮	⋮	⋮	⋮	⋮	

4 Die Addition rationaler Zahlen

Achte bei der Addition rationaler Zahlen auf die Vorzeichen beider Summanden.

– Haben **beide Summanden gleiche Vorzeichen**, so werden ihre Beträge addiert und die Summe erhält das gemeinsame Vorzeichen.
Beispiel 4: $(+2{,}4) + (+5{,}3) = +(2{,}4 + 5{,}3) = +7{,}7$;
$(-6{,}1) + (-3{,}7) = -(6{,}1 + 3{,}7) = -9{,}8$

– Haben beide **Summanden verschiedene Vorzeichen**, so subtrahiert man den kleineren vom größeren Betrag und gibt der Differenz das Vorzeichen der betraglich größeren Zahl.
Beispiel 5: $(+8{,}2) + (-5{,}9) = +(8{,}5 - 5{,}9) = +2{,}3$;
$(+3{,}7) + (-4{,}8) = -(4{,}8 - 3{,}7) = -1{,}1$

5 Subtraktion rationaler Zahlen

Subtrahiere eine rationale Zahl, indem du ihre Gegenzahl addierst.

Beispiel 6: $\left(+\frac{3}{4}\right)-\left(+\frac{1}{8}\right)=\left(+\frac{6}{8}\right)+\left(-\frac{1}{8}\right)=+\left(\frac{6}{8}-\frac{1}{8}\right)=+\frac{5}{8}$;
$\left(+1\frac{5}{6}\right)-\left(-\frac{1}{4}\right)=\left(+1\frac{10}{12}\right)+\left(+\frac{3}{12}\right)=1\frac{13}{12}=+2\frac{1}{12}$

6 Multiplikation und Division rationaler Zahlen

Multipliziere die Beträge beider Faktoren und beachte dann ihre Vorzeichen:
Haben beide Faktoren gleiche Vorzeichen, so ist das Produkt positiv.
Beispiel 7: $(+2)\cdot(+4)=+8$; $\left(-\frac{2}{5}\right)\cdot\left(-\frac{3}{7}\right)=+\frac{6}{35}$

Haben beide Faktoren verschiedene Vorzeichen, so ist das Produkt negativ.
Beispiel 8: $(-7)\cdot\left(+\frac{1}{2}\right)=-\frac{7}{2}=-3\frac{1}{2}$; $\left(+\frac{3}{4}\right)\cdot(-2)=-\frac{6}{4}=-1\frac{1}{2}$

Dividiere die Beträge von Dividend und Divisor und treffe dann sinngemäß dieselbe Vorzeichenregelung wie bei der Multiplikation.
Beispiel 9: $(-4{,}8):(-0{,}12)=+(4{,}8:0{,}12)=+40$;
$\left(-\frac{2}{9}\right):\left(+1\frac{1}{3}\right)=-\left(\frac{2}{9}:\frac{4}{3}\right)=-\left(\frac{2}{9}\cdot\frac{3}{4}\right)=-\frac{1}{6}$

7 Rechengesetze für rationale Zahlen

Punkt- vor Strichrechnung:
$(-0{,}6):(+1{,}2)+(+1{,}8)=-(0{,}6:1{,}2)+1{,}8=-0{,}5+1{,}8=+1{,}3$

Klammern haben Vorrang:
$(-0{,}6):((+1{,}2)+(+1{,}8))=(-0{,}6):(+3{,}0)=-0{,}2$

Kommutativgesetze der Addition und Multiplikation:
$a+b=b+a$; $a\cdot b=b\cdot a$

Assoziativgesetze der Addition und Multiplikation:
$(a+b)+c=a+(b+c)$; $(a\cdot b)\cdot c=a\cdot(b\cdot c)$
Beispiel 10: Rechne mit Vorteil: $2{,}4+(3{,}6+4{,}8)=(2{,}4+3{,}6)+4{,}8=6+4{,}8=10{,}8$

Distributivgesetze:
$a\cdot(b+c)=a\cdot b+a\cdot c$; $a\cdot(b-c)=a\cdot b-a\cdot c$;
$(b+c):a=b:a+c:a$; $(b-c):a=b:a-c:a$
Beispiel 11: $\frac{3}{4}\cdot\left(\frac{1}{2}-\frac{5}{6}\right)=\frac{3}{4}\cdot\frac{1}{2}-\frac{3}{4}\cdot\frac{5}{6}=\frac{3}{8}-\frac{5}{8}=-\frac{2}{8}=-\frac{1}{4}$;
$\frac{3}{4}\cdot(-1{,}2)-4{,}8\cdot\frac{3}{4}=\frac{3}{4}\cdot(-1{,}2-4{,}8)=\frac{3}{4}\cdot(-6)=-\frac{9}{2}=-4\frac{1}{2}$

TEST 1 Eigenschaften rationaler Zahlen

1 a) Setze das passende Teilmengen-Relationszeichen „⊂" oder „⊃" ein.

(1) $\mathbb{N}$ $\quad$ $\mathbb{Z}_0^+$ $\qquad$ (2) $\mathbb{Q}^-$ $\quad$ $\mathbb{Z}^-$ $\qquad$ (3) $\mathbb{Q}^-$ $\quad$ $\mathbb{Q}$ $\qquad$ (4) $\mathbb{Q}_0^+$ $\quad$ $\mathbb{Q}_0^-$

b) Gib das Ergebnis der Schnittbildung „∩" oder Vereinigung „∪" an:

(1) $\mathbb{Q} \cap \mathbb{Z} =$ $\qquad$ (2) $\mathbb{Z}^- \cup \mathbb{N}_0 =$ $\qquad$ (3) $\mathbb{Q}^- \cup \mathbb{Q}^+ =$ $\qquad$ (4) $\mathbb{Q}^- \cap \mathbb{N} =$

2 a) Markiere die Zahlen 1,3; $-\frac{3}{4}$; $2\frac{3}{5}$; −3,1; +4 und −0,5 auf dem Zahlenstrahl.

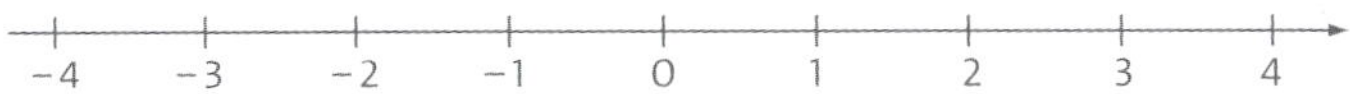

b) Gib die Zahlen aus Teil a) in aufsteigender Folge an.

3 Setze das passende Ordnungs-Relationszeichen „<" oder „>" oder „=" ein.

a) $1\frac{1}{2}$ $\quad$ −1,5 $\qquad$ b) −0,375 $\quad$ $-\frac{3}{8}$ $\qquad$ c) $\frac{16}{5}$ $\quad$ 3,5 $\qquad$ d) −0,01 $\quad$ −0,001

4 Gib die Menge aller Lösungswerte für x an.

a) $x = |+3{,}5|$ $\qquad$ b) $x = |-3{,}5|$

c) $|x| = +3{,}5$ $\qquad$ d) $|x| = -3{,}5$

e) $|x + 1| = 3{,}5$ $\qquad$ f) $|2x| = 3{,}5$

5 a) Verwende die nebenstehende Tabelle, um *alle* negativen rationalen Zahlen zu notieren.

b) Weise durch Angabe eines Zählpfades nach, dass die Menge $\mathbb{Q}^-$ abzählbar ist.

c) Wie kann man die Abzählbarkeit der Menge $\mathbb{Q}^-$ auch ohne Angabe eines Zählpfades begründen?

...				
...				
...				
...				
...				
	⋮	⋮	⋮	⋮

TEST 2 Addition und Subtraktion rationaler Zahlen

1 Ergänze die Leerstellen sinnvoll.

a) Zwei rationale Zahlen mit gleichen ______ werden addiert, indem man ihre ______ addiert und die Summe mit dem ______ versieht.

b) Zwei rationale Zahlen mit ______ Vorzeichen werden addiert, indem man den ______ Betrag subtrahiert und die Differenz mit dem Vorzeichen der ______ versieht.

c) Eine rationale Zahl wird subtrahiert, indem man ______

2 Berechne unter Anwendung der entsprechenden Regeln.
Notiere die Nebenrechnungen im Heft.

a) $\left(+6\frac{3}{4}\right) + \left(+2\frac{1}{2}\right) =$

b) $(+4{,}25) + (-5{,}4) =$

c) $\left(-8\frac{5}{9}\right) - \left(+2\frac{1}{6}\right) =$

d) $(-5{,}9) + (-4{,}06) =$

e) $\left(-3\frac{1}{4}\right) + \left(+4\frac{2}{5}\right) =$

f) $(-0{,}85) - (-2{,}6) =$

3 Notiere zu jedem Diagramm *zwei* passende Aufgaben, berechne sie und trage dann den Ergebnispfeil ein.

a)

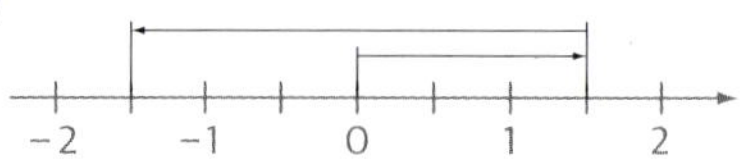

b)

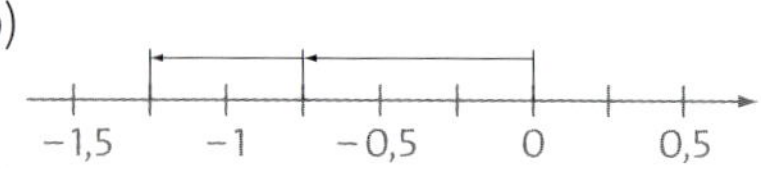

4 Welche Rechengesetze verschaffen einen Rechenvorteil? – Berechne im Heft.

a) $8{,}4 + (3{,}9 + 2{,}6)$

b) $7{,}6 + (8{,}2 - 2{,}6)$

TEST 3 Multiplikation und Division rationaler Zahlen

1 Ergänze die Leerstellen sinnvoll.

a) Wenn zwei rationale Zahlen mit gleichen Vorzeichen multipliziert werden, dann hat ihr ______ ein ______ Vorzeichen.

b) Man dividiert zwei rationale Zahlen, indem man zunächst ihre ______ dividiert. Das Vorzeichen des ______ wird dann sinngemäß wie bei ______ bestimmt.

2 Berechne unter Anwendung der entsprechenden Regeln.

a) $(-42{,}5):(+25) =$

b) $\left(+\frac{3}{8}\right)\cdot\left(+\frac{4}{9}\right) =$

c) $(-0{,}36):(-1{,}8) =$

d) $\left(+2\frac{4}{7}\right):\left(-\frac{3}{14}\right) =$

3 Bestimme den Flächeninhalt der Figuren.

a)

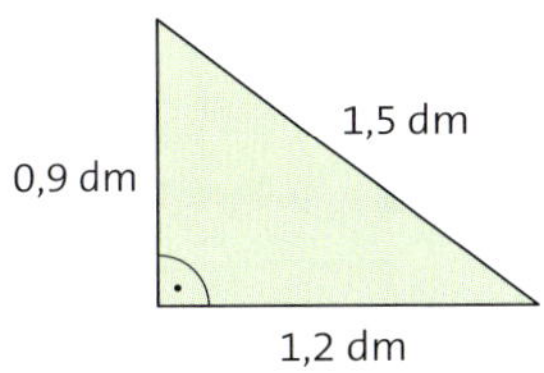

$=$ ______ $m^2 =$ ______ cm^2

b)

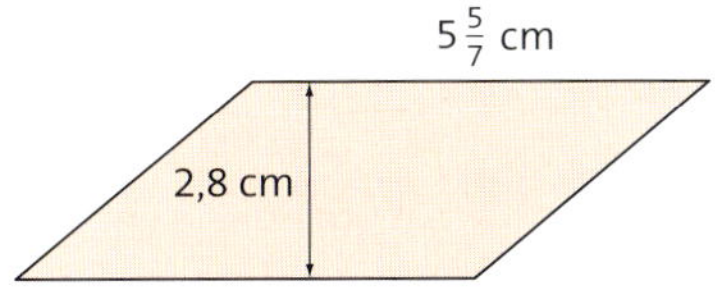

$=$ ______ $m^2 =$ ______ mm^2

4 a) Mit $n, m \in \mathbb{N}_0$ gelten die **Potenzgesetze** $a^n \cdot a^m = a^{n+m}$ und $a^n : a^m = a^{n-m}$ $(n \geq m)$ auch für rationale Basiswerte, d. h. für $a \in \mathbb{Q}$.
Berechne möglichst geschickt: $(-2{,}5)^2 \cdot (-2{,}5)^5 : (-2{,}5)^3$.
Zeige, dass $a^0 = 1$ gilt.

b) Mit $n \in \mathbb{N}_0$ gelten ebenso die **Potenzgesetze** $a^n \cdot b^n = (a \cdot b)^n$ und $a^n : b^n = (a : b)^n$ für rationale Basiswerte, d. h. für $a; b \in \mathbb{Q}$, bzw. $b \neq 0$.
Berechne möglichst vorteilhaft: $\left(\frac{6}{7}\right)^8 \cdot \left(\frac{7}{10}\right)^8 : \left(\frac{3}{5}\right)^8$.
Zeige, dass $(a^2)^n = a^{2 \cdot n}$ gilt.

Lösungen zu Test 1

1 a) (1) $\mathbb{N} \subset \mathbb{Z}_0^+$ (2) $\mathbb{Q}^- \supset \mathbb{Z}^-$ (3) $\mathbb{Q}^- \subset \mathbb{Q}$

(4) Die Mengen $\mathbb{Q}_0^+$ und $\mathbb{Q}_0^-$ haben nur das Element 0 gemeinsam. Hier trifft keines der beiden Zeichen „$\subset$" und „$\supset$" zu.

b) (1) $\mathbb{Q} \cap \mathbb{Z} = \mathbb{Z}$ (2) $\mathbb{Z}^- \cup \mathbb{N}_0 = \mathbb{Z}$ (3) $\mathbb{Q}^- \cup \mathbb{Q}^+ = \mathbb{Q}^{\neq 0}$ (4) $\mathbb{Q}^- \cap \mathbb{N} = \{\ \}$

Um die Aufgabe richtig zu lösen, musst du → Seite 6, Nr. 1 verstanden haben.

2 a), b) Lies dir bei Fragen → Seite 6, Nr. 2 nochmal durch.

$-3{,}1 \quad < \quad -\frac{3}{4} < -0{,}5 \quad < \quad 1{,}3 \quad < \quad 2\frac{3}{5} \quad < \quad 4$

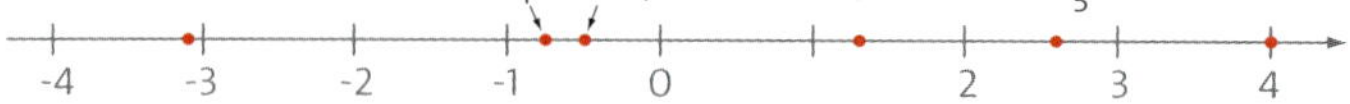

3 a) $1\frac{1}{2} > -1{,}5$ b) $-0{,}375 = -\frac{3}{8}$ c) $\frac{16}{5} < 3{,}5$ d) $-0{,}01 < -0{,}001$

Bei Unklarheiten: Sieh dir das **Beispiel 3** auf Seite 7 an.

4 a) $\{3{,}5\}$, denn $3{,}5 = |+3{,}5|$

b) $\{3{,}5\}$, denn $3{,}5 = |-3{,}5|$

c) $\{-3{,}5;\ 3{,}5\}$, denn $|-3{,}5| = +3{,}5$ und $|3{,}5| = +3{,}5$

d) $\{\ \}$, denn ein Betrag kann nicht negtiv sein

e) $\{-4{,}5;\ 2{,}5\}$, denn $|-4{,}5 + 1| = |-3{,}5| = 3{,}5$ und $|2{,}5 + 1| = |3{,}5| = 3{,}5$

f) $\{-1{,}75;\ 1{,}75\}$, denn $|2 \cdot (-1{,}75)| = |-3{,}5| = 3{,}5$ und $|2 \cdot 1{,}75| = |3{,}5| = 3{,}5$

(siehe auch → Seite 7, Nr. 3)

5 a), b)

…	−3	−2	−1	← p / q ↓
…	4 $\frac{-3}{1} = -3$	3 $\frac{-2}{1} = -2$	1 $\frac{-1}{1} = -1$	1
…	8 $\frac{-3}{2} = -1\frac{1}{2}$	$\frac{-2}{2} = -1$	2 $\frac{-1}{2}$	2
…	$\frac{-3}{3} = -1$	7 $\frac{-2}{3}$	5 $\frac{-1}{3}$	3
…	$\frac{-3}{4}$	$\frac{-2}{4} = \frac{-1}{2}$	6 $\frac{-1}{4}$	4
	⋮	⋮	⋮	⋮

c) Es ist bekannt, dass die Menge $\mathbb{Q}$ abzählbar ist (→ Seite 7, Nr. 3). Dann ist natürlich auch jede Teilmenge von $\mathbb{Q}$ abzählbar, so z. B. die Menge $\mathbb{Q}^-$.

Da auch die Mengen $\mathbb{N}$, $\mathbb{N}_0$ und $\mathbb{Z}$ Teilmengen von $\mathbb{Q}$ sind, sind sie ebenfalls abzählbar.

Lösungen zu Test 2

1 a) Zwei rationale Zahlen mit gleichen Vorzeichen werden addiert, indem man ihre Beträge addiert und die Summe mit dem gemeinsamen Vorzeichen versieht.

b) Zwei rationale Zahlen mit ungleichen Vorzeichen werden addiert, indem man den kleineren vom größeren Betrag subtrahiert und die Differenz mit dem Vorzeichen der betraglich größeren Zahl versieht.

c) Eine rationale Zahl wird subtrahiert, indem man ihre Gegenzahl addiert.

Sieh dir bei Problemen → Seite 7, Nr. 4 und 5 an.

2 a) $\left(+6\frac{3}{4}\right)+\left(+2\frac{1}{2}\right)=\left(6\frac{3}{4}+2\frac{2}{4}\right)=+8\frac{5}{4}=+9\frac{1}{4}$ (vgl. **Beispiel 4** auf Seite 7)

b) $(+4{,}25)+(-5{,}4)=-(5{,}4-4{,}25)=-1{,}15$ (vgl. **Beispiel 5** auf Seite 7)

c) $\left(-8\frac{5}{9}\right)-\left(+2\frac{1}{6}\right)=\left(-8\frac{10}{18}\right)+\left(-2\frac{3}{18}\right)=-\left(8\frac{10}{18}+2\frac{3}{18}\right)=-10\frac{13}{18}$

(vgl. **Beispiele 4 und 6** auf Seite 7)

d) $(-5{,}9)+(-4{,}06)=-(5{,}9+4{,}06)=-9{,}96$ (vgl. **Beispiel 4** auf Seite 7)

e) $\left(-3\frac{1}{4}\right)+\left(+4\frac{2}{5}\right)=+\left(4\frac{8}{20}-3\frac{5}{20}\right)=+1\frac{3}{20}$ (vgl. **Beispiel 5** auf Seite 7)

f) $(-0{,}85)-(-2{,}6)=(-0{,}85)+(+2{,}6)=+(2{,}6-0{,}85)=+1{,}75$

(vgl. **Beispiele 5 und 6** auf Seite 7)

3 a)

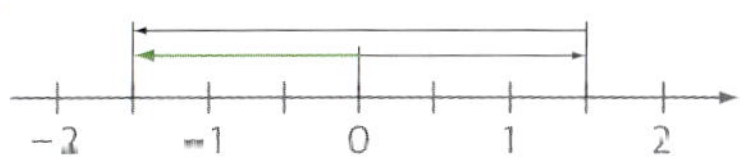

$(+1{,}5)+(-3)=-(3-1{,}5)=-1{,}5$

$(+1{,}5)-(+3)=(+1{,}5)+(-3)=-1{,}5$

b)

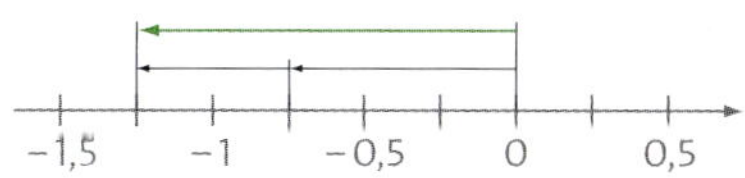

$(-0{,}75)+(-0{,}5)=-(0{,}75+0{,}5)=-1{,}25$

$(-0{,}75)-(+0{,}5)=(-0{,}75)+(-0{,}5)=-1{,}25$

4 Rechenvorteile können sich unter Anwendung des Kommutativgesetzes (KG) und/oder des Assoziativgesetzes (AG) ergeben:

a) $8{,}4+(3{,}9+2{,}6)\overset{KG}{=}8{,}4+(2{,}6+3{,}9)\overset{AG}{=}(8{,}4+2{,}6)+3{,}9=11+3{,}9=14{,}9$

b) $7{,}6+(8{,}2-2{,}6)\overset{KG}{=}7{,}6+((-2{,}6)+8{,}2)\overset{AG}{=}(7{,}6+(-2{,}6))+8{,}2=(7{,}6-2{,}6)+8{,}2$

$=5+8{,}2=13{,}2$

Alles klar? Falls nicht, sieh dir → Seite 8, Nr. 7 und **Beispiel 7** noch einmal an!

Lösungen zu Test 3

1 a) Wenn zwei rationale Zahlen mit gleichen Vorzeichen multipliziert werden, dann hat ihr Produkt ein positives Vorzeichen.

b) Man dividiert zwei rationale Zahlen, indem man zunächst ihre Beträge dividiert. Das Vorzeichen des Quotienten wird dann sinngemäß wie bei der Multiplikation bestimmt.

Bei Schwierigkeiten solltest du versuchen, → Seite 8, Nr. 6 nachzuvollziehen.

2 a) $(-42{,}5):(+25) = -(42{,}5:25) = -1{,}7$ (vgl. **Beispiele 8 und 9** auf Seite 8)

b $\left(+\frac{3}{8}\right)\cdot\left(+\frac{4}{9}\right) = +\frac{3\cdot 4}{8\cdot 9} = +\frac{1}{6}$ (vgl. **Beispiel 7** auf Seite 8)

c) $(-0{,}36):(-1{,}8) = +(0{,}36:1{,}8) = +0{,}2$ (vgl. **Beispiele 7** und **9** auf Seite 8)

d) $\left(+2\frac{4}{7}\right):\left(-\frac{3}{14}\right) = -\left(\frac{18}{7}:\frac{3}{14}\right) = -\frac{18\cdot 14}{7\cdot 3} = -12$ (vgl. **Beispiele 8** und **9** auf Seite 8)

3 a) $A = \frac{1}{2}\cdot(1{,}2\,\text{dm}\cdot 0{,}9\,\text{dm})$
$= 0{,}54\,\text{dm}^2 = 0{,}0054\,\text{m}^2 = 54\,\text{cm}^2$

Flächeninhalt eines Dreiecks $= \frac{1}{2}\cdot$ Grundseite · Höhe
Bei rechtwinkligen Dreiecken schließen Grundseite und Höhe den rechten Winkel ein.

b) $A = 2\frac{4}{5}\,\text{cm}\cdot 5\frac{5}{7}\,\text{cm} = \frac{14\cdot 40}{5\cdot 7}\,\text{cm}^2$
$= 16\,\text{cm}^2 = 0{,}0016\,\text{m}^2 = 1600\,\text{mm}^2$

Flächeninhalt eines Parallelogramms = Grundseite · Höhe
Wandle hier die als Dezimalbruch gegebene Höhe in einen Bruch um, denn die als Bruch gegebene Grundseite führt auf einen *periodischen* Dezimalbruch.

4 a) $(-2{,}5)^2\cdot(-2{,}5)^5:(-2{,}5)^3 = (-2{,}5)^{2+5-3} = (-2{,}5)^4 = (-2{,}5)^{2+2}$
$= (-2{,}5)^2\cdot(-2{,}5)^2 = 6{,}25^2 = 39{,}0625$

Der Beweis erfolgt durch folgende einfache Umformung:
$1 = a^n : a^n = a^{n-n} = a^0$

b) $\left(\frac{6}{7}\right)^8\cdot\left(\frac{7}{10}\right)^8:\left(\frac{3}{5}\right)^8 = \left(\frac{6}{7}\cdot\frac{7}{10}:\frac{3}{5}\right)^8 = \left(\frac{6\cdot 7\cdot 5}{7\cdot 10\cdot 3}\right)^8 = 1^8 = 1$

Der Beweis erfolgt, indem der Ausdruck $a^n\cdot a^n$ auf zwei verschiedene Weisen umgeformt wird:

(1) $a^n\cdot a^n = a^{n+n} = a^{2n}$ und

(2) $a^n\cdot a^n = (a\cdot a)^n = (a^2)^n$.

Der Vergleich von (1) und (2) führt dann zwingend auf die Gleichung $(a^2)^n = a^{2\cdot n}$.

1 Terme

Ein **Term** ist ein Rechenausdruck, der sich aus **Zahlen** $\left(3; -2{,}5; 2\frac{2}{8}; \ldots\right)$, **Variablen** (a; b; s; t; x; y; ...) und **Rechenoperationen** $(+; -; \cdot; :; (^*)^2; \ldots)$ zusammensetzen kann.

Beispiel 1: Terme ohne Variable kannst du direkt berechnen: $3 + 5^3 = 128$.

Beispiel 2: Terme mit Variablen, z. B. $4 \cdot x + 8$; $5 \cdot a^3 - 2 \cdot t^2$; ..., erfordern die Angabe von **Grundmengen** für die zulässigen Werte der Variablen.

Die Angabe $2 \cdot x - 3$ und $G_x = \{-2; 0; 3\}$ führt auf die Berechnungen $2 \cdot (-2) - 3 = -7$, $2 \cdot 0 - 3 = -3$ und $2 \cdot 3 - 3 = 3$.

Merke: Fehlt die Angabe einer Grundmenge, so ist von der Menge $\mathbb{Q}$ der rationalen Zahlen als der umfassendsten Grundmenge auszugehen.

2 Addition und Subtraktion von Termen

Du addierst oder subtrahierst **Terme mit gleichen Variablen oder Gruppen von Variablen**, indem du ihre **Vorfaktoren** (auch: **Koeffizienten**) addierst oder subtrahierst und die Variable, bzw. Gruppe von Variablen, beibehältst.

Beispiel 3: $7a + 12a = (7 + 12)a = 19a$; $5{,}2x^2y - 3{,}6x^2y = (5{,}2 - 3{,}6) \cdot x^2y = 1{,}6x^2y$; $8a^2 + 4b^2 - 11a^2 + 3b^2 = (8 - 11) \cdot a^2 + (4 + 3) \cdot b^2 = -3a^2 + 7b^2$

Achtung: Terme mit verschiedenen Variablen lassen sich *nicht* durch Addition oder Subtraktion zusammenfassen, z. B. $12a - 3\frac{1}{4}b$; $6{,}2s + 3{,}5s^4$; $2p^2q - \frac{1}{3}pq^2$

3 Multiplikation und Division von Termen

Multipliziere oder dividiere zwei Terme, indem du zunächst ihre Vorfaktoren multiplizierst oder dividierst. Anschließend werden die Variablen, bzw. die Faktoren der Variablengruppen, die die gleiche Basis besitzen, in alphabetischer Reihenfolge multipliziert oder dividiert.

Beispiel 4: $5a \cdot 6a^2 = (5 \cdot 6) \cdot (a \cdot a^2) = 30a^3$;

$0{,}2x^4y^6 : 0{,}01x^2y^3 = (0{,}2 : 0{,}01) \cdot (x^4 : x^2) \cdot (y^6 : y^3) = 20x^2y^3$;

$(a + x)^3 \cdot (a + x)^7 : (a + x)^5 = (a + x)^{3+7-5} = (a + x)^5$

4 Summenterme auflösen oder neu bilden

Beachte die **Distributivgesetze** (→ Seite 8, Nr. 7), wenn du einen **Summenterm** mit einem weiteren Term multiplizierst, bzw. durch ihn dividierst. **Differenzterme** werden ebenso nach den Distributivgesetzen behandelt und deshalb begrifflich mit unter die Summenterme gefasst. Jeder Summand eines

Summentermes wird unter Beachtung der Vorzeichenregeln (→ Seite 8, Nr. 6) mit dem Vorfaktor multipliziert, bzw. durch ihn dividiert.

Beispiel 5: $2xy \cdot (7x + 4y) = 2xy \cdot 7x + 2xy \cdot 4y = 14x^2y + 8xy^2$

$\left(\frac{3}{4}a^5b^3 - \frac{1}{2}a^4b^4\right) : \frac{3}{8}a^2b = \frac{3}{4}a^5b^3 : \frac{3}{8}a^2b - \frac{1}{2}a^4b^4 : \frac{3}{8}a^2b = 2a^3b^2 - 1\frac{1}{3}a^2b^3$

Mit **„ausklammern"**, auch **„faktorisieren"** wird der in Beispiel 5 beschriebene, zur Multiplikation umgekehrte Vorgang bezeichnet.

Beispiel 6: $8a^2b + 6ab^2 = 2ab \cdot 4a + 2ab \cdot 3b = 2ab \cdot (4a + 3b)$

$x^4y^5z^2 - x^2y^5z^3 = x^2y^5z^2 \cdot x^2 - x^2y^5z^2 \cdot z = x^2y^5z^2 \cdot (x^2 - z)$

Notiere die bei allen Summanden gemeinsamen Faktoren als Vorfaktor eines Summenterms, der die verbleibenden Faktoren enthält.

In den Zusatzaufgaben zu diesem Kapitel wird das Thema Faktorisieren verstärkt geübt: ZusatzK02.pdf

5 Produkte von Summentermen

Multipliziere zwei Summenterme, indem du jeden Summanden der ersten Klammer unter Beachtung der Vorzeichenregeln (→ Seite 8, Nr. 6) mit jedem Summanden der zweiten Klammer multiplizierst.

Beispiel 7: $(a + b) \cdot (c + d) = ac + ad + bc + bd$;

$(a^2 - p^3) \cdot (b^4 + q^2) = a^2b^4 + a^2q^2 - p^3b^4 - p^3q^2$

6 Die binomischen Formeln

Beispiel 8: zu **1** $(5p + 7q^2)^2 = 25p^2 + 70pq^2 + 49q^4$

zu **2** $(a^3x^2 - 2b^2y^4)^2 = a^6x^4 - 4a^3b^2x^2y^4 + 4b^4y^8$

zu **3** $(3s^2 - 4t^3) \cdot (3s^2 + 4t^3) = 9s^4 - 16t^6$

Die binomischen Formeln:

1 $(a + b)^2 = a^2 + 2ab + b^2$

2 $(a - b)^2 = a^2 - 2ab + b^2$

3 $(a + b) \cdot (a - b) = a^2 - b^2$

7 Die Rechengesetze für Potenzterme

Ein Ausdruck der Form a^n mit $a \in \mathbb{Q}$ und $n \in \mathbb{N}_0$ heißt **Potenzterm**, bei dem die **Grundzahl** (auch: **Basis**) **a** mit der **Hochzahl** (auch: **Exponent**) **n** potenziert wird.

Die Gesetze der Potenzrechnung:

1 $a^n \cdot a^m = a^{n+m}$

2 $a^n : a^m = a^{n-m}$; $(n \geq m)$

3 $a^n \cdot b^n = (a \cdot b)^n$

4 $a^n : b^n = (a : b)^n$; $(b \neq 0)$

5 $(a^n)^m = a^{n \cdot m}$

Beispiel 9:

zu **1** $4a^3b^5 \cdot 3a^4b = 12a^{3+4}b^{5+1} = 12a^7b^6$ mit: $b = b^1$

zu **2** $9x^4y^6 : 3x^4y^3 = 3x^{4-4}y^{6-3} = 3y^3$ mit: $x^{4-4} = x^0 = 1$

zu **3** $(2a^3)^2 \cdot (0{,}5a^4)^2 = (2a^3 \cdot 0{,}5a^4)^2 = (a^7)^2 = a^{7 \cdot 2} = a^{14}$

zu **4** $(x^4y)^3 : (x^3y)^3 = [(x^4y) : (x^3y)]^3 = x^3$; zu **5** $(x^4)^3 = x^{4 \cdot 3} = x^{12}$

TEST 1 Terme bilden, berechnen und zusammenfassen

1 Bilde zu den Texten die entsprechenden Terme.

a) Vermindere das Doppelte einer Zahl um 3.

b) Vergrößere das Fünffache einer Zahl um ihr Quadrat.

c) Teile das Quadrat einer Zahl durch die um 7 verminderte Zahl.

2 Welche Werte kann der Term über seiner Grundmenge annehmen? Rechne im Heft.

a) $5a - 3{,}5$; $G_a = \left\{-3; 0; \frac{1}{2}\right\}$ b) $2y^2 + y : 2$; $G_y = \left\{-2; -1{,}5; \frac{1}{2}\right\}$

3 a) Gib im Heft die Terme zur Berechnung des Umfangs u und des Flächeninhalts A an.

(1)

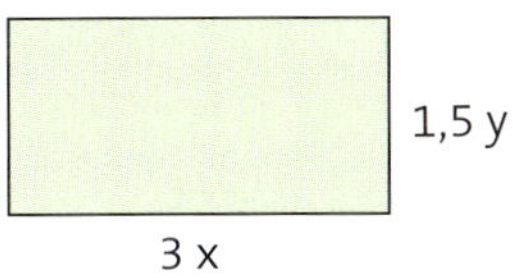

(2)

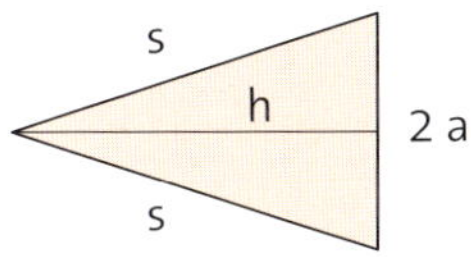

(3)

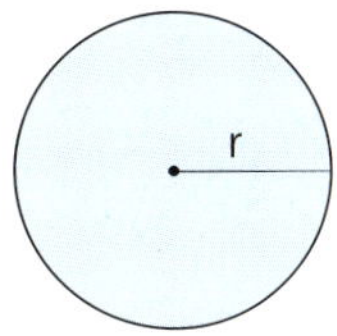

b) Berechne die Terme aus Teilaufgabe a) für folgende Werte.

(1) $x = 1{,}7\,\text{dm}$; $y = 12\,\text{cm}$ u = ; A =

(2) $a = 1{,}8\,\text{dm}$; $s = 3\,\text{dm}$; $h = 2{,}4\,\text{dm}$ u = ; A =

(3) $r = 2\frac{3}{4}\,\text{m}$ u = ; A =

4 Fasse zusammen. Nutze dein Heft für die Nebenrechnungen.

a) $4{,}5a^2x - 0{,}5by^2 + 0{,}6a^2x - 1{,}6by^2 =$

b) $\left(-\frac{3}{5}x^2y^3 \cdot \frac{5}{6}x^3y\right) : \left(-\frac{5}{8}x^2y^3\right) =$

c) $13c^3z \cdot \frac{1}{5}cz^2 + 1\frac{1}{5}c^6z^8 : \left(-\frac{2}{7}c^2z^5\right) =$

d) $-1\frac{5}{6}(ax - cx)^5 \cdot y^5 + \frac{3}{4}(ay - cy)^5 \cdot x^5 =$

TEST 2 Summen- und Potenzterme umformen

1 Bilde einen *klammerfreien* Term.

a) Multipliziere das um 3 Vermehrte einer Zahl mit dem Dreifachen dieser Zahl.

b) Ziehe vom Quadrat einer Zahl ihr 2,5-Faches ab und teile die Differenz durch ihr 0,5-Faches.

2 Bilde zunächst einen klammerfreien Term und fasse dann so weit wie möglich zusammen. (Nebenrechnung im Heft.)

a) $-3{,}2\,xy \cdot (-4{,}6\,ax + 5{,}4\,by) =$

b) $(9{,}6\,u^4v^3 - 14{,}4\,u^5v^4 + 12\,uv^3) : (-2{,}4\,u^3v) =$

c) $\frac{3}{4}a^2x \cdot (a^2x + x^4) - \frac{5}{6}ax^2 \cdot (a^3 - ax^3) =$

d) $(3{,}6\,b^4p^3z^3 - 1{,}8\,b^3p^5z^2) : (0{,}6\,b^2p^2) - \left(1\frac{1}{2}b^5pz^5 - 2\frac{3}{4}b^4p^3z^4\right) : \left(-\frac{1}{4}b^3z^2\right) =$

3 Faktorisiere den Term so weit wie möglich. Rechne im Heft.

a) $1{,}5\,x^4 - 4{,}5\,x^2 + 6\,x^3$

b) $6\,a^3b^2 - 4\,a^2b^4$

c) $-2{,}4\,a^5p^4w^3 + 4{,}2\,a^3p^5w^4 - 1{,}8\,a^4p^3w^5$

4

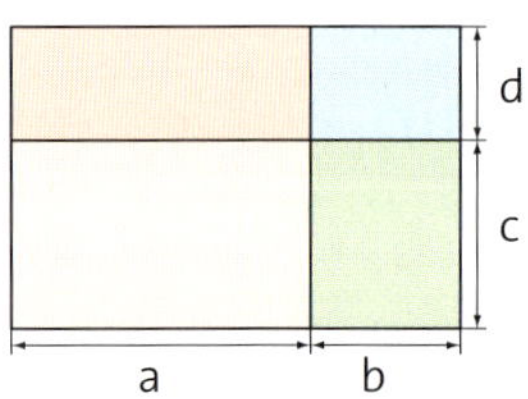

a) Trage in jede Teilfläche des Rechtecks denjenigen Term ein, der ihrem Flächeninhalt entspricht.

b) Gib zwei mögliche Terme für den Flächeninhalt des gesamten Rechtecks an.

c) Ziehe aus Teilaufgabe b) eine Schlussfolgerung und erläutere sie.

TEST 3 Binomische Formeln umformen und anwenden

1 Bilde *klammerfreie* Terme.

a) Quadriere das um 5 vergrößerte Doppelte einer Zahl.

b) Multipliziere den Nachfolger einer natürlichen Zahl mit seinem Vorgänger.

c) Quadriere die Differenz aus dem 4,5-Fachen einer ersten Zahl und dem 3,5-Fachen einer zweiten Zahl.

2 Drücke die rotgestrichelt umrandete Fläche aus, indem du von der gelben Fläche ausgehst und geeignete Teilflächen hinzufügst und/oder abziehst.

a)
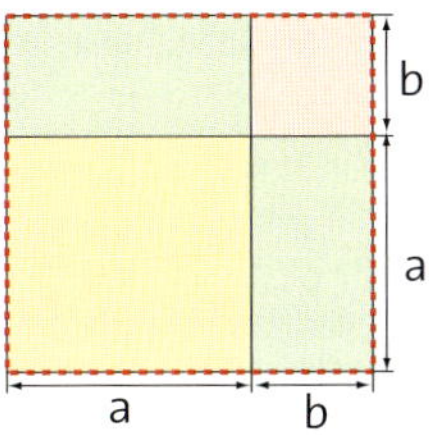

b)
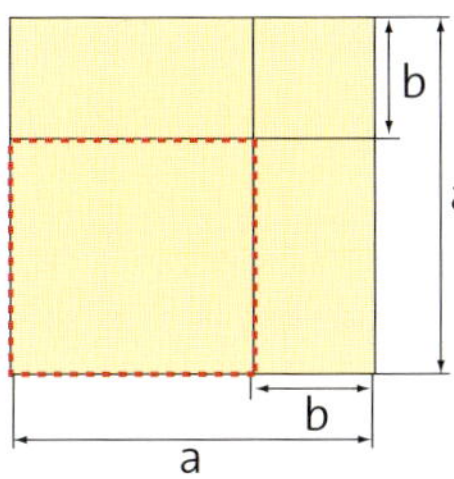

c)
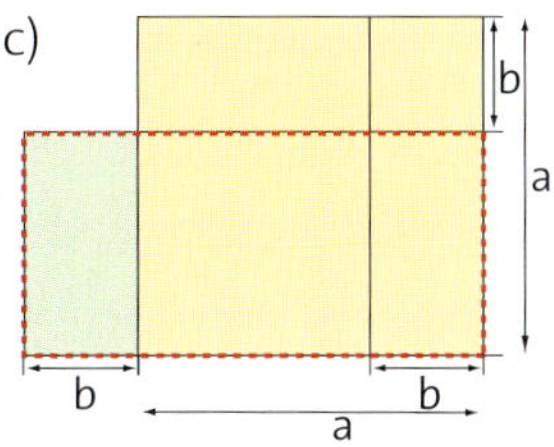

3 Wandle in klammerfreie Terme um und fasse, falls möglich, zusammen. Rechne im Heft.

a) $(4x^2 + 5y)^2$

b) $3(ax + by)^2 - 4(ax - by)^2$

c) $2{,}4(2p - 3q)^2 - 3{,}6(2p - 3q)(3q + 2p)$

d) $(a + b + c)(a + b - c)$

Lösungen zu Test 1

1 a) $2x-3$ b) $5x+x^2$ c) $x^2:(x-7)$

2 Setze jeweils die Zahlen aus der Grundmenge der Reihe nach für die Variable des Terms ein und berechne ihn dann.

a) $5\cdot(-3)-3{,}5=-18{,}5$; $5\cdot 0-3{,}5=-3{,}5$; $5\cdot\frac{1}{2}-3{,}5=-1$

b) $2\cdot(-2)^2+(-2):2=7$; $2\cdot(-1{,}5)^2+(-1{,}5):2=3{,}75$; $2\cdot\left(\frac{1}{2}\right)^2+(-2):\frac{1}{2}=-3\frac{1}{2}$

3 a) (1) $u=2\cdot 3x+2\cdot 1{,}5y=6x+3y$; $A=3x\cdot 1{,}5y=4{,}5xy$

Beim Rechteck gilt: Umfang (u) = 2 · Länge (3 x) + 2 · Breite (1,5 y)

Flächeninhalt (A) = Länge (3 x) · Breite (1,5 y)

(2) $u=2a+s+s=2a+2s$; $A=\frac{1}{2}\cdot 2a\cdot h=a\cdot h$

Beim Dreieck gilt: Umfang (u) = Summe der drei Seitenlängen

Flächeninhalt (A) = $\frac{1}{2}$ · Grundseite (2 a) · Höhe (h)

(3) $u=2\pi\cdot r$; $A=\pi\cdot r^2$

(Die Kreiszahl $\pi=3{,}14159\ldots$ ist nicht rational, d. h. $\pi\notin\mathbb{Q}$)

b) (1) $u=6\cdot 17\,\text{cm}+3\cdot 12\,\text{cm}=102\,\text{cm}+36\,\text{cm}=138\,\text{cm}$;

$A=4{,}5\cdot 17\,\text{cm}\cdot 12\,\text{cm}=918\,\text{cm}^2$

(2) $u=2\cdot 1{,}8\,\text{dm}+2\cdot 3\,\text{dm}=3{,}6\,\text{dm}+6\,\text{dm}=9{,}6\,\text{dm}$;

$A=1{,}8\,\text{dm}\cdot 2{,}4\,\text{dm}=4{,}32\,\text{dm}^2$

(3) $u\approx 2\cdot 3{,}14\cdot 2{,}75\,\text{m}=17{,}27\,\text{m}$; $A\approx 3{,}14\cdot(2{,}75\,\text{m})^2\approx 23{,}75\,\text{m}^2$

Merke: Nimm für Kreisberechnungen den Näherungswert $\pi\approx 3{,}14$.

4 a) $4{,}5a^2x-0{,}5by^2+0{,}6a^2x-1{,}6by^2=(4{,}5+0{,}6)a^2x-(0{,}5+1{,}6)by^2$
$=5{,}1a^2x-2{,}1by^2$

b) $\left(-\frac{3}{5}x^2y^3\cdot\frac{5}{6}x^3y\right):\left(-\frac{5}{8}x^2y^3\right)=\left(-\frac{3\cdot 5}{5\cdot 6}x^{2+3}y^{3+1}\right):\left(-\frac{5}{8}x^2y^3\right)=\left(\frac{1}{2}:\frac{5}{8}\right)x^{5-2}y^{4-3}$
$=\frac{4}{5}x^3y$

c) $13c^3z\cdot\frac{1}{5}cz^2+1\frac{1}{5}c^6z^8:\left(-\frac{2}{7}c^2z^5\right)=\left(13\cdot\frac{1}{5}\right)c^4z^3-\left(\frac{6}{5}\cdot\frac{7}{2}\right)c^4z^3=\left(2\frac{3}{5}-4\frac{1}{5}\right)c^4z^3$
$=-1\frac{3}{5}c^4z^3$

d) $-1\frac{5}{6}(ax-cx)^5\cdot y^5+\frac{3}{4}(ay-cy)^5\cdot x^5=-1\frac{5}{6}[(ax-cx)\cdot y^5]+\frac{3}{4}[(ay-cy)\cdot x]^5$
$=-1\frac{5}{6}\cdot[(axy-cxy)]^5+\frac{3}{4}[(axy-cxy)]^5$
$=\left(-1\frac{5}{6}+\frac{3}{4}\right)\cdot(axy-cxy)^5=-1\frac{1}{12}(axy-cxy)^5$

Lösungen zu Test 2

Hinweis: Bei allen Termumformungen dieses Tests kommen auch die **Rechengesetze für** Potenzterme (→ Seite 16, Nr. 7), vor allem Nr. **1** und **2**, zur Anwendung, daher wird auf wiederholte Hinweise bei den einzelnen Lösungen verzichtet. Mache dir bei jeder Aufgabe klar, welche dieser Rechengesetze angesprochen werden.

1 a) $(x+3)\cdot 3x = 3x^2 + 9x$ b) $(x^2 - 2{,}5x) : 0{,}5x = x^2 : 0{,}5x - 2{,}5x : 0{,}5x = 2x - 5$

2 a) $-3{,}2xy\cdot(-4{,}6ax + 5{,}4by) = 14{,}72ax^2y - 17{,}28bxy^2$

b) $(9{,}6u^4v^3 - 14{,}4u^5v^4 + 12u^3v^3) : (-2{,}4u^3v) = -4uv^2 + 6u^2v^3 - 5v^2$

c) $\frac{3}{4}a^2x\cdot(a^2x + x^4) - \frac{5}{6}ax^2\cdot(a^3 - ax^3)$

$= \frac{3}{4}a^4x^2 + \frac{3}{4}a^2x^5 - \frac{5}{6}a^4x^2 + \frac{5}{6}a^2x^5 = \left(\frac{3}{4} - \frac{5}{6}\right)a^4x^2 + \left(\frac{3}{4} + \frac{5}{6}\right)a^2x^5$

$= -\frac{1}{12}a^4x^2 + 1\frac{7}{12}a^2x^5$

d) $(3{,}6b^4p^3z^3 - 1{,}8b^3p^5z^2) : (0{,}6b^2p^2) - \left(1\frac{1}{2}b^5pz^5 - 2\frac{3}{4}b^4p^3z^4\right) : \left(-\frac{1}{4}b^3z^2\right)$

$= 6b^2pz^3 - 3bp^3z^2 + 6b^2pz^3 - 11bp^3z^2$

$= (6+6)b^2pz^3 - (3+11)bp^3z^2 = 12b^2pz^3 - 14bp^3z^2$

3 a) $1{,}5x^4 - 4{,}5x^2 + 6x^3 = 1{,}5x^2\cdot(x^2 - 3 + 4x)$

b) $6a^3b^2 - 4a^2b^4 = 2a^2b^2\cdot(3a - 2b^2)$

c) $-2{,}4a^5p^4w^3 + 4{,}2a^3p^5w^4 - 1{,}8a^4p^3w^5 = -0{,}6a^3p^3w^3\cdot(4a^2p - 7p^2w + 3aw^2)$

4 a)

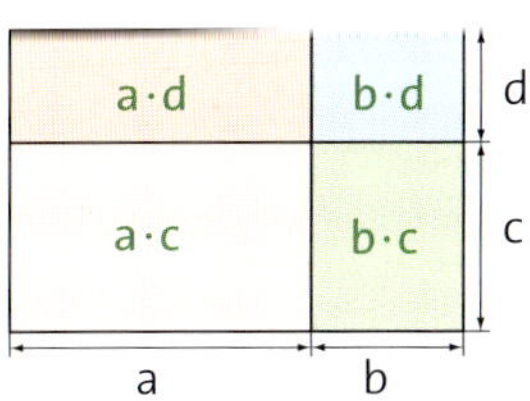

b) Bei der 1. Möglichkeit: $A = (a+b)\cdot(c+d)$ gehst du von *einem* großen Rechteck mit den Seitenlängen $(a+b)$ und $(c+d)$ aus.
Bei der 2. Möglichkeit: $A = ac + ad + bc + bd$ setzt du das große Rechteck aus den vier kleineren Rechtecken zusammen.

c) Die beiden Terme aus Teilaufgabe b) beschreiben dieselbe Fläche und sind somit gleich:
$(a+b)\cdot(c+d) = ac + ad + bc + bd$.

Merkregel: Multipliziere jeden Summanden der ersten Klammer mit jedem Summanden der zweiten Klammer.

Lösungen zu Test 3

1 Bei Fragen hilft dir das **Beispiel 8** auf Seite 16 weiter.

a) $(2x+5)^2 = 4x^2 + 20x + 25$ (1. binomische Formel)

b) $(n+1)\cdot(n-1) = n^2 - 1$ (3. binomische Formel)

c) $(4{,}5x - 3{,}5y)^2 = 20{,}25x^2 - 31{,}5xy + 12{,}25y^2$ (2. binomische Formel)

2 So kannst du die drei binomischen Formeln geometrisch begründen.

a)

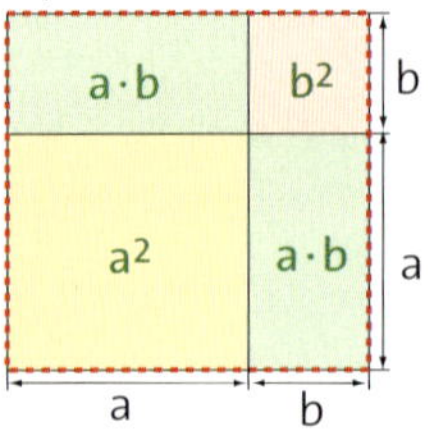

$(a+b)^2$

$= a^2 + 2ab + b^2$

b)

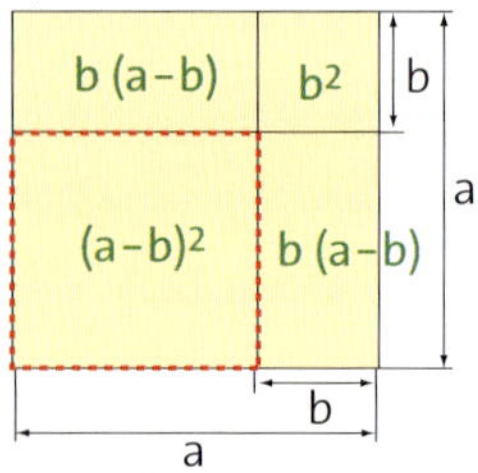

$(a-b)^2$

$= a^2 - 2b(a-b) - b^2$

$= a^2 - 2ab + 2b^2 - b^2$

$= a^2 - 2ab + b^2$

c)

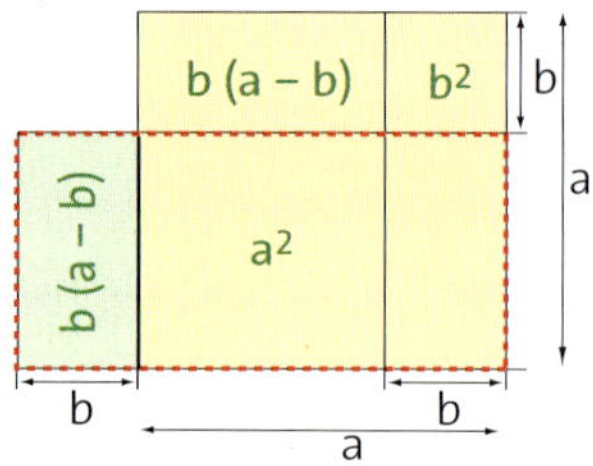

$(a+b)(a-b)$

$= a^2 - b(a-b) - b^2 + b(a-b)$

$= a^2 - ab + b^2 - b^2 + ab - b^2$

$= a^2 - b^2$

3 a) $(4x^2 + 5y)^2 = 16x^4 + 40x^2y + 25y^2$

b) $3(ax+by)^2 - 4(ax-by)^2$

$= 3(a^2x^2 + 2abxy + b^2y^2) - 4(a^2x^2 - 2abxy + b^2y^2)$

$= 3a^2x^2 + 6abxy + 3b^2y^2 - 4a^2x^2 + 8abxy - 4b^2y^2$

$= -a^2x^2 + 14abxy - b^2y^2$

c) $2{,}4(2p-3q)^2 - 3{,}6(2p-3q)(2p+3q)$ (beachte: $3q + 2p = 2p + 3q$)

$= 2{,}4(4p^2 - 12pq + 9q^2) - 3{,}6(4p^2 - 9q^2)$

$= 9{,}6p^2 - 28{,}8pq + 21{,}6q^2 - 14{,}4p^2 + 32{,}4q^2$

$= -4{,}8p^2 - 28{,}8pq + 54q^2$

d) $(a+b+c)(a+b-c)$

$= [(a+b)+c]\cdot[(a+b)-c] = (a+b)^2 - c^2$

$= a^2 + 2ab + b^2 - c^2$

zu d): Geschicktes Klammersetzen führt zuerst auf die dritte binomische Formel, dann kommt die erste binomische Formel zur Anwendung.

3 Lineare (Un-)Gleichungen

1 Was sind Gleichungen?

Indem du zwei Terme T_1 und T_2 gleichsetzt, erhältst du eine **Gleichung:** $T_1 = T_2$.
Gleichungen, bei denen beide Terme T_1 und T_2 keine Variable enthalten, stellen **wahre** oder **falsche Aussagen** dar.

Beispiel 1: wahr: $2 = 2$; $-4{,}5 = -4{,}5$; ...; falsch: $3 = 4$; $-2\frac{1}{2} = -2{,}05$

Gleichungen, bei denen mindestens einer der Terme T_1 oder T_2 eine Variable enthält, z. B. x, werden als **Aussageformen** bezeichnet.
Sobald du für x Zahlen aus der **Grundmenge G_x** einsetzt, entstehen wahre oder falsche Aussagen.
Jede Zahl aus der Grundmenge, die so auf eine wahre Aussage führt, ist eine **Lösung der Gleichung**. Alle Lösungen einer Gleichung werden in der **Lösungsmenge L** zusammengefasst.

Beispiel 2:

Aussageform: $2x - 5 = 1$ mit $G_x = \{1; 2; 3; 4\}$

↓ ↓

Aussagen:
$x = 1$: $2 \cdot 1 - 5 = 1 \Leftrightarrow -3 = 1$ (falsch)
$x = 2$: $2 \cdot 2 - 5 = 1 \Leftrightarrow -1 = 1$ (falsch)
↓ $x = 3$: $2 \cdot 3 - 5 = 1 \Leftrightarrow 1 = 1$ (wahr)
$x = 4$: $2 \cdot 4 - 5 = 1 \Leftrightarrow 3 = 1$ (falsch)

Lösungsmenge: $L = \{3\}$

2 Lineare Gleichungen

Eine Gleichung heißt **linear**, wenn sie die Form $\mathbf{ax + b = 0}$ besitzt oder durch **Äquivalenzumformungen** (→ Seite 24 – 25, Nr. 3 – 6), d. h. Umformungen, die die Lösungsmenge nicht verändern, auf dieses Schema gebracht werden kann.

Beispiel 3:

Diese Gleichungen sind linear: $5x + 8 = 0$; $-8{,}9x - 4\frac{3}{5} = 0$
Diese Gleichung ist quadratisch: $4x^2 - 7x + 5 = 0$
Diese Gleichung ist nicht-linear: $4x - \frac{5}{x} = 0$

Achtung: Unterscheide stets zwischen linearen und nicht-linearen Gleichungen, denn letztere besitzen andere Lösungsverfahren.

3 Gleichungen vom Typ $x + c = d$

Gleichungen vom Typ $x + c = d$ $(c; d \in \mathbb{Q})$ löst du, indem du auf beiden Seiten die Zahl c (im **Beispiel 4:** $c = 2$) subtrahierst.

Beispiel 4:

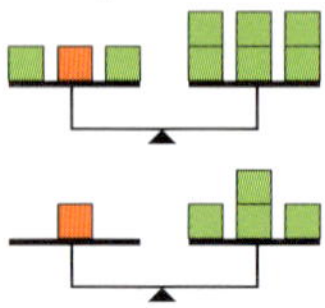

$$x + 2 = 6 \quad | -2$$
$$\Leftrightarrow x + 2 - 2 = 6 - 2$$
$$\Leftrightarrow x = 4$$
$$L = \{4\}$$

allgemein:

$$x + c = d \quad | -c$$
$$\Leftrightarrow x + c - c = d - c$$
$$\Leftrightarrow x = d - c$$
$$L = \{d - c\}$$

Alle Gleichungen vom Typ $x + c = d$ sind linear, denn sie sind vom Schema $a x + b = 0$ für $a = 1$ und $b = c - d$.

4 Gleichungen vom Typ $a x = d$

Gleichungen vom Typ $a x = d$ $(a \in \mathbb{Q}^{\neq 0};\ d \in \mathbb{Q})$ löst du, indem du beide Seiten durch a (im **Beispiel 5:** $a = 3$) dividierst.

Beispiel 5:

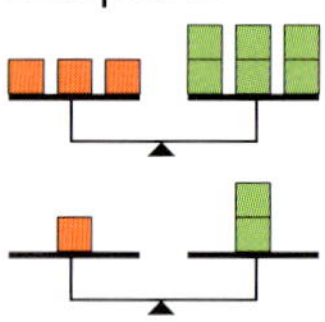

$$3 \cdot x = 6 \quad | :3$$
$$\Leftrightarrow 3 \cdot x : 3 = 6 : 3$$
$$\Leftrightarrow x = 2$$
$$L = \{2\}$$

allgemein:

$$a \cdot x = d \quad | :a$$
$$\Leftrightarrow a \cdot x : a = d : a$$
$$\Leftrightarrow x = d : a$$
$$L = \left\{\frac{d}{a}\right\}$$

Natürlich sind auch die Gleichungen $a x = d \Leftrightarrow a x + (-d) = 0$ linear.

5 Gleichungen vom Typ $a x + c = d$

Gleichungen vom Typ $a x + c = d$ $(a \in \mathbb{Q}^{\neq 0};\ c, d \in \mathbb{Q})$ löst du, indem du zunächst auf beiden Seiten c (im **Beispiel 6:** $c = 4$) subtrahierst und anschließend beide Seiten durch a (im **Beispiel 6:** $a = 2$) dividierst.

Beispiel 6:

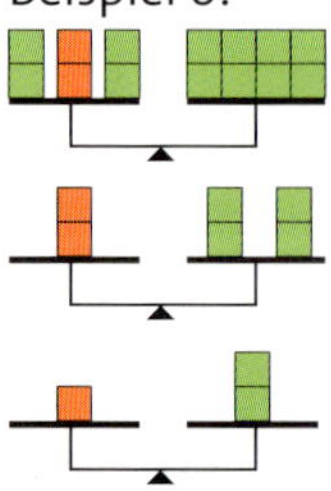

$$2 \cdot x + 4 = 8 \quad | -4$$
$$\Leftrightarrow 2 \cdot x + 4 - 4 = 8 - 4$$
$$\Leftrightarrow 2 \cdot x = 4 \quad | :2$$
$$\Leftrightarrow 2 \cdot x : 2 = 4 : 2$$
$$\Leftrightarrow x = 2$$
$$L = \{2\}$$

allgemein:

$$a \cdot x + c = d \quad | -c$$
$$\Leftrightarrow a \cdot x + c - c = d - c$$
$$\Leftrightarrow a \cdot x = d - c \quad | :a$$
$$\Leftrightarrow a \cdot x : a = (d - c) : a$$
$$\Leftrightarrow x = (d - c) : a$$
$$L = \left\{\frac{d - c}{a}\right\}$$

Alle Gleichungen $a x + c = d \Leftrightarrow a x + (c - d) = 0$ sind linear.

6 Lineare Gleichungen vom Typ $T_1(x) = T_2(x)$

Bei diesem Gleichungstyp tritt die Variable x in beiden Termen T_1 und T_2, also auf beiden Seiten der Gleichung auf. Die folgenden Beispiele zeigen, dass die zuvor dargestellten **Äquivalenzumformungen** (⇔) auch in diesen Fällen zur Lösung führen.

Beispiel 7:

$$\begin{aligned} & 9x + 25 = 5x + 5 & & |-5x \\ \Leftrightarrow\ & 4x + 25 = 5 & & |-25 \\ \Leftrightarrow\ & 4x = -20 & & |:4 \\ \Leftrightarrow\ & x = -5 & & \end{aligned}$$

$L = \{-5\}$

Beispiel 8:

$$\begin{aligned} & 18(x-2) = 4(x+12) & & \\ \Leftrightarrow\ & 18x - 36 = 4x + 48 & & |-4x \\ \Leftrightarrow\ & 14x - 36 = 48 & & |+36 \\ \Leftrightarrow\ & 14x = 84 & & |:14 \\ \Leftrightarrow\ & x = 6 & & \end{aligned}$$

$L = \{6\}$

Beispiel 9:

$$\begin{aligned} & 2x \cdot (2x-9) = (2x+3) \cdot (2x-3) & & \\ \Leftrightarrow\ & 4x^2 - 18x = 4x^2 - 9 & & |-4x^2 \\ \Leftrightarrow\ & -18x = -9 & & |:(-18) \\ \Leftrightarrow\ & x = 0{,}5 & & \end{aligned}$$

$L = \{0{,}5\}$

Achtung: In **Beispiel 9** liegt zunächst eine quadratische Gleichung (→ Seite 23, Nr. 2) vor, jedoch kannst du den quadratischen Term $4x^2$ durch Subtraktion eliminieren, und die resultierende Gleichung $-18x = -9 \Leftrightarrow -18x + 9 = 0$ ist linear!

7 Die Lösungsstruktur linearer Gleichungen

Die **Beispiele 4** bis **9** vermitteln den Eindruck, dass lineare Gleichungen stets **eindeutig lösbar** sind, jedoch können noch **zwei andere Lösungssituationen** auftreten.

Beispiel 10:

$$\begin{aligned} & 2 \cdot (4 + 5x) = 10 \cdot (x+1) - 2 & & \\ \Leftrightarrow\ & 8 + 10x = 10x + 10 - 2 & & |-10x \\ \Leftrightarrow\ & 8 = 8 & & \text{(wahr)} \end{aligned}$$

Die Gleichung führt für jede Zahl $x \in \mathbb{Q}$ auf eine **wahre Aussage**, daher lautet die **Lösungsmenge: $L = \mathbb{Q}$**.

Beispiel 11:

$$\begin{aligned} & 2 \cdot (4 + 5x) = 10 \cdot (x+1) + 2 & & \\ \Leftrightarrow\ & 8 + 10x = 10x + 10 + 2 & & |-10x \\ \Leftrightarrow\ & 8 = 12 & & \text{(falsch)} \end{aligned}$$

Die Gleichung führt für jede Zahl $x \in \mathbb{Q}$ auf eine **falsche Aussage**, daher lautet die **Lösungsmenge: $L = \{\ \}$**.

8 Textaufgaben

Beispiel 12: Vor zehn Jahren war Karins Mutter sechsmal so alt wie ihre Tochter, in 10 Jahren wird sie nur noch doppelt so alt sein.
Wie alt sind Mutter und Tochter heute? **1**

Alter	Karin	Mutter
heute	x **2**	
vor 10 Jahren	x − 10 **3**	6 (x − 10) **3**
in 10 Jahren	x + 10 **3**	2 (x + 10) **3**

4 Zwischen $6(x-10)$ und $2(x+10)$ liegen 20 Jahre. Das führt auf die Gleichung:
$6(x-10)+20=2(x+10)$

5 $\Leftrightarrow 6x-60+20=2x+20 \quad |-2x$

5 $\Leftrightarrow 4x-40=20 \quad |+40$

5 $\Leftrightarrow 4x=60 \quad |:4$

5 $\Leftrightarrow x=15$

Antwort: Karin ist heute 15 Jahre alt, ihre Mutter ist $2(15+10)-10=40$ Jahre alt. **6** **7**

> Gehe bei jeder Textaufgabe diese Lösungsschritte der Reihe nach durch:
> **1** Lies den Text gründlich.
> **2** Lege die Variable x fest.
> **3** Setze den Text in Terme um.
> **4** Stelle eine Gleichung auf.
> **5** Löse die Gleichung durch Äquivalenzumformungen
> **6** Mache die Probe. Ist das Ergebnis plausibel?
> **7** Formuliere einen Antwortsatz.

9 Lineare Ungleichungen

Eine **lineare Ungleichung** hat die Form $a \cdot x + b > 0$, bzw. $a \cdot x + b \geq 0$, oder $a \cdot x + b < 0$, bzw. $a \cdot x + b \leq 0$, oder sie lässt sich durch Äquivalenzumformungen auf eine dieser Formen bringen. Auch Ungleichungen werden durch Äquivalenzumformungen (→ Seiten 24 bis 25, Nr. 3 bis 6) gelöst. Die Lösungen kannst du als Bereiche auf dem Zahlenstrahl veranschaulichen.

Ungleichungen weisen gegenüber den Gleichungen folgende **Besonderheit bei den Äquivalenzumformungen** auf: Wird eine Ungleichung mit einer negativen Zahl multipliziert oder durch eine negative Zahl dividiert, so dreht sich hierbei das Relationszeichen „<", „≤", „>" oder „≥" um!

Beispiel 13: $4-3x \leq 10 \quad |-4$

$\Leftrightarrow -3x \leq 6 \quad |:(-3)$

$\Leftrightarrow x \geq -2$

$L=\{x \in \mathbb{Q} \mid x \geq -2\}$

TEST 1 Einfache Gleichungen aufstellen und lösen

1 Stelle fest, ob die Gleichung über der gegebenen Grundmenge Lösungen besitzt.

a) $x - 3 = 1$ für $G_x = \{-4; 0; 4\}$

b) $3x + 15 = 55 - x$ für $G_x = \{-10; 10; 30\}$

2 Jede Abbildung stellt eine Gleichung dar. Notiere und löse sie.
Hinweis: 1 grünes Gewicht ≙ 1 Einheit; 1 rotes Gewicht ≙ x Einheiten

a) 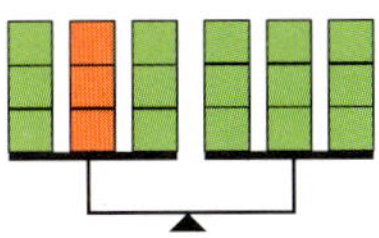

b) 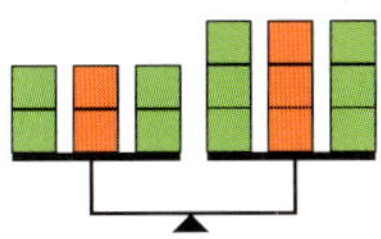

c) 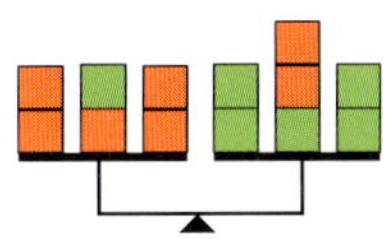

3 Stelle fest, ob folgende Gleichungen linear sind. Rechne im Heft.

a) $-4{,}2x + 3{,}7 = 6{,}8 - 5{,}3x$

b) $(2x - 4)^2 = (4 + 2x)^2$

4 a) Wenn du zum Doppelten einer Zahl 7 addierst, so erhältst du 3.

b) Quadriere das um 2 Verminderte einer Zahl, so erhältst du ihr um zwei vermindertes Quadrat.

TEST 2 Einfache Ungleichungen aufstellen und lösen

1 Beschreibe den markierten Zahlenbereich durch **eine** Ungleichung. **Hinweis:** Die Zeichen „[“ und „]“ besagen, dass der Randwert eines Zahlenbereichs nur dann dazu zählt, wenn die „Haken“ in Richtung dieses Bereichs weisen.

(1) 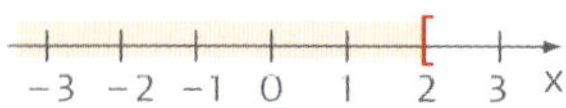

(2) 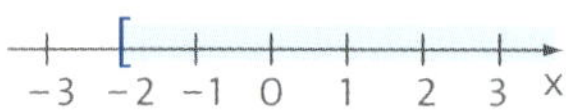

(3) 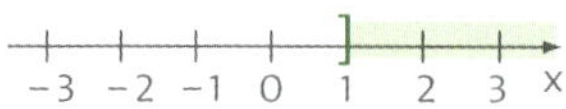

2 Jede Abbildung stellt eine Ungleichung dar. Notiere und löse sie im Heft.
Hinweis: 1 grünes Gewicht ≙ 1 Einheit; 1 rotes Gewicht ≙ x Einheiten

a) 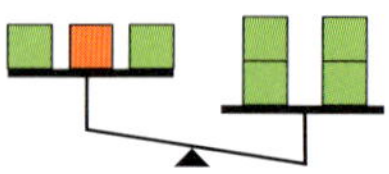

b) 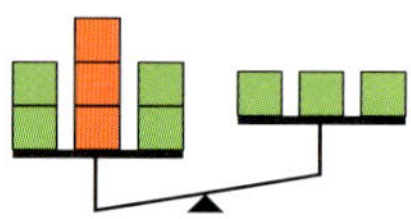

c) 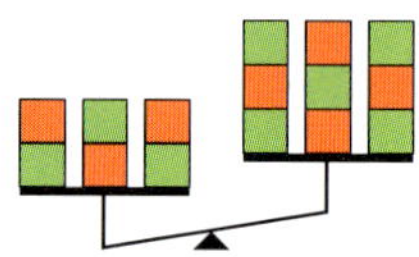

3 Folgende Ungleichungen besitzen unter anderem die Lösung $x = 4$, das heißt $4 \in L$. Setze zunächst das richtige Relationszeichen „<“ oder „>“ an die Stelle von und bestimme anschließend die vollständige Lösungsmenge.

a) $-1{,}5x + 2{,}5 \quad -5$

b) $\frac{3}{4}x - 2\frac{1}{2} \quad \frac{1}{2}x - 1\frac{1}{4}$

4 Angesichts jährlicher Heizkosten von zuletzt 765 € überlegt Herr Klug, nach wie vielen Jahren sich Isolierfenster (1640 €) und weitere Wärmedämmungen (1420 €) wohl bezahlt machen würden (= amortisieren), wenn die Heizkosten dadurch um 25 % gesenkt würden.

TEST 3 Textaufgaben

1 a) Notiere die entsprechenden Gleichungen (keine Lösungen erforderlich).

(1) Vergrößert man das Doppelte einer Zahl um 7, so erhält man das Dreifache der um 5 verminderten Zahl.

(2) Das Produkt einer natürlichen Zahl mit ihrem Nachfolger entspricht ihrem um 4 vergrößerten Quadrat.

b) Formuliere zu jeder Gleichung einen passenden Aufgabentext im Heft.

(1) $2x + 8 = 5x - 2$ (2) $0{,}5 \cdot (x + 2) = 4x - 6$

2 In einer Tüte sind 90 Gummibärchen in den Farben grün, rot und gelb. Von den grünen gibt es 2 weniger als von den roten und von den gelben 13 mehr als von den grünen. Wer die drei Anzahlen zuerst richtig angeben kann, der soll die Tüte bekommen.

3 Ein Stromtarif setzt sich aus der jährlichen Zählergebühr (ZG) und dem Verbrauchspreis (VB) pro Kilowattstunde (kWh) zusammen. Zur Auswahl stehen die Tarife T_1: ZG = 30 € ; VB = 14,0 Cent pro kWh und T_2: ZG = 60 € ; VB = 13,5 Cent pro kWh.
Bei welchem Jahresverbrauch ist welcher Tarif von Vorteil?

4 Ein Landwirt will auf der abgebildeten Weide Kühe halten und setzt, um dem Futterbedarf zu entsprechen, für jedes Tier 200 m² Weidefläche an. Außerdem sollen alle Tiere auch in einer Stallung, die in einer Ecke der Weide errichtet wird, Platz finden. Dort rechnet er mit 10 m² pro Tier. Wie viele Kühe kann er so halten?

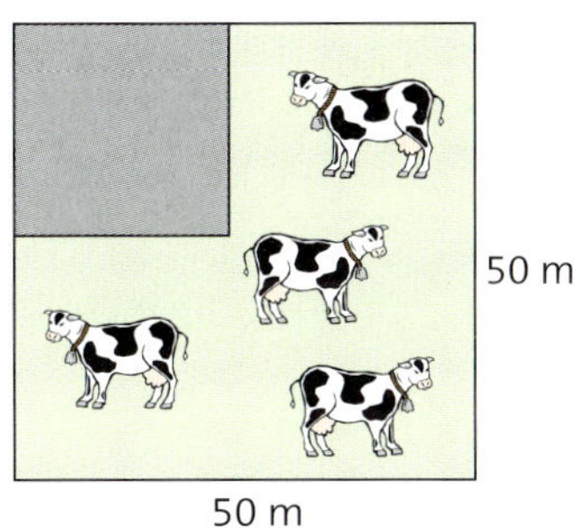

Lösungen zu Test 1

1 a) $x = -4$: $-4 - 3 = 1$
$-7 = 1$ (f)
$x = 0$: $0 - 3 = 1$
$-3 = 1$ (f)
$x = 4$: $4 - 3 = 1$
$1 = 1$ (w)
$L = \{4\}$

b) $x = -10$: $3 \cdot (-10) + 15 = 55 - (-10)$
$-15 = 65$ (f)
$x = 10$: $3 \cdot 10 + 15 = 55 - 10$
$45 = 45$ (w)
$x = 30$: $3 \cdot 30 + 15 = 55 - 30$
$105 = 25$ (f)
$L = \{10\}$

2 a) $3x + 6 = 9 \quad | -6$
$\Leftrightarrow \quad 3x = 3 \quad | :3$
$\Leftrightarrow \quad x = 1$
$L = \{1\}$

b) $2x + 4 = 3x + 6 \quad | -6$
$\Leftrightarrow \quad 2x - 2 = 3x \quad | -2x$
$\Leftrightarrow \quad -2 = x$
$L = \{-2\}$

c) $5x + 1 = 2x + 5 \quad | -2x$
$\Leftrightarrow \quad 3x + 1 = 5 \quad | -1$
$\Leftrightarrow \quad 3x = 4 \quad | :3$
$\Leftrightarrow \quad x = 1\frac{1}{3}$
$L = \left\{1\frac{1}{3}\right\}$

Hinweis: Üblicherweise werden Gleichungen so umgeformt, dass die Variable x in der Lösungszeile links steht. In b) kann jedoch eine Äquivalenzumformung gespart werden, wenn x auf der rechten Seite der Gleichung isoliert wird.

3 a) $-4{,}2x + 3{,}7 = 6{,}8 - 5{,}3x \quad | +5{,}3x$
$\Leftrightarrow \quad 1{,}1x + 3{,}7 = 6{,}8 \quad | -6{,}8$
$\Leftrightarrow \quad 1{,}1x - 3{,}1 = 0$
$\Leftrightarrow \quad ax + b = 0$
mit $a = 1{,}1$; $b = -3{,}1$

b) $(2x - 4)^2 = (4 + 2x)^2$
$\Leftrightarrow \quad 4x^2 - 16x + 16 = 16 + 16x + 4x^2 \quad | -4x^2$
$\Leftrightarrow \quad -16x + 16 = 16x + 16 \quad | -16 \quad | -16x$
$\Leftrightarrow \quad -32x = 0$
$\Leftrightarrow \quad ax + b = 0$
mit $a = -32$; $b = 0$

4 a) Die gesuchte Zahl: x
Das Doppelte dieser Zahl: $2x$
Addiere 7 zum Doppelten:
$2x + 7$
$2x + 7 = 3 \quad | -7$
$\Leftrightarrow \quad 2x = -4 \quad | :2$
$\Leftrightarrow \quad x = -2$
Die gesuchte Zahl ist -2.

b) Die gesuchte Zahl: x
Das um 2 Verminderte: $x - 2$
Das Quadrat hiervon: $(x - 2)^2$
Vermindere das Quadrat der Zahl um 2: $x^2 - 2$
$(x - 2)^2 = x^2 - 2$
$\Leftrightarrow \quad x^2 - 4x + 4 = x^2 - 2 \quad | -x^2 \quad | -4$
$\Leftrightarrow \quad -4x = -6 \quad | :(-4)$
$\Leftrightarrow \quad x = 1{,}5$
Die gesuchte Zahl ist 1,5.

Lösungen zu Test 2

1 (1) $x < 2$ (2) $x \geq 2$ (3) $x > 1$

2 a) $x + 2 < 4 \quad |-2$
$\Leftrightarrow \quad x < 2$
$L = \{x \in \mathbb{Q} \mid x < 2\}$

b) $3x + 4 > 3 \quad |-4$
$\Leftrightarrow \quad 3x > -1 \quad |:3$
$\Leftrightarrow \quad x > -\frac{1}{3}$
$L = \left\{x \in \mathbb{Q} \mid x > -\frac{1}{3}\right\}$

c) $3x + 3 > 4x + 5 \quad |-4x$
$\Leftrightarrow \quad -x + 3 > 5 \quad |-3$
$\Leftrightarrow \quad -x > 2 \quad |\cdot(-1)$
$\Leftrightarrow \quad x < -2$
$L = \{x \in \mathbb{Q} \mid x < -2\}$

3 1. Berechne mit dem vorgegebenen Lösungswert $x = 4$ jeweils die linke und die rechte Seite einer Ungleichung, vergleiche diese Werte miteinander und setze dann das zutreffende Relationszeichen „>" oder „<".

a) rechts: -5
links: $-1{,}5 \cdot 4 + 2{,}5 = -3{,}5 > -5$
$-1{,}5x + 2{,}5 > -5 \quad |-2{,}5$
$\Leftrightarrow \quad -1{,}5x > -7{,}5 \quad |:(-1{,}5)$
$\Leftrightarrow \quad x < 5$
$L = \{x \in \mathbb{Q} \mid x < 5\}$

b) rechts: $\frac{1}{2} \cdot 4 - 1\frac{1}{4} = \frac{3}{4}$
links: $\frac{3}{4} \cdot 4 - 2\frac{1}{2} = \frac{1}{2} < \frac{3}{4}$
$\Leftrightarrow \quad \frac{3}{4}x - 2\frac{1}{2} < \frac{1}{2}x - 1\frac{1}{4} \quad |+2\frac{1}{2} \quad |-\frac{1}{2}x$
$\Leftrightarrow \quad \frac{1}{4}x < 1\frac{1}{4} \quad |\cdot 4$
$\Leftrightarrow \quad x < 5$
$L = \{x \in \mathbb{Q} \mid x < 5\}$

4 Der auf → Seite 26, Nr. 8 gezeigte Lösungsweg kann so umgesetzt werden:

1 **2** Anzahl zukünftiger Jahre: x

3 Annahme: zukünftig konstante Heizkosten von 765 € pro Jahr
Kosten für x Jahre ohne Dämmung: $765 \cdot x$;
Kosten für x Jahre mit Dämmung und Kosteneinsparung um 25 %:
$(1640 + 1420) + (1 - 0{,}25) \cdot 765 \cdot x = 3060 + 573{,}75 \cdot x$

4 **5** Amortisationsrechnung: $765 \cdot x > 3060 + 573{,}75x$
$\Leftrightarrow 191{,}25x > 3060$
$\Leftrightarrow x > 16$ Jahre

6 **7** Für $x = 16$ Jahre sind die Kosten $765\,€ \cdot 16 = 12\,240\,€$ und $3060\,€ + 573{,}75\,€ \cdot 16 = 12\,240\,€$ gleich.

Ab dem 17. Jahr führen die Dämmungsmaßnahmen zu Einsparungen.

Steigende Heizkosten verkürzen natürlich die Amortisationsdauer, was du durch eine Vergleichsrechnung leicht zeigen kannst.

Lösungen zu Test 3

Hinweise zu 1a); (1)
Achte auf die Reihenfolge!
Linke Seite: Die Zahl x wird zuerst verdoppelt und dann um 7 vergrößert.
Rechte Seite: Hier wird die Zahl x zuerst um 5 verkleinert und dann erst verdreifacht.

1 a) (1) $2x + 7 = 3 \cdot (x - 5)$ $(\Rightarrow\ x = -22)$

(2) $n \cdot (n + 1) = n^2 + 4$ $(\Rightarrow\ n = 4)$

b) Beispiellösungen:

(1) Das Doppelte einer Zahl, vermehrt um 8, entspricht ihrem Fünffachen, vermindert um 2.

(2) Die Hälfte einer um 2 vergrößerten Zahl entspricht ihrem Vierfachen, vermindert um 6.

2 Bezeichne zuerst die Anzahl der roten Gummibärchen mit x, denn die Angabe zu den grünen bezieht sich hierauf und beträgt $x - 2$. Schließlich bezieht sich die Angabe zu den gelben auf die grünen: $(x - 2) + 13 = x + 11$, kann aber in der Form $x + 11$ auch auf die roten bezogen werden! Die Gleichung lautet:

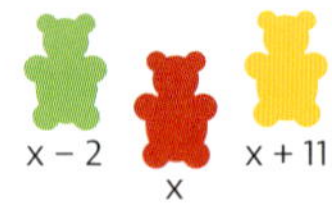

$(x - 2) + x + (x + 11) = 90 \;\Leftrightarrow\; 3x + 9 = 90 \;\Leftrightarrow\; 3x = 81 \;\Leftrightarrow\; x = 27$

In der Tüte sind $27 - 2 = 25$ grüne, 27 rote und $27 + 11 = 38$ gelbe Gummibärchen.

3 Bei einem Jahresverbrauch von x (kWh) betragen die jährlichen Stromkosten nach T_1: $30 + 0{,}140 \cdot x$ und nach T_2: $60 + 0{,}135 \cdot x$. Gleiche Stromkosten ergeben sich für $30 + 0{,}140 \cdot x = 60 + 0{,}135 \cdot x \;\Leftrightarrow\; 0{,}005 \cdot x = 30 \;\Leftrightarrow\; x = 6000\,\text{kWh}$

Bei einem Jahresverbrauch bis 6000 kWh ist T_1 wegen der kleineren Grundgebühr günstiger, oberhalb von 6000 kWh dann T_2.

4 Wenn die Stallung die Fläche A beansprucht, dann verbleiben $(50\,\text{m})^2 - A = 2500\,\text{m}^2 - A$ an Weidefläche.

Folglich passen $A : 10\,\text{m}^2$ Tiere in den Stall und $(2500\,\text{m}^2 - A) : 200\,\text{m}^2$ Tiere auf die Weide. Die Anzahl der Tiere, die gehalten werden können, wird durch die **kleinere** dieser beiden Zahlen begrenzt, denn entweder reicht der Platz im Stall **oder** die Weidefläche (= Futtermenge) nicht mehr aus.

Im günstigsten Fall sind beide Zahlen gleich:

$$\frac{A}{10} = \frac{2500 - A}{200} \;\; | \cdot 200 \quad\Leftrightarrow\quad 20A = 2500 - A \quad\Leftrightarrow\quad 21A = 2500 \quad\Leftrightarrow\quad A \approx 119\,\text{m}^2$$

Es können somit höchstens $119 : 10 = 11{,}9 \approx 12$ Kühe gehalten werden.

4 Prozent- und Zinsrechnung

WISSEN

1 Grundbegriffe der Prozentrechnung

Wenn du einen Anteil (= **Prozentwert W**) an einer Gesamtheit (= **Grundwert G**) ausdrücken willst, dann bilde den **relativen Anteil** $\frac{W}{G}$. Verschiedene relative Anteile kannst du direkt miteinander vergleichen, wenn sie denselben Nenner besitzen. Üblicherweise kürzt und/oder erweitert man auf den **Nenner 100** und bezeichnet dann den zugehörenden Zähler als **Prozentzahl p**, oder aber man gibt den **Prozentsatz** $p\,\% = \frac{p}{100}$ an.

Beispiel 1: 18 der 30 Schüler aus Bernds Klasse sind in einem Sportverein.
Prozentwert **W** = 18; Grundwert **G** = 30; relativer Anteil: $\frac{W}{G} = \frac{18}{30} = \frac{6}{10} = \frac{60}{100} = \frac{p}{100}$
Prozentzahl **p** = 60; Prozentsatz $p\,\% = \frac{60}{100} = 60\,\%$

2 Berechne den Prozentsatz

Aus **Beispiel 1** kannst du die Verhältnisgleichung $\frac{p}{100} = \frac{W}{G}$ ablesen.
Multipliziere beide Seiten dieser Gleichung mit 100, um Prozentzahlen bzw. Prozentsätze berechnen zu können.

Beispiel 2: Von 678 gültigen Stimmen entfallen 294 Stimmen auf die Partei X.
$p = 100 \cdot \frac{W}{G} = 100 \cdot \frac{294}{678} = 43{,}3628\,\ldots$
Runde das Ergebnis **sinnvoll**: Prozentzahl: $p \approx 43{,}4$; Prozentsatz: $p\,\% \approx \frac{43{,}4}{100} = 43{,}4\,\%$

3 Berechne den Prozentwert

Die Gleichung $\frac{W}{G} = \frac{p}{100}$ aus **Beispiel 1** kannst du so nach W freistellen:
$\frac{W}{G} = \frac{p}{100} \;|\cdot G \;\Leftrightarrow\; W = \frac{p}{100} \cdot G$

Beispiel 3: 16,8 % der Bevölkerung haben Flugangst. Eine Fluglinie beförderte im letzten Jahr 8 425 000 Fluggäste. $W = \frac{p}{100} \cdot G = \frac{16{,}8}{100} \cdot 8\,425\,000 = 1\,415\,400$
1 415 400 beförderte Personen hatten Flugangst.

4 Berechne den Grundwert

In der Gleichung $\frac{W}{G} = \frac{p}{100}$ aus **Beispiel 1** kannst du so G isolieren:
$\frac{W}{G} = \frac{p}{100} \;|\cdot G \;\Leftrightarrow\; W = \frac{p}{100} \cdot G \;|\cdot \frac{100}{p} \;\Leftrightarrow\; G = \frac{100}{p} \cdot W$

Beispiel 4: Heute fehlen 4 Schüler, das sind 12,5 % der Klasse.
$G = \frac{100}{p} \cdot W = \frac{100}{12{,}5} \cdot 4 = 32$; Die Klasse hat 32 Schüler.

So berechnest du Prozentzahlen und -sätze:
$p = 100 \cdot \frac{W}{G} \Leftrightarrow p\,\% = \frac{W}{G}$
So berechnest du Prozentwerte:
$W = \frac{p}{100} \cdot G \Leftrightarrow W = p\,\% \cdot G$
So berechnest du Grundwerte:
$G = \frac{100}{p} \cdot W \Leftrightarrow G = \frac{W}{p\,\%}$

5 Promille statt Prozent

Werden sehr geringe Anteile an einer Gesamtheit ausgedrückt oder verglichen, so wählt man nicht 100 sondern **1000 als Bezugsnenner**. Folglich wird die Prozentzahl zur **Promillezahl p** und der Prozentsatz zum **Promillesatz** $p‰ = \frac{p}{1000}$.

Beispiel 5: Einem auffälligen Autofahrer wird eine Blutprobe von $6\,cm^3 = 6000\,mm^3$ entnommen. Er kann straffrei bleiben, wenn der Alkoholgehalt im Blut nicht mehr als 0,5 ‰ beträgt.

$W \leq \frac{p}{1000} \cdot G = \frac{0{,}5}{1000} \cdot 6\,cm^3 = 0{,}003\,cm^3 = 3\,mm^3$

In der Probe dürfen nicht mehr als $3\,mm^3$ Alkohol enthalten sein.

So berechnest du bei der Promillerechnung …

… Promillezahlen und -sätze:
$p = 1000 \cdot \frac{W}{G} \Leftrightarrow p‰ = \frac{W}{G}$

… Promillewerte:
$W = \frac{p}{1000} \cdot G \Leftrightarrow W = p‰ \cdot \frac{W}{G}$

… Grundwerte:
$G = \frac{1000}{p} \cdot W \Leftrightarrow G = \frac{W}{p‰}$

6 Zinsrechnung – ein Sonderfall der Prozentrechnung

Zentrale Aufgaben der Zinsrechnung sind die Berechnung des Ertrages, den gespartes Kapital erwirtschaftet, sowie die Berechnung des Schuldendienstes für geliehenes Kapital (= Darlehen). Hierzu wird grundsätzlich auf die Methoden der Prozentrechnung zurückgegriffen. Jedoch haben sich infolge der umfassenden Bedeutung der Zinsrechnung eigenständige Begriffe und auch entsprechend umgeschriebene Formeln durchgesetzt.

Übertrage folgende Begriffe von der Prozent- zur Zinsrechnung:

Prozentsatz (p %) → Zinssatz (p %)
Prozentwert (W) → Jahreszinsen (Z)
Grundwert (G) → Kapital (K)

Übertrage folgende Formeln von der Prozent- zur Zinsrechnung:

$p = 100 \cdot \frac{W}{G} \rightarrow p = 100 \cdot \frac{Z}{K}$
$W = \frac{p}{100} \cdot G \rightarrow Z = \frac{p}{100} \cdot K$
$G = \frac{100}{p} \cdot W \rightarrow K = \frac{100}{p} \cdot Z$

7 Drei wichtige Fragestellungen der Zinsrechnung

Beispiel 6: Ein Guthaben von 450 € bringt Jahreszinsen von 15,75 €.

$p = 100 \cdot \frac{Z}{K} = 100 \cdot \frac{15{,}75}{450} = 3{,}5 \Rightarrow$ Der Zinssatz beträgt $p = 3{,}5\,\%$.

Beispiel 7: Die Bank vergibt ein Darlehen von 8500 € zu 6,4 %.

$Z = \frac{p}{100} \cdot K = \frac{6{,}4}{100} \cdot 8500 = 544 \Rightarrow$ Die Bank fordert jährliche Zinsen von $Z = 544$ €.

Beispiel 8: Ein Baudarlehen zu 4,6 % kostet 3220 € pro Jahr.

$K = \frac{100}{p} \cdot Z = \frac{100}{4{,}6} \cdot 3220 = 70\,000 \Rightarrow$ Es wurde Kapital in Höhe von 70 000 € geliehen.

8 Zeitanteilige Zinsen

Kapital wird nicht nur für volle Jahre gespart oder geliehen. Für kürzere oder volle Jahre überschreitende Zeiträume erfolgt daher **zeitanteilige Verzinsung**.

Beispiel 9: Frau Jesse legt 4000 € in einer Anleihe an, die mit 6,25 % rentiert und noch eine Laufzeit von 8 Monaten besitzt.

$Z_m = \frac{6,25}{100} \cdot 4000 \cdot \frac{8}{12} = 250 \cdot \frac{8}{12} = 166,67$

Von den 250 € Jahreszinsen werden ihr für 8 Monate 166,67 € gezahlt.

Beträgt der Zeitraum der Verzinsung m Monate (m = 1; ...; 11), so werden die Jahreszinsen im Verhältnis m : 12 gewährt.
Monatszinsen: $Z_m = \frac{p}{100} \cdot K \cdot \frac{m}{12}$

Beispiel 10: Herr Vogt legt 2500 € vom 12.2. bis zum 14.5. zu 3,45 % als Tagesgeld an.

Anlagedauer: 18 + 2 · 30 + 14 = 92 Tage

$Z_t = \frac{3,45}{100} \cdot 2500 \cdot \frac{92}{360} = 86,25 \cdot \frac{92}{360} = 22,04$

Von den 86,25 € Jahreszinsen werden ihm für 92 Tage 22,04 € gezahlt.

Beträgt der Zeitraum der Verzinsung t Tage (t = 1; ...; 359), so werden die Jahreszinsen im Verhältnis t : 360 gewährt.
Tageszinsen: $Z_t = \frac{p}{100} \cdot K \cdot \frac{t}{360}$
Hinweis: Das Bankjahr hat stets 360 Tage, das sind 12 · 30 Tage! Jeder Bankmonat hat 30 Tage.

9 Zinseszinsen

Wird das (Anfangs-)Kapital K_0 für $n \geq 2$ Jahre angelegt, so beschreibt der Ausdruck **Zinseszinsen** den Effekt, dass die Jahreszinsen eines Anlagejahres am Ende dieses Jahres dem bisherigen Kapital zugerechnet werden und dadurch mit in die Verzinsung der Folgejahre eingehen. Das Kapital und seine Verzinsung wachsen dadurch im Laufe der Jahre überproportional an. Wenn K_1, K_2, K_3,..., K_n das Kapital am Ende des 1., 2., 3., ..., n-ten Jahres bezeichnet, dann gilt:

nach 1 Jahr: $K_1 = K_0 + Z_1 = K_0 + K_0 \cdot \frac{p}{100} = K_0 \cdot \left(1 + \frac{p}{100}\right)$

nach 2 Jahren:

$K_2 = K_1 + Z_2 = K_1 + K_1 \cdot \frac{p}{100} = K_1 \cdot \left(1 + \frac{p}{100}\right) = K_0 \cdot \left(1 + \frac{p}{100}\right) \cdot \left(1 + \frac{p}{100}\right) = K_0 \cdot \left(1 + \frac{p}{100}\right)^2$

nach 3 Jahren:

$K_3 = K_2 + Z_3 = K_2 + K_2 \cdot \frac{p}{100} = K_2 \cdot \left(1 + \frac{p}{100}\right) = K_0 \cdot \left(1 + \frac{p}{100}\right)^2 \cdot \left(1 + \frac{p}{100}\right) = K_0 \cdot \left(1 + \frac{p}{100}\right)^3$

nach n Jahren: $\mathbf{K_n = K_0 \cdot \left(1 + \frac{p}{100}\right)^n = K_0 \cdot q^n}$ mit dem **Zinsfaktor** $\mathbf{q = 1 + \frac{p}{100}}$.

Beispiel 11: Ein Betrag von 5000 € wird 12 Jahre lang mit 4,5 % verzinst.

$K_{12} = K_0 \cdot q^{12} = 5000 \cdot 1,045^{12} = 8479,41$

Nach 12 Jahren ist das Anfangskapital auf 8479,41 € angewachsen.

TEST 1 Prozentsätze, Prozentwerte, Grundwerte

1 Ergänze die Leerstellen sinnvoll mit: 100 ▪ Prozentwert ▪ Grundwert ▪ umgekehrt proportional ▪ halbiert ▪ Prozentsatz ▪ Prozentwert ▪ proportional

a) Verdoppelt man bei festem Grundwert den ___, so verdoppelt sich auch der ___. Daher sind beide Größen ___ zueinander.

b) Verdoppelt man bei festem Prozentwert den Prozentsatz, so ___ sich der ___. Daher sind beide Größen ___ zueinander.

c) Der ___ verhält sich zum Grundwert wie die Prozentzahl zu ___.

2 Berechne die fehlenden Werte möglichst im Kopf.

	a)	b)	c)	d)	e)
p	10		20		0,5
W		0,3	0,8	12,5	
G	2600	1,2		5	14

3 Berechne die fehlende Größe und runde das Ergebnis, falls erforderlich.

a) $G = 0{,}4\,t$; $W = 216\,kg$

b) $W = 3{,}25\,€$; $p\,\% = 42{,}6\,\%$

c) $p\,\% = 138\,\%$; $G = 50\,min$

d) $W = 615\,cm^3$; $G = 3{,}2\,l$

4 Wie viel Prozent der Grundfläche (gelb) füllt die einbeschriebene Figur jeweils aus? (Hinweis: Denke an die Formel $A = \pi \cdot r^2$)

a)
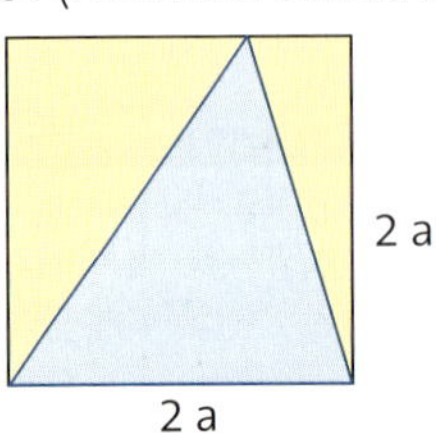

b)
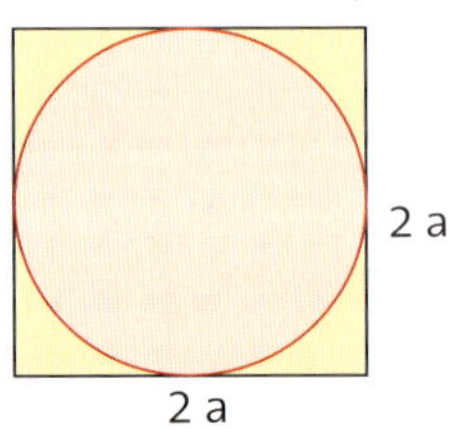

c)
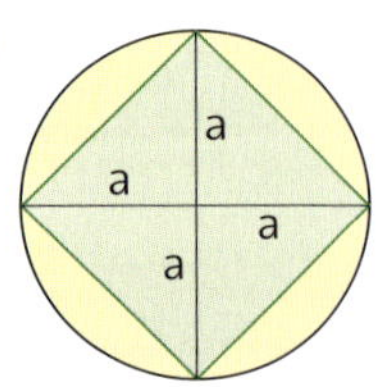

TEST 2 Zinssätze, Jahreszinsen, Kapitalwerte

1 Ergänze die Leerstellen sinnvoll. Prozentrechnug • $Z = \frac{p}{100} \cdot K$ • Jahreszinsen • Zinsrechnung • Grundwert • $Z = \frac{p}{100} \cdot K \;|\cdot \frac{100}{p} \Leftrightarrow$ ...

a) Die … ist ein spezielles Anwendungsgebiet der … . Dabei bezeichnet man den Prozentwert als … und der … entspricht dem Kapital.

b) Die Berechnung der Jahreszinsen erfolgt mit der Formel … . Um das Kapital zu berechnen, stellt man sie so um: … .

2 Berechne die fehlenden Werte möglichst im Kopf.

	a)	b	c)	d)	e)
p	5,5	4		7,5	
Z (€)		80	15	225	11,25
K (€)	400		600		225

3 a) Ein Sparguthaben wächst während eines Jahres von 4230,65 € auf 4374,49 € an. Bestimme den Zinssatz.

b) Ein zu 7,8 % gewährtes Darlehen soll nach einem Jahr inklusive der Zinsen von 351 € zurückgezahlt werden. Wie hoch ist der Rückzahlungsbetrag?

4 Herr Eng muss ein Jahr lang 8000 € aufnehmen und fragt deshalb bei zwei Banken nach den Darlehenskonditionen. Welches der beiden Angebote ist für ihn günstiger? Bestimme auch die effektiven Zinssätze!

A-Bank
Auszahlung: 100 % der Darlehenssumme
Zinssatz: 6,25 %
Tilgung: 102 % der Darlehenssumme

B-Bank
Auszahlung: 98 % der Darlehenssumme
Zinssatz: 6 %
Tilgung: 100 % der Darlehenssumme

TEST 3 Zeitanteilige Zinsen und Zinseszinsen

1 Berechne die zeitanteiligen Zinsen, wenn 3750 € ...

a) ... für 2 Monate zu 3,4 % angelegt werden.

b) ... von Anfang Mai bis Ende Oktober desselben Jahres zu 3,8 % angelegt werden.

2 Berechne die zeitanteiligen Zinsen, wenn 6480 € ...

a) ... für 56 Tage zu 2,3 % angelegt werden.

b) ... vom 14. Februar bis zum 9. Juni desselben Jahres zu 2,6 % angelegt werden.

c) ... vom 8. Oktober bis zum 3. Februar des folgenden Jahres zu 2,6 % angelegt werden und bereits zum Jahreswechsel Zwischenzinsen für das abgelaufene Jahr gutgeschrieben werden.

d) Vergleiche die Ergebnisse von b) und c) miteinander.

3 Frau Klug möchte 5000 € für 4 Jahre anlegen und vergleicht die beiden Bankangebote.

a) Weches Angebot ist für sie von Vorteil?

b) Gib für das Angebot der B-Bank auch den durchschnittlichen Zinssatz an.

A-Bank
Power-Sparen mit Zinseszinsen und Super-Zinssatz:
1. Jahr: 5,5 %
2. Jahr: 5,5 %
3. Jahr: 5,5 %
4. Jahr: 5,5 %

B-Bank
Dynamik-Sparen mit Zinseszinsen und steigendem Zinssatz:
1. Jahr: 2 %
2. Jahr: 5 %
3. Jahr: 7 %
4. Jahr: 8 %

TEST 4 Grundaufgaben der Prozent- und Zinsrechnung

1 a) Ein Reiseveranstalter wirbt für seine Last-Minute-Angebote mit dem Slogan „30 % weniger zahlen – 30 % mehr Urlaubsspaß". Was kosteten die Reisen zuvor?

b) Eine 14-tägige USA-Rundreise wurde sogar von 2665 € auf 1599 € reduziert. Wie viel Prozent beträgt hier der Preisnachlass?

2 Ein Händler bietet einen Flachbildschirm für 899 € an, der auch in 12 Monatsraten á 79 € bezahlt werden kann. Sollte Herr Knapp dieses Angebot annehmen oder lieber für diesen Zeitraum einen Verbraucherkredit aufnehmen, der ihn 5 % Zinsen und 1 % Bearbeitungsgebühr kosten würde?

3 Frau Glücklich freut sich über einen Lottogewinn in Höhe von 28 000 € und legt diesen Betrag umgehend zu 4 % an.

a) Bestimme die Jahreszinsen aus dieser Kapitalanlage.

b) Frau Glücklich muss auf ihre Zinseinkünfte aus dem Lottogewinn jährlich 28 % Einkommensteuer entrichten. Zusätzlich werden auf die Einkommensteuer der 5,5%-ige Solidaritätszuschlag und die 9%-ige Kirchensteuer erhoben. Wie viel verbleibt Frau Glücklich nach Abzug aller Steuern? Welchem effektiven Zinssatz entspricht das?

Lösungen zu Test 1

1 a) Verdoppelt man bei festem Grundwert den Prozentsatz, so verdoppelt sich auch der Prozentwert. Daher sind beide Größen proportional zueinander.

b) Verdoppelt man bei festem Prozentwert den Prozentsatz, so halbiert sich der Grundwert. Daher sind beide Größen umgekehrt proportional zueinander.

c) Der Prozentwert verhält sich zum Grundwert wie die Prozentzahl zu 100.

2

	a)	b)	c)	d)	e)
p	10	25	20	250	0,5
W	260	0,3	0,8	12,5	0,07
G	2600	1,2	4	5	14

zu a) $W = \frac{p}{100} \cdot G = \frac{10}{100} \cdot 2600 = 260$

zu b) $p = 100 \cdot \frac{W}{G} = 100 \cdot \frac{0{,}3}{1{,}2} = 25$

zu c) $G = \frac{100}{p} \cdot W = \frac{100}{20} \cdot 0{,}8 = 4$

zu d) $p = 100 \cdot \frac{W}{G} = 100 \cdot \frac{12{,}5}{5} = 250$

zu e) $W = \frac{p}{100} = \frac{0{,}5}{100} \cdot 14 = 0{,}07$

Die farbig hervorgehobenen Zahlen bieten Vorteile beim Kopfrechnen.

3 a) $G = 0{,}4\,t = 400\,kg$; $W = 216\,kg \Rightarrow p = 100 \cdot \frac{W}{G} = 100 \cdot \frac{216}{400} = 54$; $p\,\% = 54\,\%$

b) $W = 3{,}25\,€$; $p\,\% = 42{,}6\,\% \Rightarrow G = \frac{100}{p} \cdot W = \frac{100}{42{,}6} \cdot 3{,}25 = 7{,}629...$; $G \approx 7{,}63\,€$

c) $p\,\% = 138\,\%$; $G = 50\,min \Rightarrow W = \frac{p}{100} \cdot G = \frac{138}{100} \cdot 50 = 69$; $W = 1\,h\,9\,min$

d) $W = 615\,cm^3 = 0{,}615\,dm^3 = 0{,}615\,\ell$; $G = 3{,}2\,\ell$

$\Rightarrow p = 100 \cdot \frac{W}{G} = 100 \cdot \frac{0{,}615}{3{,}2} = 19{,}21...$; $p\,\% \approx 19{,}2\,\%$

4 Flächeninhalt von Quadrat (Q), Dreieck (D) und Kreis (K)

a) $A_Q = (2\,a)^2 = 4\,a^2$; $A_D = 0{,}5 \cdot 2\,a \cdot 2\,a = 2\,a^2$; $p = 100 \cdot \frac{W}{G} = 100 \cdot \frac{2\,a^2}{4\,a^2} = 100 \cdot \frac{2}{4} = 50$

$\Rightarrow p\,\% = 50\,\%$

b) $A_Q = (2\,a)^2 = 4\,a^2$; $A_K = \pi \cdot a^2$; $p = 100 \cdot \frac{W}{G} = 100 \cdot \frac{\pi a^2}{4\,a^2} = 100 \cdot \frac{\pi}{4} = 78{,}53...$

$\Rightarrow p\,\% \approx 78{,}5\%$

c) $A_K = \pi \cdot a^2$; $A_Q = 4 \cdot (0{,}5 \cdot a \cdot a) = 2\,a^2$; $p = 100 \cdot \frac{W}{G} = 100 \cdot \frac{2\,a^2}{\pi\,a^2} = 100 \cdot \frac{2}{\pi} = 63{,}66...$

$\Rightarrow p\,\% \approx 63{,}7\,\%$

Hinweis: Die Länge a beeinflusst in keinem Fall das Ergebnis, denn der Term a^2 tritt jeweils im Zähler und im Nenner auf und kann gekürzt werden.

Lösungen zu Test 2

1 a) Die Zinsrechnung ist ein spezielles Anwendungsgebiet der Prozentrechnung. Dabei bezeichnet man den Prozentwert als Jahreszinsen, und der Grundwert entspricht dem Kapital.

b) Die Berechnung der Jahreszinsen erfolgt mit der Formel $Z = \frac{p}{100} \cdot K$. Um das Kapital zu berechnen, stellt man sie so um: $Z = \frac{p}{100} \cdot K \mid \cdot \frac{100}{p} \Leftrightarrow K = \frac{100}{p} \cdot Z$.

2

	a)	b	c)	d)	e)
p	5,5	4	2,5	7,5	5
Z (€)	22	80	15	225	11,25
K (€)	400	2000	600	3000	225

a) $Z = \frac{p}{100} \cdot K = \frac{5{,}5}{100} \cdot 400 = 22$

b) $K = \frac{100}{p} \cdot Z = \frac{100}{4} \cdot 80 = 2000$

c) $p = 100 \cdot \frac{Z}{K} = 100 \cdot \frac{15}{600} = 2{,}5$

d) $K = \frac{100}{p} \cdot Z = \frac{100}{7{,}5} \cdot 225 = 3000$

e) $p = 100 \cdot \frac{Z}{K} = 100 \cdot \frac{11{,}25}{225} = 5$

Die farbig hervorgehobenen Zahlen bieten Vorteile beim Kopfrechnen.

3 a) Jahreszinsen: $Z = 4374{,}49\,€ - 4230{,}65\,€ = 143{,}84\,€$.

Zinsszahl: $p = 100 \cdot \frac{Z}{K} = 100 \cdot \frac{143{,}84}{4230{,}65} \approx 3{,}4$

Das heißt, dass das Kapital mit dem Zinssatz $p\,\% = 3{,}4\,\%$ verzinst wird.

b) Die Darlehenssumme beträgt: $K = \frac{100}{p} \cdot Z = \frac{100}{7{,}8} \cdot 351 = 4500\,€$.

Rückzahlungsbetrag: $K + Z = 4500\,€ + 351\,€ = 4851\,€$.

4 **A-Bank:** Darlehenssumme $K = 8000\,€$;

Jahreszinsen $Z = \frac{p}{100} \cdot K = \frac{6{,}25}{100} \cdot 8000 = 500\,€$.

Tilgung: $K^* = K + \frac{2}{100} \cdot K = \frac{102}{100} \cdot 8000 = 8160\,€$;

Darlehenskosten: $x = (Z + K^*) - K = 8660\,€ - 8000\,€ = 660\,€$;

eff. Zinssatz: $p_A{}^* = 100 \cdot \frac{x}{K} = 100 \cdot \frac{660}{8000} = 8{,}25$; $p_A{}^*\,\% = 8{,}25\,\%$

B-Bank: Darlehenssumme $K = \frac{100}{98} \cdot 8000 = 8163{,}27\,€$;

Jahreszinsen $Z = \frac{p}{100} \cdot K^* = \frac{6}{100} \cdot 8163{,}27 = 489{,}80\,€$;

Tilgung: $K^* = 8163{,}27\,€$;

Darlehenskosten: $x = (Z + K^*) - K = 8653{,}07\,€ - 8000\,€ = 653{,}07\,€$;

eff. Zinssatz: $p_B{}^* = 100 \cdot \frac{x}{K} = 100 \cdot \frac{653{,}07}{8000} = 8{,}16$; $p_B{}^*\,\% = 8{,}16\,\%$; $p_B{}^* < p_A{}^*$

$\Rightarrow$ Die B-Bank ist um $8{,}25\,\% - 8{,}16\,\% = 0{,}09\,\%$ günstiger.

Lösungen zu Test 3

Ein Bankmonat hat, unabhängig von der tatsächlichen Anzahl seiner Tage, stets 30 Tage. Deshalb wird jeder Bankmonat im Anteilsfaktor $\frac{m}{12}$ gleich gewichtet.

1 a) $Z_m = \frac{p}{100} \cdot K \cdot \frac{m}{12} = \frac{3{,}4}{100} \cdot 3750 \cdot \frac{2}{12} = 21{,}25\,€$

b) Anlagedauer: m = 6 Monate

$Z_m = \frac{p}{100} \cdot K \cdot \frac{m}{12} = \frac{3{,}8}{100} \cdot 3750 \cdot \frac{6}{12} = 71{,}25\,€$

2 a) $Z_t = \frac{p}{100} \cdot K \cdot \frac{t}{360} = \frac{2{,}3}{100} \cdot 6480 \cdot \frac{56}{360} = 23{,}18\,€$

b) Anlagedauer: $t = 16 + 3 \cdot 30 + 9 = 115$ Tage;

$Z_t = \frac{p}{100} \cdot K \cdot \frac{t}{360} = \frac{2{,}6}{100} \cdot 6480 \cdot \frac{115}{360} = 53{,}82\,€$

c) 1. Zeitraum: 8. 10. – 31. 12 $\triangleq 22 + 2 \cdot 30 = 82$ Tage;

$Z_{t1} = \frac{p}{100} \cdot K \cdot \frac{t}{360} = \frac{2{,}6}{100} \cdot 6480 \cdot \frac{82}{360} = 38{,}38\,€$

2. Zeitraum: 1. 1. – 3. 2. $\triangleq 30 + 3 = 33$ Tage;

$Z_{t2} = \frac{p}{100} \cdot K \cdot \frac{t}{360} = \frac{2{,}6}{100} \cdot (6480 + 38{,}38) \cdot \frac{33}{360} = 15{,}54\,€$

Gesamter Zeitraum: 82 + 33 = 115 Tage;

Gesamtzinsen: $Z_{t1} + Z_{t2} = 38{,}38\,€ + 15{,}54\,€ = 53{,}92\,€$

d) in b) und c) wird **dasselbe Guthaben** (K = 6480 €) zum **gleichen Zinssatz** (p = 2,6 %) für **dieselbe Dauer** (115 Tage) angelegt. Dennoch ergibt sich in c) ein um 0,10 € höherer Zinsertrag, weil hier die Zwischenzinsen ($Z_{t1} = 38{,}38\,€$) dem Zinseszinseffekt unterliegen.

3 a) Frau Klug wird sich für dasjenige Bankangebot entscheiden, das ihr nach vier Jahren zu einem höheren Endkapital K_4 verhilft.

A-Bank: $K_4 = K_0 \cdot q^n = 5000 \cdot \left(1 + \frac{5{,}5}{100}\right)^4 = 5000 \cdot 1{,}238\,825 = 6\,194{,}12\,€$

B-Bank: Für jedes Anlagejahr muss ein passender Zinsfaktor gebildet werden.

$$K_4 = K_0 \cdot q_1 \cdot q_2 \cdot q_3 \cdot q_4 = 5000 \cdot \left(1 + \frac{2}{100}\right) \cdot \left(1 + \frac{5}{100}\right) \cdot \left(1 + \frac{7}{100}\right) \cdot \left(1 + \frac{8}{100}\right)$$
$$= 5000 \cdot 1{,}237648 = 6188{,}24\,€ < 6194{,}12\,€$$

b) Der durchschnittliche Zinssatz $\overline{p}$ führt auf dasselbe Endkapital K_4, wie die tatsächlich ansteigenden Zinssätze. Mit $\overline{q} = 1 + \frac{\overline{p}}{100}$ folgt:

$K_0 \cdot \overline{q}^4 = K_0 \cdot q_1 \cdot q_2 \cdot q_3 \cdot q_4 \;|:K_0; \Leftrightarrow \overline{q}^4 = q_1 \cdot q_2 \cdot q_3 \cdot q_4 \Rightarrow \overline{q} = \sqrt[4]{q_1 \cdot q_2 \cdot q_3 \cdot q_4}$

Hinweis: Du berechnest die 4. Wurzel, indem du auf dem Taschenrechner zweimal hintereinander die 2. Wurzel eingibst. Mit Zahlen folgt:

$q = \sqrt[4]{1{,}02 \cdot 1{,}05 \cdot 1{,}07 \cdot 1{,}08} = \sqrt[4]{1{,}237\,648} = 1{,}05475 \Leftrightarrow \overline{p}\,\% = 5{,}475\,\%$

Lösungen zu Test 4

Die angegebenen Preise sind die reduzierten Preise und entsprechen jeweils 70 % der ursprünglichen Preise.

1 a) Mallorca: $W = 199;\ p\,\% = 100\,\% - 30\,\% = 70\,\%;$

$G = \frac{100}{p} \cdot W = \frac{100}{70} \cdot 199 = 284{,}29 \Rightarrow$ ca. 284 €

Kreta: $W = 299;\ p\,\% = 70\,\%;\ G = \frac{100}{p} \cdot W = \frac{100}{70} \cdot 299 = 427{,}14 \Rightarrow$ ca. 427 €

Djerba: $W = 449;\ p\,\% = 70\,\%;\ G = \frac{100}{p} \cdot W = \frac{100}{70} \cdot 449 = 641{,}43 \Rightarrow$ ca. 641 €

b) USA: Du musst den Preisnachlass $W = 2665\,€ - 1599\,€ = 1066\,€$ als Prozentwert auf den ursprünglichen Preis $G = 2665\,€$ beziehen.

$p = 100 \cdot \frac{W}{G} = 100 \cdot \frac{1066}{2665} = 40 \Rightarrow p\,\% = 40\,\%.$

2 Die Kosten der Ratenzahlung ($\triangleq$ Zinsen) betragen

$Z = 12 \cdot 79\,€ - 899\,€ = 948\,€ - 899\,€ = 49\,€$, das entspricht einem Zinssatz von

$p = 100 \cdot \frac{Z}{K} = 100 \cdot \frac{49}{899} = 5{,}45 \Rightarrow p\,\% = 5{,}45\,\%.$

Die Kosten des Verbraucherkredits sind mit $p\,\% = 5\,\% + 1\,\% = 6\,\%$ höher. Aufgrund des niedrigeren Zinssatzes sollte sich Herr Knapp für die Ratenzahlung entscheiden. Diesem Vorteil steht allerdings der Nachteil gegenüber, dass er mit den Ratenzahlungen **kontinuierlich** Zins- und Tilgungsdienst leisten muss, während diese Leistungen beim Verbraucherkredit erst am Ende der Laufzeit fällig werden.

3 a) Mit $K = 28\,000\,€$ und $p\,\% = 4\,\%$ folgen die Jahreszinsen zu

$Z = \frac{p}{100} \cdot K = \frac{4}{100} \cdot 28\,000 = 1120\,€.$

b) Berechne zuerst die Einkommensteuer. Mit $G_1 = 1120\,€$ und $p_1\,\% = 28\,\%$ folgt: $W_1 = \frac{p_1}{100} \cdot G_1 = \frac{28}{100} \cdot 1120 = 313{,}60$. Dieser Betrag bildet nun den Grundwert für die Berechnung des Solidaritätszuschlags und der Kirchensteuer. Mit $G_2 = 313{,}60\,€$ und $p_2\,\% = 5{,}5\,\% + 9\,\% = 14{,}5\,\%$ folgt: $W_2 = \frac{p_2}{100} \cdot G_2 = \frac{14{,}5}{100} \cdot 313{,}60 = 45{,}47\,€$. Die gesamte Steuerlast beträgt somit $W = W_1 + W_2 = 359{,}07\,€$. Frau Glücklich verbleibt ein Zinsertrag nach Steuern von $1120\,€ - 359{,}07\,€ = 760{,}93\,€$, das entspricht einer effektiven Verzinsung ihrer Geldanlage von

$p^* = 100 \cdot \frac{W}{G1} = 100 \cdot \frac{760{,}93}{28000} = 2{,}72 \Rightarrow p\,\% = 2{,}72\,\%.$

5 Lineare Funktionen und Geraden

1 Zuordnungen und Funktionen

Beispiel 1: Dirk notiert bei einem Spaziergang die Zeit (x) und den zurückgelegten Weg (y) als **geordnete Wertepaare (x | y)**. Er legt eine **Wertetabelle** an:

x (min)	−30	−15	0	15	30
y (km)	2,2	3,3	4,8	6,2	7,0

und zeichnet dann diese **Grafik**:

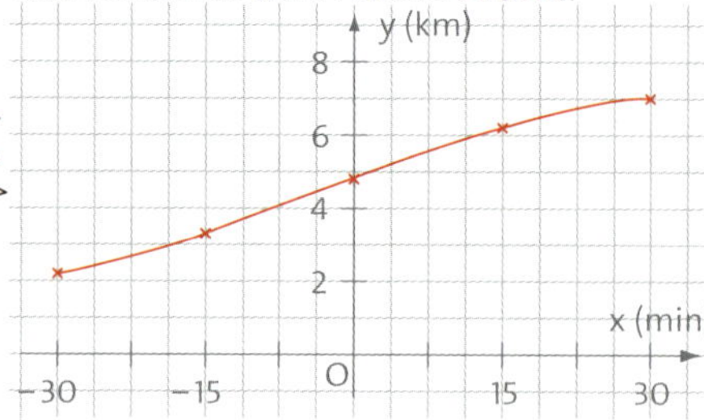

Wenn eine **abhängige Variable (y)** in *eindeutiger* Weise durch eine zweite, **unabhängige Variable (x)** beschrieben, bzw. erklärt werden kann, so spricht man von einer **funktionalen Zuordnung** $x \rightarrow y$ oder kurz von einer **Funktion**. Falls sich y sogar mithilfe einer **Funktionsvorschrift f (x)** aus den Werten von x berechnen lässt, schreibt man $x \rightarrow y = f(x)$ und spricht dann kurz von der **Funktion** $y = f(x)$.

Einen Überblick über antiproportionale Zuordnungen findest du auf der CD: 05_antiproportionale.pdf

2 Proportionale Zuordnungen

Beispiel 2: Axel bestimmt für Rohre vom Durchmesser d den Umfang U, indem er die Länge eines herumgelegten Fadens ausmisst:

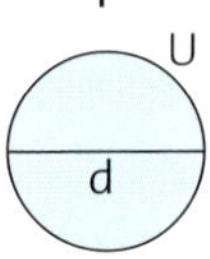

d (cm)	2,4	3,5	5,7	6,4
U (cm)	7,5	11,0	17,9	20,1
U/d	3,13	3,14	3,14	3,14

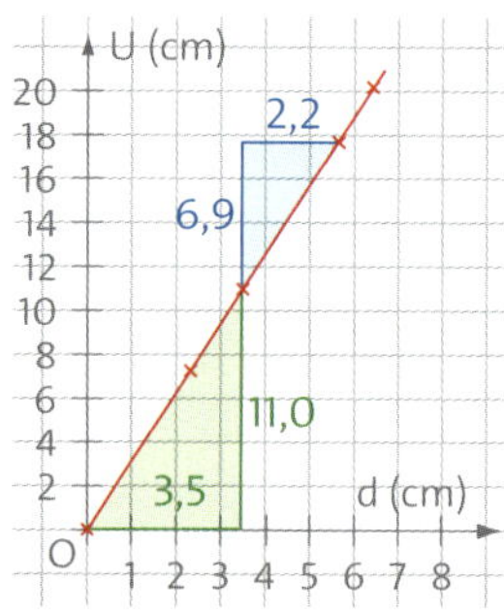

Die Wertetabelle zeigt auch die für eine **proportionale Zuordnung** $d \rightarrow U$ typische Konstanz des Quotienten $\frac{U}{d} = 3{,}14$, entsprechend dem Seitenverhältnis im grünen **Steigungsdreieck**: $\frac{U}{d} = \frac{11{,}0}{3{,}5} = 3{,}14$. Daher lautet die Zuordnungvorschrift $U(d) = 3{,}14 \cdot d$.

Beispiel 3: (Fortsetzung von Beispiel 2)
Der Steigungsfaktor kann auch aus dem blauen Steigungsdreieck berechnet werden: $m = \frac{17{,}9 - 11{,}0}{5{,}7 - 3{,}5} = \frac{6{,}9}{2{,}2} = 3{,}14$.
Er entspricht der **Kreiszahl** $\pi = 3{,}1415...$

Zwei proportionale Größen x und y erfüllen eine Funktionsgleichung der Form $y = m \cdot x$ mit dem Steigungsfaktor $m = \frac{y_2 - y_1}{x_2 - x_1}$ für beliebige Punkte $P(x_1 | y_1)$ und $Q(x_2 | y_2)$ auf der entsprechenden Ursprungsgeraden.

3 Lineare Funktionen

Beispiel 4: Der Preis einer Taxifahrt setzt sich aus der Grundgebühr von 3,00 € und den Fahrtkosten von 1,50 € pro gefahrenem Kilometer zusammen:

x (km)	0	1	5	8	10
y (€)	3,00	4,50	10,50	15,00	18,00

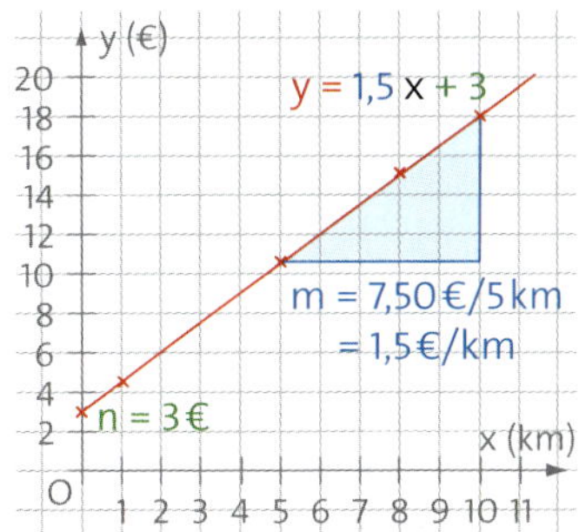

Während das Seitenverhältnis in einem beliebigen Steigungsdreieck auf die **Steigung** $m = 1{,}50 \frac{€}{km}$ führt, gibt der Schnittpunkt der Geraden mit der y-Achse den **y-Achsenabschnitt** $n = 3\,€$ an. Aus beidem folgt die **Geradengleichung als lineare Funktion**.

Jede Gerade wird durch eine lineare Funktion $y = m \cdot x + n$ $(m; n \in \mathbb{Q})$ mit der Steigung m und dem Achsenabschnitt n beschrieben. Umgekehrt lässt sich auch jede lineare Funktion im Achsenkreuz als Gerade veranschaulichen, die für $m > 0$ steigend, für $m < 0$ fallend und für $m = 0$ parallel zur x-Achse verläuft.

4 Achsenschnittpunkte einer Geraden

Beispiel 5: Bestimme die Koordinaten der Achsenschnittpunkte X und Y.

Weil **X** auf der x-Achse liegt, ist $y = 0$. Löse die Bestimmungsgleichung:

$0 = -2x + 6 \quad | +2x$

$\Leftrightarrow 2x = 6 \quad | :2$

$\Leftrightarrow x = 3$

Ergebnis: X (3 | 0)

$x = 3$ wird auch als **Nullstelle** der Funktion $y = -2x + 6$ bezeichnet.

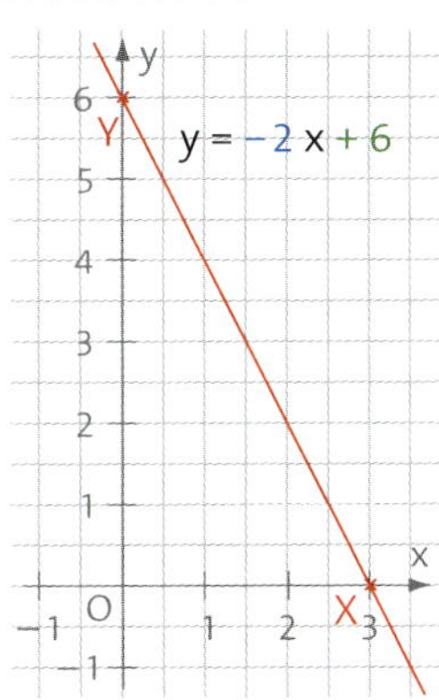

Weil **Y** auf der y-Achse liegt, ist $x = 0$. Löse die Bestimmungsgleichung:

$y = -2 \cdot 0 + 6 \Leftrightarrow y = 6$

Ergebnis: Y (0 | 6)

$y = 6$ ist der **y-Achsenabschnitt** der durch $y = -2x + 6$ beschriebenen Geraden.

5 Geradenbestimmungen

Beispiel 6: Gegeben sind ein Punkt und die Steigung.

Welche Gerade verläuft mit der Steigung $m = 4$ durch den Punkt $P(2|-1)$?

$y = 4 \cdot x + n$ Einsetzen der Koordianten von $P(2|-1)$ ergibt: $-1 = 4 \cdot 2 + n$

$\Leftrightarrow$ $n = -9$; Geradengleichung: $y = 4x - 9$.

Beispiel 7: Gegeben sind zwei Punkte

Welche Gerade verläuft durch die beiden Punkte $P_1(1|-5)$ und $P_2(-5|-2)$?

Mit der Steigung: $m = \frac{y_2 - y_1}{x_2 - x_1} = \frac{-2-(-5)}{-5-1} = \frac{3}{-6} = -0{,}5$ kannst du wie in Beispiel 6 weiter verfahren, und mit den Koordinaten von P_1 (oder von P_2) folgt durch einsetzen in $y = -0{,}5 \cdot x + n$:

$-5 = -0{,}5 \cdot 1 + n \Leftrightarrow n = -4{,}5$ Geradengleichung: $y = -0{,}5 \cdot x - 4{,}5$.

6 Geradenscharen

Enthält eine lineare Gleichung neben den **Funktionsvariablen x und y** eine weitere Variable, auch **Parameter** genannt, so wird für jeden zulässigen Wert des Parameters eine andere Gerade beschrieben. Die Gesamtheit dieser Geraden bezeichnet man als **Geradenschar**, die zugehörenden linearen Gleichungen als **Funktionenschar**.

Beispiel 8: Zeichne die Funktionenschar $y = 2x + n$; $n \in \{-3; -1; 1; 3\}$

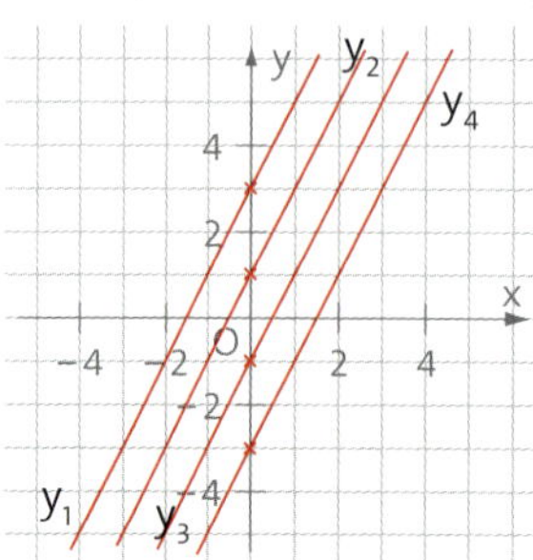

$y_1 = y = 2x + 3$

$y_2 = y = 2x + 1$

$y_3 = y = 2x - 1$

$y_4 = y = 2x - 3$

Alle **Schargeraden** besitzen dieselbe Steigung und laufen deshalb parallel zueinander. n ist der Scharparameter.

Beispiel 9: Zeichne die Funktionenschar $y = mx + 2$; m [$\{-2; 0; 1; 3\}$

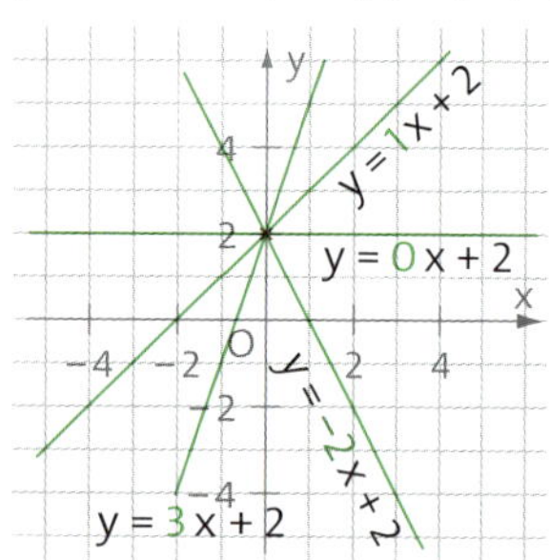

Alle **Schargeraden** stimmen im y-Achsenabschnitt überein und schneiden sich deshalb im Punkt $(0|2)$.

TEST 1 Proportionale Zuordnungen

1 Ergänze die Leerstellen sinnvoll: eindeutig erklärt ▪ Ursprung ▪ Gerade ▪ funktionalen Zuordnung ▪ $y = m\,x$ ▪ Funktionsvorschrift $y = f(x)$ ▪ der Quotient $\frac{y}{x}$

a) Bei einer wird die Funktionsvariable **y** durch die Funktionsvariable **x** . Oftmals kann y mithilfe einer aus x berechnet werden.

b) Wenn x und y proportional sind, dann ist konstant und die Zuordnung $x \to y$ besitzt die Funktionsvorschrift . Dem entspricht eine , die durch den des Koordinatensystems verläuft.

2 x und y sind proportional. Ergänze.

a)

x	1		4	5
y		3	6	
$\frac{y}{x}$				

b)

x		5		1,5
y	2,8		5,6	
$\frac{y}{x}$		1,4		

c) Zeichne ein Achsenkreuz x- und y-Achse jeweils von 0 bis 8 in dein Heft. Stelle dort a) und b) dar und gib die Funktionsvorschriften an.

3

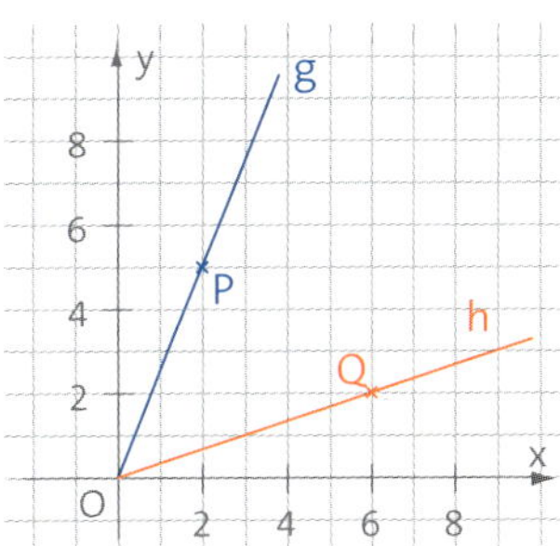

a) Gib die Koordinaten der Punkte P und Q an.

P Q

b) Bestimme die Steigungen der Geraden g und h.

$m_g =$ $m_h =$

c) Gib die Gleichungen der Geraden g und h an.

g: h:

4 Thomas behauptet: „Die Zinsen sind zur Höhe des Sparguthabens proportional!“ Darauf erwidert Sandra: „Und ich dachte, sie wären zur Höhe des Zinssatzes proportional!“ – Wer von beiden liegt richtig?

TEST 2 Geraden und lineare Funktionen

1 Durch $y = mx + n$ wird eine Gerade beschrieben, die den Punkt $P(x_p | y_p)$ enthält. Ergänze die fehlende Angabe.

	a)	b)	c)	d)
m	2,4	$-3\frac{1}{4}$		$1\frac{1}{3}$
n	−4,6	$5\frac{3}{8}$	−6,2	
x_p	3,5		3	$-\frac{3}{8}$
y_p		$4\frac{1}{2}$	7,9	$-2\frac{1}{2}$

2 Bestimme die Gleichungen der beiden Geraden g und h.

a) Gerade g:

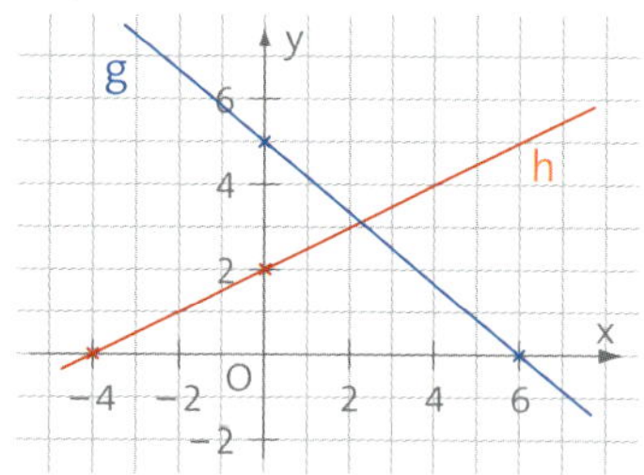

b) Gerade h:

3 Ein Versorgungsunternehmen bietet Trinkwasser zu zwei Tarifen an:

T1: Jahresgrundpreis 60 €; Verbrauchspreis 1,60 € pro Kubikmeter Wasser

T2: Jahresgrundpreis 75 €; Verbrauchspreis 1,40 € pro Kubikmeter Wasser

a) Familie Schneider bezog im letzten Jahr 85 m^3 Wasser zum Tarif T1.

b) Die Jahresrechnung der Familie Hensch betrug 184,20 € im Tarif T2.

c) Prüfe für beide Familien, ob sich eventuell ein Tarifwechsel lohnt.

4 Die Punkte $P_1(2|4)$ und $P_2(3|6)$ liegen auf der Geraden g, die auch den Punkt $P_3(5|y_3)$ enthält. Bestimme die fehlende Koordinate y_3 allein mithilfe der Steigungsformel.

TEST 3 Lineare Funktionen bestimmen

1 Eine Ursprungsgerade g verläuft durch den Punkt P(5 | −12).

Welche Gerade h verläuft parallel zu g durch den Punkt $Q\left(\frac{5}{8} \middle| -2\frac{3}{4}\right)$?

2 Welche Gerade h schneidet die Gerade g_1: $y = 4x + 3$ auf der y-Achse und die Gerade g_2: $y = -4x + 8$ auf der x-Achse? Rechne in deinem Heft.

3 Hängt man an eine Schraubenfeder die Masse x an, so wird die Feder dadurch verlängert und erreicht auf einer Skala die Position y.

Es wurde gemessen:

x (g)	100	200	300	400
y (cm)	6,6	8,7	10,6	12,5

a) Trage die Messpunkte in das Achsenkreuz ein und bestimme aus dieser Grafik die Länge y_0 der unbelasteten Feder.

b) Bestimme im Heft die zugehörende Geradengleichung aus den Messdaten.

c) Bestätige die in a) bestimmte Ruhelänge y_0 mithilfe der Geradengleichung.

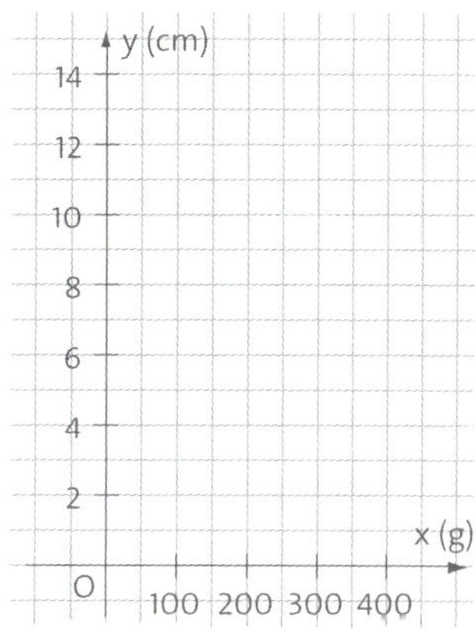

4 Bearbeite im Heft.

a) Zeige: Sind von einer Geraden die Achsenschnittpunkte $X(x_s | 0)$ und $Y(0 | y_s)$ bekannt, so kann man diese Gerade sofort in der sogenannten **Achsenabschnittsform** $\frac{x}{x_s} + \frac{y}{y_s} = 1$ notieren.

b) Eine Gerade hat die Achsenschnittpunkt X(3 | 0) und Y(0 | 8). Gib ihre Achsenabschnittsform an und leite hieraus eine Gleichung der Form $y = mx + n$ her.

c) Wandle die Geradengleichung $y = -4x + 3$ in die Achsenabschnittsform um und lies hieraus die Achsenschnittpunkte ab.

TEST 4 Geradenscharen

1 a) Gib die Gleichungen der drei Geraden an.

blau

rot

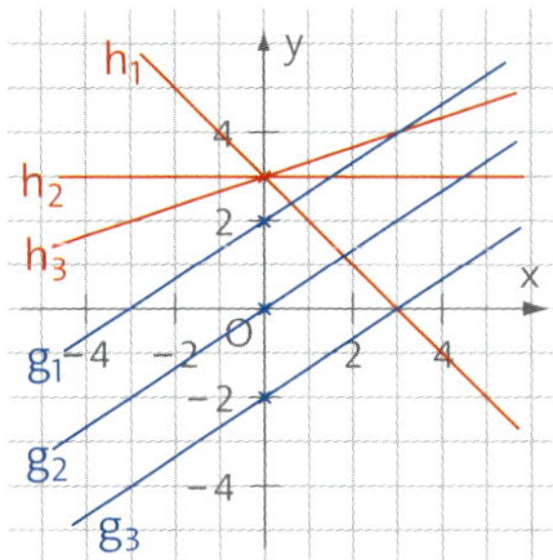

b) Fasse sie zu einer Schar zusammen.

blau

rot

2 Gegeben sind die Geradenscharen h_n: $y = 0{,}5 \cdot x + n$; $n \in \mathbb{Q}$ und g_m: $y = mx - 3$; $m \in \mathbb{Q}$.

Für welche Werte des Scharparameters n, bzw. m …

a) … ist die Schargerade eine Ursprungsgerade?

b) … verläuft die Schargerade durch den Punkt $P(-4|8)$?

c) … gehört die Schargerade zu beiden Scharen?

3 Ein zum Prozentsatz p % angelegtes Guthaben K führt auf Jahreszinsen von $Z = \frac{p}{100} \cdot K$.

a) Stelle die Zinsverläufe für $p\,\% \in \{2\,\%; 4\,\%; 5\,\%\}$ grafisch dar.

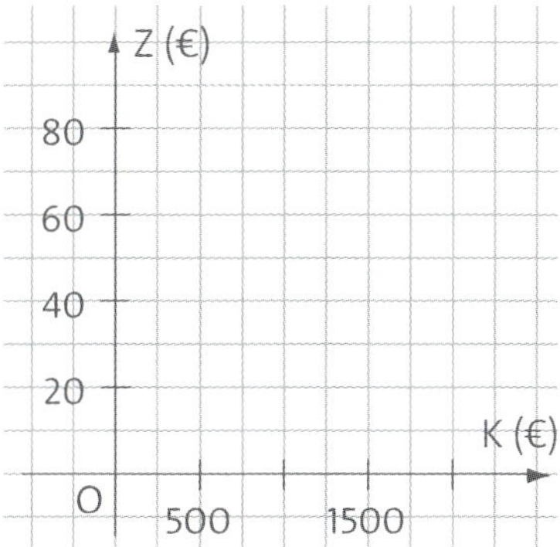

b) Stelle die Zinsverläufe für $K \in \{500\,€; 1000\,€; 1600\,€\}$ grafisch dar.

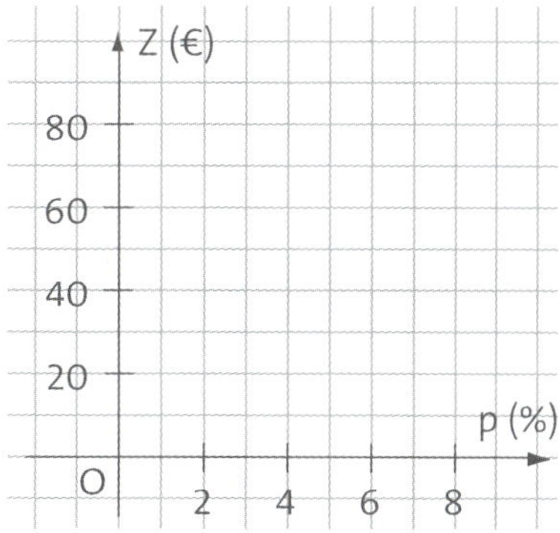

4 a) Zeige: Alle Geraden, die durch einen bestimmten Punkt $P(x_0 | y_0)$ verlaufen, bilden die Geradenschar $y - y_0 = m \cdot (x - x_0)$ mit $m \in \mathbb{Q}$.

b) Gib die Schar aller Geraden durch den Punkt $P(2 | -1)$ an.

Lösungen zu Test 1

1 a) Bei einer funktionalen Zuordnung wird die Funktionsvariable **y** durch die Funktionsvariable **x** eindeutig erklärt. Oftmals kann y mithilfe einer Funktionsvorschrift $y = f(x)$ aus x berechnet werden.

b) Wenn x und y proportional sind, dann ist der Quotient $\frac{y}{x}$ konstant und die Zuordnung $x \rightarrow y$ besitzt die Funktionsvorschrift $y = mx$. Dem entspricht eine Gerade, die durch den Ursprung des Koordinatensystems verläuft.

2 a)

x	1	2	4	5
y	1,5	3	6	7,5
$\frac{y}{x}$	1,5	1,5	1,5	1,5

b)

x	2	5	4	1,5
y	2,8	7	5,6	2,1
$\frac{y}{x}$	1,4	1,4	1,4	1,4

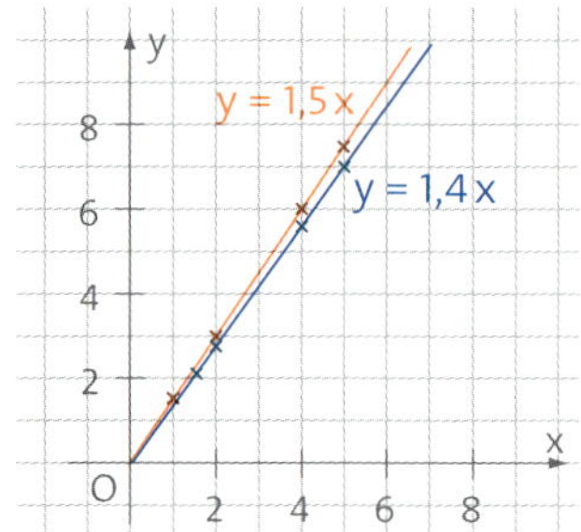

3 a) $P(2|5)$; $Q(6|2)$ b) $m_g = \frac{5}{2} = 2{,}5$; $m_h = \frac{2}{6} = \frac{1}{3}$ c) g: $y = 2{,}5 \cdot x$; h: $y = \frac{1}{3} \cdot x$

Hinweis zu b): Die Steigungen werden hier aus Steigungsdreiecken berechnet, bei denen der Ursprung $(0|0)$ einen der beiden Bezugspunkte bildet. Die genauere Schreibweise lautet $m_g = \frac{5-0}{2-0} = \frac{5}{2} = 2{,}5$ und $m_h = \frac{2-0}{6-0} = \frac{2}{6} = \frac{1}{3}$.
Falls du mit der Aufgabe Probleme hast, sieh dir die Beispiele 2 und 3 auf den Seiten 44 und 45 an.

4 Die von Thomas und Sandra angesprochene Formel lautet $Z = \frac{p}{100} \cdot K$.
Thomas geht stillschweigend von einem konstanten Zinssatz aus und folgert:
$p = \text{const.} \Rightarrow \frac{p}{100} = \text{const.} = m \Rightarrow Z = m \cdot K$. Dann wären Z und K proportional.
Sandra unterstellt hingegen ein konstantes Sparguthaben und folgert ebenso:
$K = \text{const.} \Rightarrow \frac{K}{100} = \text{const.} = m \Rightarrow Z = m \cdot p$. Dann wären Z und p proportional.
Beide haben Recht, jedoch sollten sie hinzufügen, welche Randbedingung ($p = \text{const.}$ bzw. $K = \text{const.}$) sie jeweils unausgesprochen unterstellen!

Lösungen zu Test 2

1

	a)	b)	c)	d)
m	2,4	$-3\frac{1}{4}$	4,7	$1\frac{1}{3}$
n	−4,6	$5\frac{3}{8}$	−6,2	−2
x_P	3,5	$\frac{7}{26}$	3	$-\frac{3}{8}$
y_P	3,8	$4\frac{1}{2}$	7,9	$-2\frac{1}{2}$

zu a): Setze $x_p = 3{,}5$ in $y = 2{,}4x - 4{,}6$ ein: $y_p = 2{,}4 \cdot 3{,}5 - 4{,}6 = 3{,}8$

zu b): Setze $y_p = 4\frac{1}{2}$ in $y = -3\frac{1}{4} \cdot x + 5\frac{3}{8}$ ein:

$$4\frac{1}{2} = -3\frac{1}{4}x_p + 5\frac{3}{8} \Leftrightarrow -\frac{7}{8} = -\frac{13}{4}x_p \Leftrightarrow x_p = \frac{7}{8} \cdot \frac{4}{13} = \frac{7}{26}$$

zu c): Setze $P(3\,|\,7{,}9)$ in $y = mx - 6{,}2$ ein:

$$7{,}9 = m \cdot 3 - 6{,}2 \Leftrightarrow 14{,}1 = 3m \Leftrightarrow m = 4{,}7$$

zu d): Setze $P\left(-\frac{3}{8}\,\middle|\,-2\frac{1}{2}\,y_p\right)$ in $y = 1\frac{1}{3}x + n$ ein:

$$-2\frac{1}{2} = 1\frac{1}{3} \cdot \left(-\frac{3}{8}\right) + n \Leftrightarrow -2\frac{1}{2} = -\frac{1}{2} + n \Leftrightarrow n = -2$$

2 Gib zunächst die Achsenschnittpunkte P (y-Achse) und Q (x-Achse) an, berechne dann die Steigung m, und lies schließlich aus P den Achsenabschnitt n ab.

a) Gerade g: $P(0\,|\,5)$ und $Q(6\,|\,0)$; $m = \frac{y_Q - y_P}{x_Q - x_P} = \frac{0-5}{6-0} = -\frac{5}{6}$; $y = -\frac{5}{6} \cdot x + 5$

b) Gerade h: $P(0\,|\,2)$ und $Q(-4\,|\,0)$; $m = \frac{y_Q - y_P}{x_Q - x_P} = \frac{0-2}{-4-0} = \frac{-2}{-4} = \frac{1}{2}$; $y = \frac{1}{2} \cdot x + 2$

3 a) Tarifgleichung: $y(€) = 1{,}60\frac{€}{m^3} \cdot x(m^3) + 60€$; der Verbrauch von $85\,m^3$ führt auf Jahreskosten von $y = 1{,}60\frac{€}{m^3} \cdot 85\,m^3 + 60€ = 136€ + 60€ = 196€$.

b) Tarifgleichung: $y(€) = 1{,}40\frac{€}{m^3} \cdot x(m^3) + 75€$; die Kosten von 184,20 € führen auf den Jahresverbrauch:

$$184{,}20€ = 1{,}40\frac{€}{m^3} \cdot x + 75€ \Leftrightarrow 109{,}20€ = 1{,}40\frac{€}{m^3} \cdot x \Leftrightarrow x = 78m^3$$

c) Schneider zu T2: $y = 1{,}40\frac{€}{m^3} \cdot 85\,m^3 + 75€ = 194€ < 196€ \Rightarrow$ Wechsel zu T2!

Hensch zu T1: $y = 1{,}60\frac{€}{m^3} \cdot 78m^3 + 60€ = 184{,}80€ > 184{,}20€ \Rightarrow$ kein Wechsel zu T1!

4 Die Steigung m von g lässt sich aus *beliebigen* Punktepaaren bestimmen, z. B. aus P_1 und P_2, aber auch aus P_2 und P_3: $\frac{y_2 - y_1}{x_2 - x_1} = m = \frac{y_3 - y_2}{x_3 - x_2} \Rightarrow \frac{2}{1} = \frac{y_3 - 6}{2}$

$\Leftrightarrow 4 = y_3 - 6 \Leftrightarrow y_3 = 10$

Lösungen zu Test 3

1 Steigung von g: $m = \frac{-12-0}{5-0} = -2{,}4 \Rightarrow y = -2{,}4 \cdot x$. h hat dieselbe Steigung wie g. $y = -2{,}4 \cdot x + n$: $\Rightarrow -2\frac{3}{4} = -2{,}4 \cdot \frac{5}{8} + n \Leftrightarrow -2\frac{3}{4} = -1\frac{1}{2} + n \Rightarrow n = -1\frac{1}{4}$;
h: $y = -2{,}4x - 1{,}25$

2 Schnittpunkt Y von g_1 mit der y-Achse: $x = 0 \Rightarrow y = 3$, also Y(0 | 3).
Schnittpunkt X von g_2 mit der x-Achse: $y = 0 \Rightarrow 0 = -4x + 8 \Rightarrow x = 2$, also X(2 | 0). h hat denselben y-Achsenabschnitt wie g_1: $y = mx + 3$, außerdem verläuft h durch X(2 | 0): $0 = m \cdot 2 + 3 \Rightarrow m = -1{,}5$; h: $y = -1{,}5x + 3$

3 a)

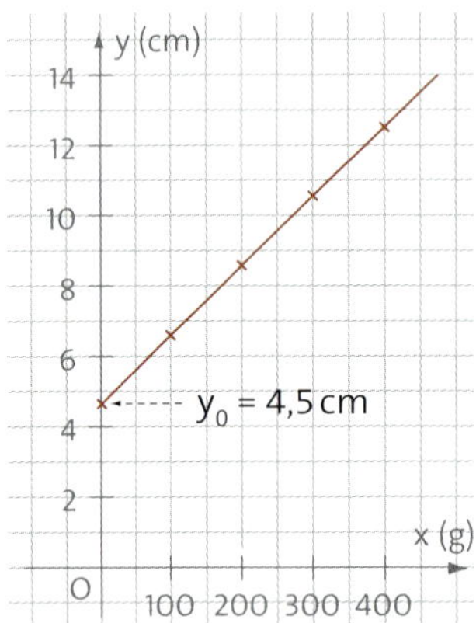

Messpunkte liegen infolge von Messungenauigkeiten meistens nicht exakt sondern nur in guter Näherung auf der Geraden. Zur Minimierung dieser Einflüsse rechnet man daher mit denjenigen Punkten, die voneinander den größten Abstand besitzen.

b) Steigung:
$m = \frac{y_2 - y_1}{x_2 - x_1} = \frac{12{,}5\,\text{cm} - 6{,}6\,\text{cm}}{400\,\text{g} - 100\,\text{g}} \approx 0{,}02\frac{\text{cm}}{\text{g}}$
Die Gerade $y = mx + n$ enthält alle Messpunkte, z. B.: $6{,}6\,\text{cm} = 0{,}02\frac{\text{cm}}{\text{g}} \cdot 100\,\text{g} + n$
$\Rightarrow 6{,}6\,\text{cm} = 2\,\text{cm} + n \Leftrightarrow n = 4{,}6\,\text{cm}$.

Geradengleichung: $y = mx + n \Rightarrow y(\text{cm}) = 0{,}02\frac{\text{cm}}{\text{g}} \cdot x(\text{g}) + 4{,}6\,\text{cm}$

c) Für $x = 0\,\text{g}$ folgt aus der Geradengleichung:
$y_0 = 0{,}002\frac{\text{cm}}{\text{g}} \cdot 0\,\text{g} + 4{,}6\,\text{cm} = 4{,}6\,\text{cm}$

4 a) Die Gerade $y = mx + n$, die durch X und Y verläuft, besitzt den y-Achsenabschnitt $n = y_s$ und die Seigung $m = \frac{y_s - 0}{0 - x_s} = -\frac{y_s}{x_s}$. Damit folgt:
$y = -\frac{y_s}{x_s} \cdot x + y_s \;\; | + \frac{y_s}{x_s} \cdot x \;\; \Leftrightarrow \;\; \frac{y_s}{x_s} \cdot x + y = y_s \;\; | : y_s \;\; \Leftrightarrow \;\; \frac{x}{x_s} + \frac{y}{y_s} = 1$

b) $\frac{x}{3} + \frac{y}{8} = 1 \;\; | \cdot 24 = \text{kgV}(3; 8)$
$\Leftrightarrow \;\; 8x + 3y = 24 \;\; | -8x$
$\Leftrightarrow \;\; 3y = -8x + 24 \;\; | :3$
$\Leftrightarrow \;\; y = -2\frac{2}{3} \cdot x + 8$

c) $y = -4x + 3 \;\; | +4x$
$\Leftrightarrow \;\; 4x + y = 3 \;\; | :3$
$\Leftrightarrow \;\; \frac{4}{3}x + \frac{1}{3}y = 1$
$\Leftrightarrow \;\; \frac{x}{\frac{3}{4}} + \frac{y}{3} = 1 \Rightarrow X\left(\frac{3}{4} \middle| 0\right); Y(0 | 3)$

Lösungen zu Test 4

1 a) blau: $g_1\colon y = \frac{2}{3}\cdot x - 2;\ \ g_2\colon y = \frac{2}{3}\cdot x + 0 = \frac{2}{3}x;\ \ g_3\colon y = \frac{2}{3}\cdot x + 2$

rot: $h_1\colon y = -1\cdot x + 3;\ \ h_2\colon y = 0\cdot x + 3 = 3;\ \ h_3\colon y = \frac{1}{3}\cdot x + 3$

b) blau: $y = \frac{2}{3}\cdot x + n;\ \ n \in \{-2; 0; 2\}$

rot: $y = m\cdot x + 3;\ \ m\left\{-1; 0; \frac{1}{3}\right\}$

Gehe bei jeder Geraden von ihrem y-Achsenabschnitt aus zu einem weiteren im Gitternetz leicht ablesbaren Punkt und bestimme so die Steigung.

2 a) $(0\,|\,0) \to h_n\colon\ 0 = 0{,}5\cdot 0 + n \ \Leftrightarrow\ n = 0$

$\Rightarrow\ y = 0{,}5\cdot x$

$(0\,|\,0) \to g_m\colon\ 0 = m\cdot 0 - 3 \ \Leftrightarrow\ 0 = -3$ (falsch)

$\Rightarrow$ Es gibt keine Schargerade, die durch den Ursprung geht!

b) $(-4\,|\,8) \to h_n\colon\ 8 = 0{,}5\cdot(-4) + n \ \Leftrightarrow\ n = 10 \ \Rightarrow\ y = 0{,}5\cdot x + 10$

$(-4\,|\,8) \to g_m\colon\ 8 = m\cdot(-4) - 3 \ \Leftrightarrow\ m = -\frac{11}{4} \ \Rightarrow\ y = -2\frac{3}{4}\cdot x - 3$

c) Eine Gerade der Schar h_n gehört nur mit dem Achsenabschnitt $n = -3$ auch zur Schar g_m, und eine Gerade der Schar g_m gehört nur mit der Steigung $m = 0{,}5$ auch zur Schar h_n. Die Gerade $y = 0{,}5\cdot x - 3$ erfüllt beide Bedingungen und gehört deshalb zu beiden Geradenscharen.

3 a)

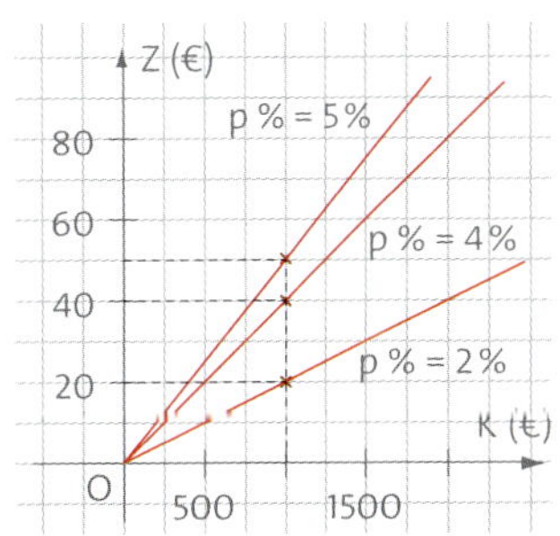

b)

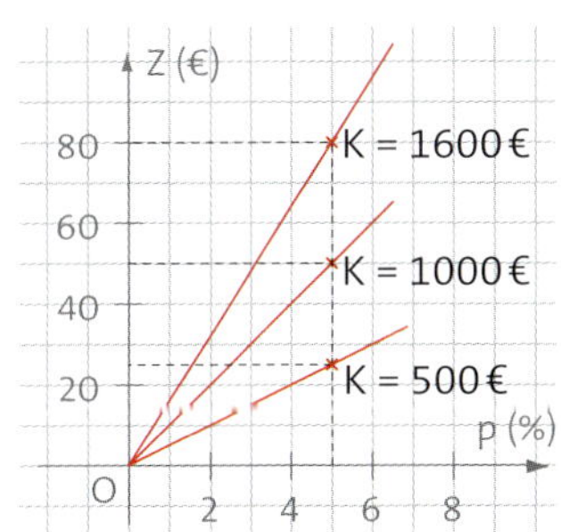

Hinweis: Alle Schargeraden verlaufen durch den Koordinatenursprung, weil die Jahreszinsen (a) proportional zum Kapital bzw. (b) proportional zum Zinssatz sind. Ein weiterer „Punkt“ lässt sich dann leicht für (a) $K = 1000\,€$ bzw. für (b) $p\,\% = 5\,\%$ berechnen (vgl. gestrichelten Hilfslinien).

4 a) Setze die Koordinaten von $P(x_0\,|\,y_0)$ in den allgemeinen Ansatz $y = mx + n$ ein: $y_0 = m\cdot x_0 + n \ \Leftrightarrow\ n = y_0 - m\cdot x_0$.

Ersetze nun im Ansatz n durch diesen Term: $y = m\cdot x + y_0 - m\cdot x_0 \quad |-y_0$

$\Leftrightarrow\ y - y_0 = m\cdot x - m\cdot x_0 \ \Leftrightarrow\ y - y_0 = m\cdot(x - x_0)$

b) Für $P(2\,|\,-1)$ folgt: $y - (-1) = m\cdot(x-2) \ \Leftrightarrow\ y + 1 = m\cdot(x-2) \ \Leftrightarrow\ y = m\cdot(x-2) + 1$.

1 Lineare Gleichungen

In Kapitel 5 wurde eine Gleichung der Form $y = mx + n$ als **lineare Funktion**, bzw. als **Geradengleichung** bezeichnet, und dabei stand der **Aspekt der Zuordnung $x \rightarrow y$** zwischen den **Funktionsvariablen x und y** im Vordergrund. In diesem Kapitel geht es nun um die Frage nach der **Lösbarkeit linearer Gleichungen $y = mx + n$**. „Linear" besagt, dass die **Variablen x und y** weder quadratisch (x^2, y^2), noch mit höherer Potenz (x^3, y^3, x^4, y^4, ...) auftreten, sondern nur in ihrer einfachsten Form x (= x^1) und y (= y^1).

Beispiel 1: Wie viele Lösungen (x | y) hat die lineare Gleichung $y = 0{,}5x + 1$? Die unendlich vielen Punkte, also alle Wertepaare auf der Geraden, sind Lösungen der Gleichung.

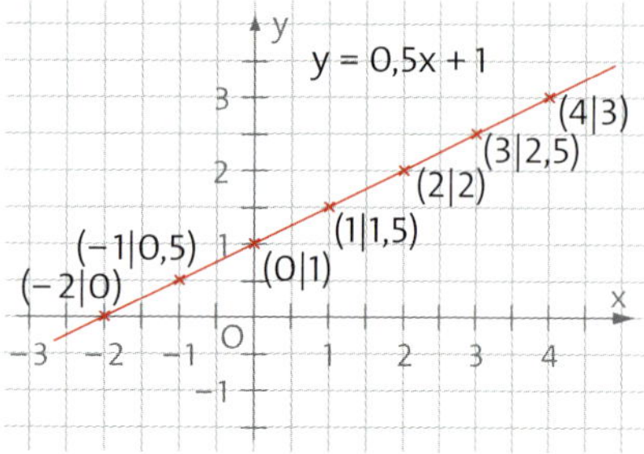

Eine lineare Gleichung $y = mx + n$ besitzt unendlich viele Lösungen, die als geordnete Wertepaare (x | y) angegeben werden.

2 Das grafische Lösungsverfahren

Zwei lineare Gleichungen bilden zusammen ein **lineares Gleichungssystem (LGS): (I) $y = m_1x + n_1$ und (II) $y = m_2x + n_2$.** Die Parameter m und n werden durch tiefgestellte Zahlen **(Indizes)** unterscheidbar und können so den Gleichungen zugeordnet werden, z. B.: $m_1 \rightarrow$ (I) oder $n_2 \rightarrow$ (II).

Beispiel 2: (Fortsetzung von **Beispiel 1**)
Wie viele *gemeinsame* Lösungen haben die *beiden* linearen Gleichungen
(I) $y = 0{,}5x + 1$ und (II) $y = -1{,}5x + 3$?
Nur der Schnittpunkt S (1 | 1,5) liegt auf beiden Geraden. Folglich ist S die **eindeutige** Lösung des Gleichungssystems.

Probe: $1{,}5 = 0{,}5 \cdot 1 + 1$ (I)
$1{,}5 = -1{,}5 \cdot 1 + 3$ (II)

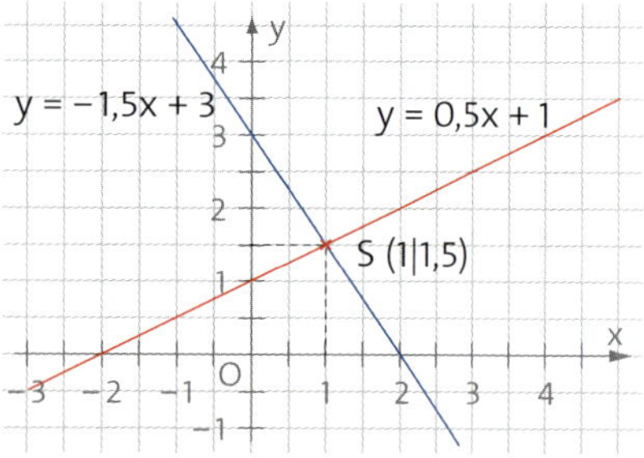

Das lineare Gleichungssystem (I) $y = m_1x + n_1$ und (II) $y = m_2x + n_2$ besitzt genau dann die eindeutige Lösung $S(x_s | y_s)$, wenn sich die zugehörenden Geraden im Punkt S schneiden.

3 Das Gleichsetzungsverfahren

Beide nach y isolierten Gleichungen des LGS müssen denselben Lösungswert y annehmen. Daher müssen im Lösungsfall auch die beiden rechten Gleichungsseiten übereinstimmen und führen so auf eine **Bestimmungsgleichung für die verbliebene Variable x**. Der Lösungswert von x kann dann in Gleichung (I) oder (II) eingesetzt werden. Man erhält so den Lösungswert für y.

Ein LGS der Form **(I) $y = m_1x + n_1$ und (II) $y = m_2x + n_2$** führt im **Gleichsetzungsverfahren** auf die **Bestimmungsgleichung $m_1x + n_1 = m_2x + n_2$**.

Beispiel 3: (Fortsetzung von Beispiel 2)

(I) $y = 0{,}5x + 1$
$=$
(II) $y = -1{,}5x + 3$

$\Rightarrow$

$0{,}5x + 1 = -1{,}5x + 3 \quad | +1{,}5x;\ -1$
$\Leftrightarrow 2x = 2 \quad | :2$
$\Leftrightarrow x = 1 \rightarrow$ (I): $y = 0{,}5 \cdot 1 + 1 = 1{,}5$
$\Rightarrow L = \{(1|1{,}5)\}$

4 Das Einsetzungsverfahren

Eine lineare Gleichung liegt nicht immer in der Form $y = mx + n$ vor. Für manche Zwecke ist es von Vorteil, die beiden Variablen x und y auf derselben Gleichungsseite zu haben. Man bezeichnet das Schema **$ax + by = c$** als **Normalform einer linearen Gleichung.**

Beispiel 4: (Fortsetzung von Beispiel 1)

$y = 0{,}5x + 1 \quad | -0{,}5x \cdot (-2)$
$\Leftrightarrow 1 \cdot x - 2 \cdot y = -2$
$\Rightarrow$ allgemein: $ax + by = c$ hier: $a = 1$; $b = -2$; $c = -2$

Beispiel 5: Bestimme die Lösungsmenge des LSG:

(I) $x - 2y = -2$, (II) $y = -1{,}5x + 3$

Die rechte Seite von Gleichung (II) wird für die Variable y in (I) **eingesetzt** und führt so auf eine **Bestimmungsgleichung für x.**

(I) $x - 2y = -2$
↗
(II) $y = -1{,}5x + 3$

$\Rightarrow$

$x - 2 \cdot (-1{,}5x + 3) = -2$
$\Leftrightarrow 4x - 6 = -2 \quad | +6 \quad | :4$
$\Leftrightarrow x = 1 \rightarrow$ (II): $y = -1{,}5 \cdot 1 + 3 = 1{,}5$
$L = \{(1|1{,}5)\}$

Ein LGS der Form **(I) $ax + by = c$ und (II) $y = mx + n$** führt im **Einsetzungsverfahren** immer auf die **Bestimmungsgleichung $ax + b(mx + n) = c$.**

5 Das Additions-/Subtraktionsverfahren

Ein LGS der Form **(I) $a_1x + b_1y = c_1$ und (II) $a_2x + b_2y = c_2$** kann mit dem **Additions-/Subtraktionsverfahren** gelöst werden.
Beide Gleichungen des LGS liegen in Normalform vor. Durch Multiplikation der Gleichungen mit geeigneten Faktoren werden bei einer Variablen betraglich gleiche Vorfaktoren (auch: **Koeffizienten**) erzeugt. Durch die anschließende Addition bei Koeffizienten mit ungleichen Vorzeichen bzw. Subtraktion bei Koeffizienten mit gleichen Vorzeichen wird diese Variable eliminiert, und die verbleibende Variable kann bestimmt werden.

Beispiel 6: Bestimme die Lösunsmenge des LGS:
(I) $3x + 8y = 8$ und (II) $-2x + 4y = 18$

Bestimmung von x:

(I) $\quad 3x + 8y = 8$
2·(II) $\quad - \mid -4x + 8y = 36$
$7x = -28 \mid :7$
$\Leftrightarrow x = -4$

Bestimmung von y:

2·(I) $\quad 6x + 16y = 16$
3·(II) $\quad + \mid -6x + 12y = 54$
$28y = 70 \mid :28$
$\Leftrightarrow y = 2{,}5$

$L = \{(-4 \mid 2{,}5)\}$

Das Additions-/Subtraktionsverfahren lässt sich auch vorteilhaft auf **LGS mit drei linearen Gleichungen mit drei Variablen** anwenden.
Beispiel 7: Bestimme die Lösungsmenge des LSG
(I) $2x + y - 3z = -14$; (II) $-x - 2y + z = 9$; (III) $3x - y + 2z = 19$
Eliminiere zweimal dieselbe Variable (hier: x):

(I) $\quad 2x + y - 3z = -14$
2·(II) $\quad + \mid -2x - 4y + 2z = 18$
$-3y - z = 4 \quad$ (IV)

3·(I) $\quad -3x - 6y + 3z = 27$
(III) $\quad + \mid 3x - y + 2z = 19$
$-7y + 5z = 46 \quad$ (V)

Behandle nun das LSG IV und V wie in Beispiel 6:

5·IV $\quad -15y - 5z = 20$
$+ \mid -7y + 5z = 46$
$-22y = 66$
$\Leftrightarrow y = -3$

y ⇒ (IV) $\quad -3 \cdot (-3) - z = 4 \Leftrightarrow z = 5$
y, z ⇒ (I) $\quad 2x + (-3) - 3 \cdot 5 = -14 \Leftrightarrow x = 2$
$L = \{(2 \mid -3 \mid 5)\}$

TEST 1 Grafisches Lösen, Gleichsetzungsverfahren

1 Notiere im Heft das zur Abbildung gehörende lineare Gleichungssystem (LGS), lies seine Lösung aus der Abbildung ab, und mache die Probe.

a) 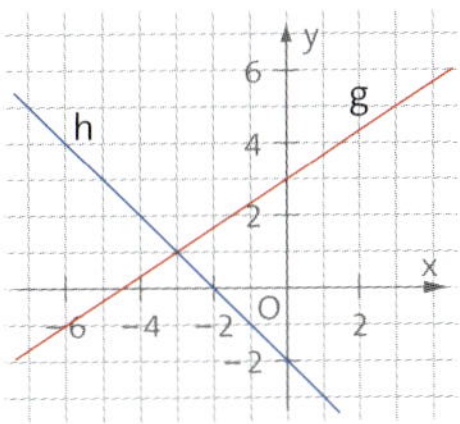

b) 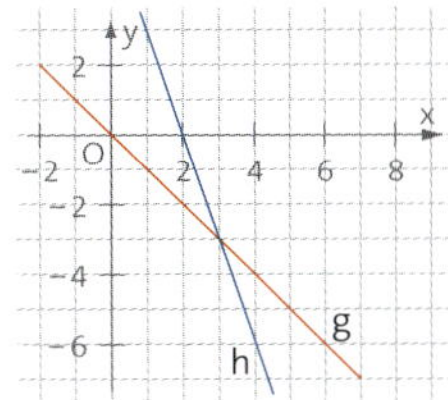

2 Gegeben ist das LGS (I) $y = -2x + 5$ und (II) $y = 0{,}6x + 2{,}4$

a) Bestimme die Lösung grafisch.

b) Bestimme die Lösung nach dem Gleichsetzungsverfahren.

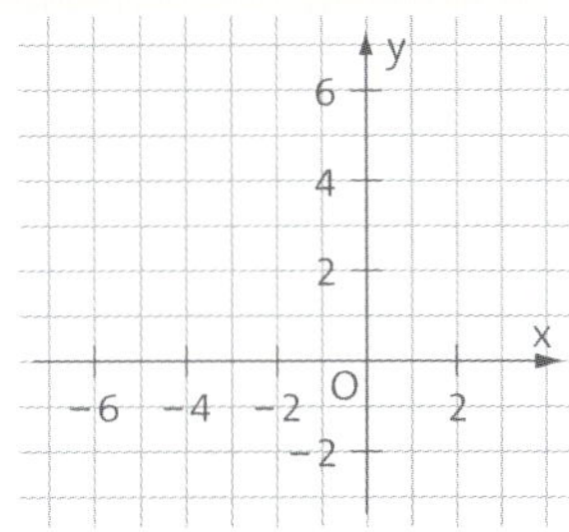

3 Forme das LGS (I) $2 \cdot (y - 1) + 3 = 5 \cdot \left(x + \frac{1}{2}\right) - 3$ und (II) $4 \cdot (y + 2) - 7 = 8 \cdot (x + 2) - 7x$ im Heft so um, dass du es mit dem Gleichsetzungsverfahren lösen kannst.

4 Anke stellt ihrem Bruder folgendes Zahlenrätsel: „Ich denke mir zwei Zahlen, von denen die zweite Zahl um 4 kleiner ist als das Dreifache der ersten. Die zweite Zahl ergibt sich ebenso, wenn du von der um 5 verkleinerten ersten Zahl den vierten Teil nimmst!"

TEST 2 Gleichsetzungs- und Einsetzungsverfahren

1 Löse im Heft mit dem günstigsten Verfahren.

a) (I) $4x - 3y = 28$
(II) $y = 0{,}2 - 0{,}5x$

b) (I) $x = 2y - 0{,}3$
(II) $2{,}1 + 4y = x$

c) (I) $\frac{1}{2}y + \frac{1}{4} = x$
(II) $-8x + 16y = 7$

2 Zeige, dass sich das folgende LGS, das aus drei Gleichungen mit drei Unbekannten besteht, durch wiederholtes Einsetzen lösen lässt.

(I) $2x + y - 3z = 23$
(II) $3y + 4z = 16$
(III) $2z = -10$

3 Danielas Mutter kauft zur Bepflanzung eines Blumenkübels vier Geranien und drei Fuchsien. Auf Danielas Frage nach den Sortenpreisen antwortet sie: „Eine Geranie ist 80 Cent teurer als eine Fuchsie, alle Pflanzen zusammen kosten 13 €.

4 Gegeben ist das LGS (I) $y = 2x - 4$ und (II) $y = mx + 1$ mit $m \in \mathbb{Q}$.

a) Wie hängt die Lösung des LGS vom Wert des Scharparameters $m \in \mathbb{Q}$ ab?

b) Gib eine anschauliche Erklärung für die in Teilaufgabe a) gefundene Lösungsstruktur.

TEST 3 Additions-/Subtraktionsverfahren

1 Löse mit dem Additions-/Subtraktionsverfahren.

a) (I) $5x + 2y = 17$; (II) $4x - 3y = 32$

b) (I) $-\frac{1}{2}x + 2y = 2$; (II) $\frac{3}{4}x - \frac{2}{5}y = -\frac{5}{6}$

2 Löse das folgende LGS mit dem Additions-/Subtraktionsverfahren:

(I) $4x - 5y + 3z = 19{,}8$ (II) $-x + 2y + z = -2{,}3$ (III) $2x - 3y + 4z = 16{,}2$

Anleitung: Bilde zunächst zwei Gleichungen mit zwei Unbekannten.

3 Entlang einer 200 m langen Straße sollen Bäume gepflanzt werden.

a) Ein Gärtner unterbreitet zwei Angebote. Angebot 1: Auf jeder Straßenseite 10 Kastanien und 10 Pappeln für insgesamt 18 000 €. Angebot 2: Auf jeder Straßenseite 12 Kastanien und 7 Pappeln für insgesamt 17 600 €.
Wie viel kostet die Anpflanzung einer Kastanie bzw. einer Pappel?

b) Welche Abstände wurden zwischen zwei benachbarten Bäumen vorgesehen?

Lösungen zu Test 1

1 a) (I) g: $y = \frac{2}{3}x + 3$
(II) h: $y = -x - 2$
Lösung: $(-3\,|\,1)$ Probe:
(I) $\frac{2}{3} \cdot (-3) + 3 = -2 + 3 = 1$ (✓)
(II) $-(-3) - 2 = 3 - 2 = 1$ (✓)

b) (I) g: $y = -x$
(II) h: $y = -3x + 6$
Lösung: $(3\,|\,-3)$ Probe:
(I) $-(3) = -3$ (✓)
(II) $-3 \cdot 3 + 6 = -3$ (✓)

Hinweis: Wenn dir das Bestimmen der Geradengleichungen schwerfällt, dann lies noch einmal auf → Seite 45, Nr. 3 nach.

2 a) Lies aus der Abbildung ab:
$x = 1$ und $y = 3$; $L = \{(1\,|\,3)\}$

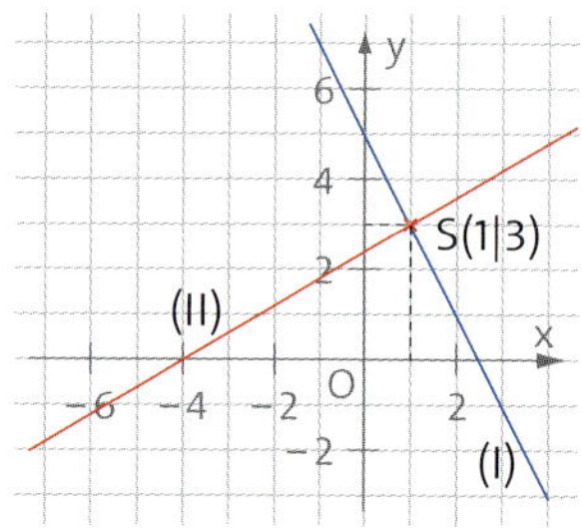

b) Durch Gleichsetzung erhältst du die folgende Bestimmungsgleichung für x:
$-2x + 5 = 0{,}6x + 2{,}4 \quad |-0{,}6x \quad |-5$
$\Leftrightarrow -2{,}6x = -2{,}6 \quad |:(-2{,}6)$
$\Leftrightarrow x = 1 \rightarrow$ (I): $y = -2 \cdot 1 + 5 = 3$
Lösung: $L = \{(1|3)\}$

3 (I) $2y + 1 = 5x - \frac{1}{2} \Leftrightarrow 2y = 5x - 1\frac{1}{2} \Leftrightarrow y = 2\frac{1}{2}x - \frac{3}{4}$
(II) $4y + 1 = x + 16 \Leftrightarrow 4y = x + 15 \Leftrightarrow y = \frac{1}{4}x + 3\frac{3}{4}$
Gleichsetzung: $2\frac{1}{2}x - \frac{3}{4} = \frac{1}{4}x + 3\frac{3}{4} \Leftrightarrow 2\frac{1}{4}x = 4\frac{1}{2} \Leftrightarrow \frac{9}{4}x = \frac{9}{2} \Leftrightarrow x = 2$
$x = 2 \rightarrow$ (I): $y = 2\frac{1}{2} \cdot 2 - \frac{3}{4} = 5 - \frac{3}{4} = 4\frac{1}{4}$; Lösung: $L = \left\{\left(2|4\frac{1}{4}\right)\right\}$

4 **Hinweis:** Eine ausführliche Anleitung zur Bearbeitung von Textaufgaben findest du auf → Seite 26, Nr. 8. Präge dir die dort genannte Schrittfolge gut ein!
Ansatz: erste Zahl $\triangleq x$ und zweite Zahl $\triangleq y$
erste Gleichung: $y = 3x - 4$ (I); zweite Gleichung: $y = \frac{1}{4} \cdot (x - 5) \Leftrightarrow y = \frac{1}{4}x - 1\frac{1}{4}$ (II)
Gleichsetzung: $3x - 4 = \frac{1}{4}x - 1\frac{1}{4} \quad |-\frac{1}{4}x \quad |+4$
$\Leftrightarrow 2\frac{3}{4}x = 2\frac{3}{4} \quad |:2\frac{3}{4}$
$\Leftrightarrow x = 1 \rightarrow$ (I): $y = 3 \cdot 1 - 4 = -1$
Lösung: $L = \{(1\,|\,-1)\}$

Lösungen zu Test 2

1 a) Einsetzung:

$4x - 3\cdot(0{,}2 - 0{,}5x) = 28$

$\Leftrightarrow\ 4x - 0{,}6 + 1{,}5x = 28$

$\Leftrightarrow\ 5{,}5x = 28{,}6$

$\Leftrightarrow\ x = 5{,}2;\ x \rightarrow (\text{II})$

$y = 0{,}2 - 0{,}5\cdot 5{,}2 = -2{,}4$

$L = \{(5{,}2\,|\,-2{,}4)\}$

b) Gleichsetzung:

$2y - 0{,}3 = 2{,}1 + 4y$

$\Leftrightarrow\ -2y = 2{,}4$

$\Leftrightarrow\ y = -1{,}2;\ y \rightarrow (\text{I})$

$x = 2\cdot(-1{,}2) - 0{,}3 = -2{,}7$

$L = \{(-2{,}7\,|\,-1{,}2)\}$

c) Einsetzung:

$-8\cdot\left(\frac{1}{2}y + \frac{1}{4}\right) + 16y = 7$

$\Leftrightarrow\ -4y - 2 + 16y = 7$

$\Leftrightarrow\ 12y = 9$

$\Leftrightarrow\ y = \frac{9}{12} = \frac{3}{4};\ y \rightarrow (\text{I}):$

$x = \frac{1}{2}\cdot\frac{3}{4} + \frac{1}{4} = \frac{5}{8}$

$L = \left\{\left(\frac{5}{8}\,\middle|\,\frac{3}{4}\right)\right\}$

zu b): Das Gleichsetzungsverfahrens ist dann günstig, wenn beide Gleichungen nach *derselben* Variablen isoliert sind. Das kann x oder y sein!
zu c): Entscheidend für die Anwendbarkeit des Einsetzungsverfahrens ist, dass *eine* Gleichung nach einer Variablen, nach x oder y, isoliert ist.

2 Aus (III) folgt: $2z = -10\ \Leftrightarrow\ z = -5$

$z \rightarrow (\text{II}):\ 3y + 4\cdot(-5) = 16\ \Leftrightarrow\ 3y - 20 = 16\ \Leftrightarrow\ 3y = 36\ \Leftrightarrow\ y = 12$

$z, y \rightarrow (\text{I}):\ 2x + 12 - 3\cdot(-5) = 23\ \Leftrightarrow\ 2x + 27 = 23\ \Leftrightarrow\ 2x = -4 \Leftrightarrow\ x = -2$

Lösung: $L = \{(-2\,|\,12\,|\,-5)\}$

3 Ansatz: Preis einer Geranie $\triangleq x$; Preis einer Fuchsie $\triangleq y$

erste Gleichung: (I) $x = y + 0{,}8$; zweite Gleichung: (II) $4x + 3y = 13$

Einsetzung: $4\cdot(y + 0{,}8) + 3y = 13\ \Leftrightarrow\ 4y + 3{,}2 + 3y = 13\ \Leftrightarrow\ 7y = 9{,}8\ \Leftrightarrow\ y = 1{,}4$

$y \rightarrow (\text{I}):\ x = 1{,}4 + 0{,}8 = 2{,}2$; Lösung: $x = 2{,}20$ €; $y = 1{,}40$ €.

4 a) Gleichsetzung: $2x - 4 = mx + 1\ \Leftrightarrow\ 2x - mx = 5\ \Rightarrow\ (2 - m)\cdot x = 5\ (*)$

1. Fall: $(2 - m) \neq 0\ \Rightarrow$ Gleichung (*) darf durch $(2 - m)$ geteilt werden:

$x = \frac{5}{2-m}\ \rightarrow (\text{I}):\ y = 2\cdot\frac{5}{2-m} - 4 = \frac{10 - 4\cdot(2-m)}{2-m} = \frac{2+4m}{2-m};\ L = \left\{\left(\frac{5}{2-m}\,\middle|\,\frac{2+4m}{2-m}\right)\right\}$

2. Fall: $(2 - m) = 0\ \Rightarrow$ Gleichung (*) darf nicht durch $(2 - m)$ geteilt werden und liefert für alle x die falsche Aussage $0\cdot x = 5$;

Lösungsmenge: $L = \{\ \}$.

b) Für $m \neq 2$ **(1. Fall)** haben die Geraden $y = 2x - 4$ und $y = mx + 1$ **verschiedene Steigungen** und schneiden sich in genau einem Punkt.

Für **m = 2** **(2. Fall)** haben die beiden Geraden **dieselbe Steigung** und verlaufen parallel, ohne sich zu schneiden.

Lösungen zu Test 3

1 a)

$$\begin{array}{lrl} 3\cdot(\text{I}) & & 15x+6y=51 \\ 2\cdot(\text{II}) & + & \underline{8x-6y=64} \\ & & 23x=115 \quad |:23 \\ & & x=5 \end{array}$$

$$\begin{array}{lrl} 4\cdot(\text{I}) & & 20x+8y=68 \\ 5\cdot(\text{II}) & - & \underline{20x-15y=160} \\ & & 23y=-92 \quad |:23 \\ & & y=-4;\ L=\{(5\,|\,-4)\} \end{array}$$

b)

$$\begin{array}{lrl} 12\cdot(\text{I}) & & -6x+24y=24 \\ 60\cdot(\text{II}) & + & \underline{45x-24y=-50} \\ & & 39x=-26 \quad |:39 \\ & & x=\frac{-26}{39}=-\frac{2}{3} \end{array}$$

$$\begin{array}{lrl} 90\cdot(\text{I}) & & -45x+180y=180 \\ 60\cdot(\text{II}) & + & \underline{45x-24y=-50} \\ & & 156y=130 \quad |:156 \\ & & y=\frac{130}{156}=\frac{5}{6};\ L=\left\{\left(-\frac{2}{3}\,\middle|\,\frac{5}{6}\right)\right\} \end{array}$$

2

$$\begin{array}{lrl} (\text{I}) & & 4x-5y+3z=19{,}8 \\ 4\cdot(\text{II}) & + & \underline{-4x+8y+4z=-9{,}2} \\ (\text{IV}) & & 3y+7z=10{,}6 \end{array}$$

$$\begin{array}{lrl} 2\cdot(\text{II}) & & -2x+4y+2z=-4{,}6 \\ (\text{III}) & + & \underline{2x-3y+4z=16{,}2} \\ (\text{V}) & & y+6z=11{,}6 \end{array}$$

$$\begin{array}{lrl} (\text{IV}) & & 3y+7z=10{,}6 \\ 3\cdot(\text{V}) & - & \underline{3y+18z=34{,}8} \\ & & -11z=-24{,}2 \quad |:-11 \\ & & \Leftrightarrow\ z=2{,}2 \end{array}$$

Einsetzung $z \rightarrow (\text{V})$: $y+6\cdot 2{,}2=11{,}6$

$\Leftrightarrow\ y+13{,}2=11{,}6\ \Leftrightarrow\ y=-1{,}6;$

$y, z \rightarrow (\text{II})$: $-x+2\cdot(-1{,}6)+2{,}2=-2{,}3$

$\Leftrightarrow\ -x-3{,}2+2{,}2=-2{,}3\ \Leftrightarrow\ x=1{,}3$

$L=\{(1{,}3\,|\,-1{,}6\,|\,2{,}2)\}$

3 a) Preis für eine Kastanie $\triangleq x$; Preis für eine Pappel $\triangleq y$

LGS: (I) $20x+20y=18\,000$; (II) $24x+14y=17\,600$

$$\begin{array}{lrl} 7\cdot(\text{I}) & & 140x+140y=126\,000 \\ 10\cdot(\text{II}) & - & \underline{240x+140y=176\,000} \\ & & -100x=-50\,000 \\ \Leftrightarrow & & x=500\,€ \end{array}$$

$$\begin{array}{lrl} 12\cdot(\text{I}) & & 240x+240y=216\,000 \\ 10\cdot(\text{II}) & - & \underline{240x+140y=176\,000} \\ & & 100y=40\,000 \\ \Leftrightarrow & & y=400\,€ \end{array}$$

b) Platzbedarf von Kastanie (K) $\triangleq x$ und Pappel (P) $\triangleq y$ entlang der Straße.

LGS: (I) $10x+10y=200$; (II) $12x+7y=200$

$$\begin{array}{lrl} 7\cdot(\text{I}) & & 70x+70y=1400 \\ 10\cdot(\text{II}) & - & \underline{120x+70y=2000} \\ & & -50x=-600 \quad |:(-50) \\ \Leftrightarrow & & x=12\,\text{m/K.} \end{array}$$

$$\begin{array}{lrl} 12\cdot(\text{I}) & & 120x+120y=2400 \\ 10\cdot(\text{II}) & - & \underline{120x+70y=2000} \\ & & 50y=400 \quad |:50 \\ \Leftrightarrow & & y=8\,\text{m/P.} \end{array}$$

Baumabstände:

$\overline{KK}=\frac{1}{2}x+\frac{1}{2}x=12\,\text{m}$; $\overline{PP}=\frac{1}{2}y+\frac{1}{2}y=8\,\text{m}$; $\overline{KP}=\frac{1}{2}x+\frac{1}{2}y=6\,\text{m}+4\,\text{m}=10\,\text{m}$

1 Quadratische Funktionen

Jede Funktion, die eine Funktionsvorschrift der Form **$f(x) = ax^2 + bx + c$ mit** $a \in \mathbb{Q}^{\neq 0}$ und $b; c \in \mathbb{Q}$ besitzt bzw. durch Umformungen auf dieses Schema gebracht werden kann, wird als **quadratische Funktion** bezeichnet.
Jede quadratische Funktion lässt sich als **Parabel** darstellen.

Beispiel 1: $f(x) = 2\cdot(x-1)^2 + 3 \Leftrightarrow f(x) = 2\cdot(x^2 - 2x + 1) + 3 \Leftrightarrow f(x) = 2x^2 - 4x + 5$ ist eine quadratische Funktion ($a = 2$, $b = -4$ und $c = 5$) mit dem **quadratischen Glied** $2x^2$, dem **linearen Glied** $-4x$ und dem **konstanten Glied** 5.

2 Verschobene Parabeln

Beispiel 2: Für die **Normalparabel $f_1(x) = x^2$** berechnet man:

x	−3	−2	−1	0	1	2	3
y	9	4	1	0	1	4	9

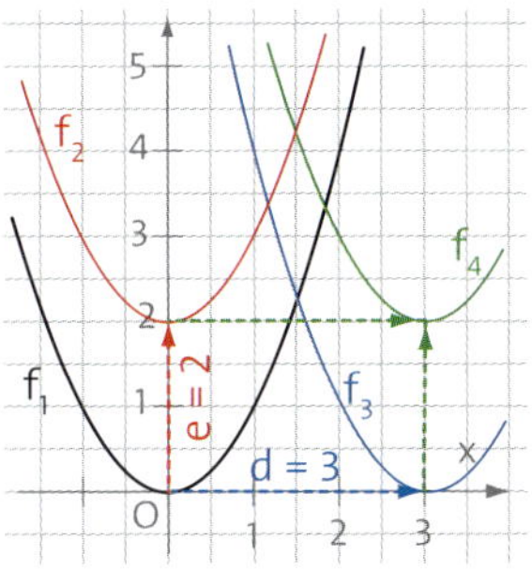

Beispiel 3: (Fortsetzung von Beispiel 2)
Die Parabel $f_2(x) = x^2 + 2$ geht aus der Normalparabel hervor, indem sie um $e = 2$ Einheiten entlang der y-Achse nach oben verschoben wird.
Der Graph von $f_3(x) = (x-3)^2$ ist um $d = 3$ Einheiten entlang der x-Achse nach rechts verschoben.
Bei $f_4(x) = (x-3)^2 + 2$ sind beide Verschiebungen kombiniert.

3 Gestreckte, gestauchte und gespiegelte Parabeln

Beispiel 4: Die Normalparabel **$f_1(x) = x^2$** wird bei Multiplikation mit …

… $a = -1$ an der x-Achse gespiegelt: $f_4(x) = -x^2$.

… $a = 2$ mit dem Faktor 2 gestreckt: $f_2(x) = 2x^2$; für $a = -2$ wird zusätzlich an der x-Achse gespiegelt: $f_5 = -2x^2$.

… mit $a = 0{,}5$ mit dem Faktor 0,5 gestaucht: $f_3(x) = 0{,}5x^2$; für $a = -0{,}5$ wird zusätzlich an der x-Achse gespiegelt: $f_6 = -0{,}5x^2$.

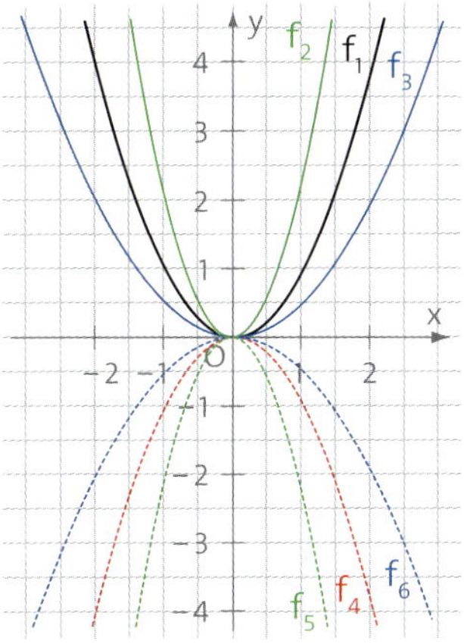

Allgemein: Streckung entlang der y-Achse für $|a| > 1$.
Stauchung entlang der y-Achse für $|a| < 1$.

4 Die Scheitelpunktform einer Parabel

Für eine in der **Scheitelpunktform** $\mathbf{f(x) = a(x - d)^2 + e}$ gegebene Parabel gilt:

- Sie ist für $a > 0$ nach oben und für $a < 0$ nach unten geöffnet (**Öffnungsfaktor a**).
- Gegenüber der Normalparabel ist sie um den Faktor $\mathbf{|a| > 1}$ parallel zur y-Achse **gestreckt** bzw. für $\mathbf{|a| < 1}$ **gestaucht**.
- Ihr tiefster Punkt $(a > 0)$ bzw. höchster Punkt $(a < 0)$, heißt **Scheitelpunkt S** und besitzt die **Koordinaten S (d | e)**.

Beispiel 5:

Leite aus der Scheitelpunktform die allgemeine Funktionsgleichung her.

$f(x) = 4 \cdot (x - 1)^2 + 6$ (hat den Scheitelpunkt $S(1|6)$)

$\Leftrightarrow f(x) = 4 \cdot (x^2 - 2x + 1) + 6$

$\Leftrightarrow f(x) = 4x^2 - 8x + 10$ $(a = 4;\ b = -8;\ c = 10)$

Beispiel 6:

Leite aus der allgemeinen Funktionsgleichung die Scheitelpunktform her.

$f(x) = 4x^2 - 8x + 10$ |quadratische Ergänzung

$\Leftrightarrow f(x) = 4 \cdot [(x^2 - 2x + 1) - 1] + 10$

$\Leftrightarrow f(x) = 4 \cdot [(x - 1)^2 - 1] + 10$

$\Leftrightarrow f(x) = 4(x - 1)^2 + 6$ $(a = 4;\ d = 1;\ e = 6) \Rightarrow S(1|6)$

Hinweis: Der Term $x^2 - 2x$ kann durch Einfügen der quadratischen Ergänzung (hier: $+1 - 1$), die stets den Wert 0 hat, zur zweiten binomischen Formel umgeschrieben werden.

5 Quadratwurzeln

Bei der Lösung quadratischer Gleichungen können Quadratwurzeln auftreten, deshalb wird vorab der Umgang mit diesen Rechenausdrücken im Überblick dargestellt.

$$\sqrt{a^2} = |a| = \begin{cases} a & \text{für } a > 0 \\ 0 & \text{für } a = 0 \\ -a & \text{für } a < 0 \end{cases}$$

Die (Quadrat-)Wurzel einer nicht-negativen Zahl $a^2 \geq 0$ ist definiert als der Betrag von a.

Beispiel 7:

$\sqrt{36} = \sqrt{6^2} = |6| = 6;\ \sqrt{0} = \sqrt{0^2} = |0| = 0;\ \sqrt{36} = \sqrt{(-6)^2} = |-6| = 6$

Rechenregeln für (Quadrat-)Wurzeln:
1. Aus einer negativen Zahl kann man keine Wurzel ziehen!
2. Für $a; b \geq 0$ gilt: $\sqrt{a} \cdot \sqrt{b} = \sqrt{ab}$
3. Für $a \geq 0$; $b > 0$ gilt: $\frac{\sqrt{a}}{\sqrt{b}} = \sqrt{\frac{a}{b}}$
4. Distributivgesetze: $r \cdot \sqrt{a} \pm s \cdot \sqrt{a} = (r \pm s) \cdot \sqrt{a}$

Beispiel 8: (zu den Rechenregeln)

zu **1**: $\sqrt{-9}$ ist nicht definiert!

zu **2**: $\sqrt{2} \cdot \sqrt{8} = \sqrt{2 \cdot 8} = \sqrt{16} = 4$;

$\sqrt{32} = \sqrt{16 \cdot 2} = \sqrt{16} \cdot \sqrt{2} = 4 \cdot \sqrt{2}$

zu **3**: $\sqrt{\frac{4}{9}} = \frac{\sqrt{4}}{\sqrt{9}} = \frac{2}{3}$

zu **4**: $5\sqrt{3} + 7\sqrt{3} - 3\sqrt{3}$

$= (5 + 7 - 3)\sqrt{3} = 9\sqrt{3}$

Beispiel 9: (wichtige Anwendungen)

- $\sqrt{T(x)}$ ist nur für nicht-negative Werte des Terms $T(x)$, d. h. für $T(x) \geq 0$ definiert. Fasse daher alle zulässigen Werte für x in der **Definitionsmenge D** zusammen, z. B. rechnet man für $\sqrt{2x - 5}$:
  $2x - 5 \geq 0 \Rightarrow x \geq 2{,}5$; $D = \{x \in \mathbb{Q} \mid x \geq 2{,}5\}$
- So stellt man einen Bruch mit einem Nenner dar, der frei von Wurzeln ist. Dies nennt man auch „Rationalmachen".
  $\frac{2}{\sqrt{3}} = \frac{2 \cdot \sqrt{3}}{\sqrt{3} \cdot \sqrt{3}} = \frac{2 \cdot \sqrt{3}}{3}$; $\frac{\sqrt{x} - \sqrt{y}}{\sqrt{x} + \sqrt{y}} = \frac{(\sqrt{x} - \sqrt{y}) \cdot (\sqrt{x} - \sqrt{y})}{(\sqrt{x} + \sqrt{y}) \cdot (\sqrt{x} - \sqrt{y})} = \frac{x - 2\sqrt{xy} + y}{x - y}$
  (Zuletzt wurde die zweite biomische Formel benutzt.)

6 Quadratische Gleichungen

Fragt man nach den **Nullstellen N (x | 0)** einer quadratischen Funktion f(x), so ist die Gleichung $f(x) = 0 \Leftrightarrow \mathbf{ax^2 + bx + c = 0}$ zu lösen. Dieser Gleichungstyp wird als **allgemeine Form einer quadratischen Gleichung** bezeichnet. Nach Division durch den führenden Koeffizienten $a \neq 0$ erhält man mit den Abkürzungen $p = \frac{b}{a}$ und $q = \frac{c}{a}$ die **Normalform einer quadratischen Gleichung** $\mathbf{x^2 + px + q = 0}$, für die mithilfe der quadratischen Ergänzung ein allgemeines Lösungsschema hergeleitet werden kann:

$$\left(x^2 + px + \left(\frac{p}{2}\right)^2\right) - \left(\frac{p}{2}\right)^2 + q = 0 \Leftrightarrow \left(x + \frac{p}{2}\right)^2 = \left(\frac{p}{2}\right)^2 - q \Leftrightarrow \left|x + \frac{p}{2}\right| = \sqrt{\left(\frac{p}{2}\right)^2 - q} \quad (*)$$

Nach Definition der Wurzel führt Gleichung (*) auf folgende beiden Fälle:

1. Fall: Für $x + \frac{p}{2} > 0$ gilt $\left|x + \frac{p}{2}\right| = x + \frac{p}{2} = \sqrt{\left(\frac{p}{2}\right)^2 - q} \Leftrightarrow x = -\frac{p}{2} + \sqrt{\left(\frac{p}{2}\right)^2 - q}$ (1)

2. Fall: Für $x - \frac{p}{2} < 0$ gilt $\left|x + \frac{p}{2}\right| = -\left(x + \frac{p}{2}\right) = \sqrt{\left(\frac{p}{2}\right)^2 - q} \Leftrightarrow x = -\frac{p}{2} - \sqrt{\left(\frac{p}{2}\right)^2 - q}$ (2)

Die Formeln (1) und (2) lassen sich zur **p-q-Formel** $\mathbf{x_{1/2} = -\frac{p}{2} \pm \sqrt{\left(\frac{p}{2}\right)^2 - q}}$ zusammenfassen.

Das Vorzeichen der sogenannten **Diskriminante** $D = \left(\frac{p}{2}\right)^2 - q$ entscheidet über die **Lösungsstruktur**: 2 Lösungen für $D > 0$, 1 Lösung für $D = 0$, keine Lösung für $D < 0$.

Beispiel 10: Berechne die Nullstellen.

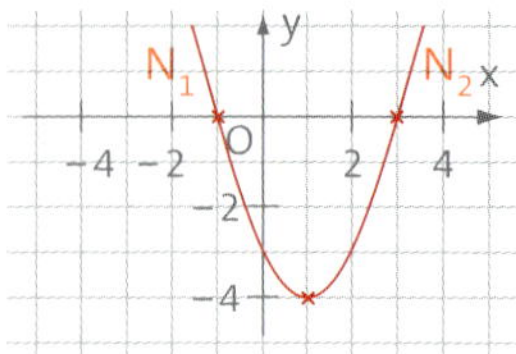

$f(x) = x^2 - 2x - 3$

Mit $p = -2$ und $q = -3$ folgt:

$x_{1/2} = -\frac{-2}{2} \pm \sqrt{\left(\frac{-2}{2}\right)^2 - (-3)}$

$x_1 = 1 - 2 = -1 \Rightarrow N_1(-1\,|\,0)$

$x_2 = 1 + 2 = 3 \Rightarrow N_2(3\,|\,0)$

Beispiel 11: Berechne die Nullstellen.

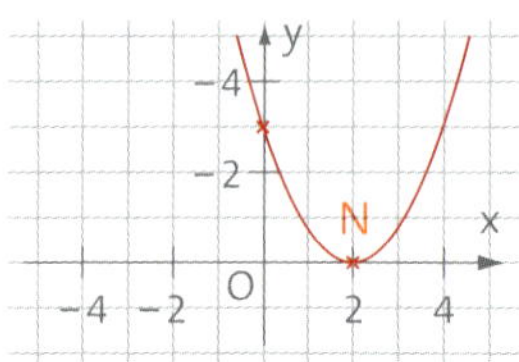

$f(x) = x^2 - 4x + 4$

Mit $p = -4$ und $q = 4$ folgt

$x_{1/2} = -\frac{-4}{2} \pm \sqrt{\left(\frac{-4}{2}\right)^2 - 4}$

$x_{1/2} = 2 \pm 0 = 2 \Rightarrow N(2|0)$

Beispiel 12: Berechne die Nullstellen.

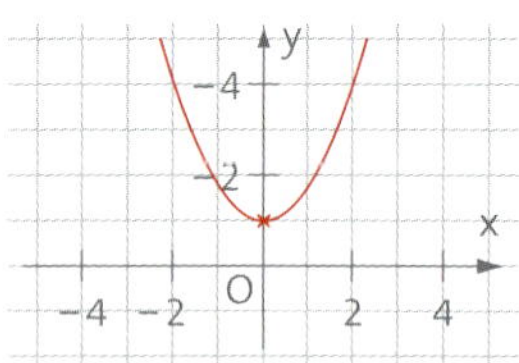

$f(x) = x^2 + 1$

Mit $p = 0$ und $q = 1$ folgt:

$x_{1/2} = -\frac{0}{2} \pm \sqrt{\left(\frac{0}{2}\right)^2 - 1}$

$x_{1/2} = 0 \pm \sqrt{-1}$ ist nicht definiert!

Es gibt keine Nullstellen.

7 Faktorisierung spezieller quadratischer Gleichungen

In folgenden Fällen ist das **Faktorisieren der Gleichung** der schnellere Lösungsweg:

- **$x^2 - k = 0$**; für $k \geq 0$ führt die **3. binomische Formel** auf $(x + \sqrt{k}) \cdot (x - \sqrt{k}) = 0$ und damit auf die Lösungen $x_1 = -\sqrt{k}$ und $x_2 = \sqrt{k}$.
- **$x^2 + px = 0$**; durch **Ausklammern** von x folgt $x \cdot (x + p) = 0$. Damit sind die Lösungen $x_1 = 0$ und $x_2 = -p$.
- **$(x - d)^2 - e = 0$**; für $e \geq 0$ liefert die **3. binomische Formel** $[(x - d) + \sqrt{e}] \cdot [(x - d - \sqrt{e}] = 0$. Damit sind die Lösungen $x_1 = d - \sqrt{e}$ und $x_2 = d + \sqrt{e}$.

TEST 1 Quadratische Funktionen und Parabeln

1 Von einer quadratischen Funktion sind folgende Werte bekannt:

x	−3	−2	−1	0	1	2	5
y	1	−2	−3	−2	1		

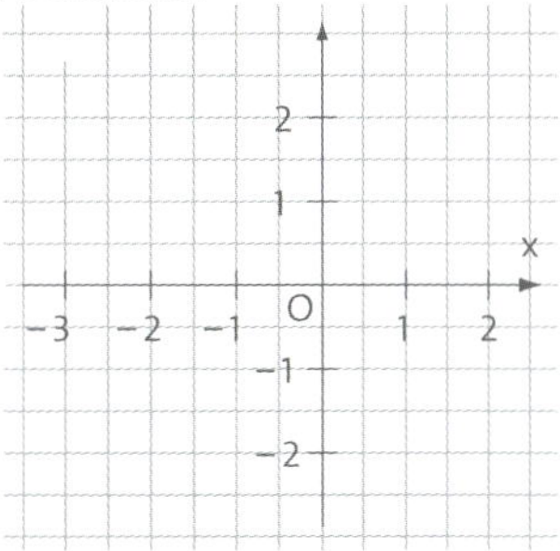

a) Stelle den Funktionsverlauf im Achsenkreuz dar und gib die Funktionsgleichung in der Scheitelpunktform an.

b) Leite die *allgemeine* Funktionsgleichung her und bestimme die fehlenden Werte in der Tabelle.

2 Leite die Scheitelpunktform her und gib den Scheitelpunkt der Parabel an:

a) $f(x) = x^2 - 7x + 16{,}5$ b) $f(x) = 2{,}4x^2 + 24x + 24$

3 In das gelbe Dreieck wird ein Rechteck (schraffierte Fläche) mit den Kantenlängen x und y gelegt. Verändert man die Lage des Eckpunktes P auf der Geraden g, so ändert sich auch der Flächeninhalt A des Rechtecks.

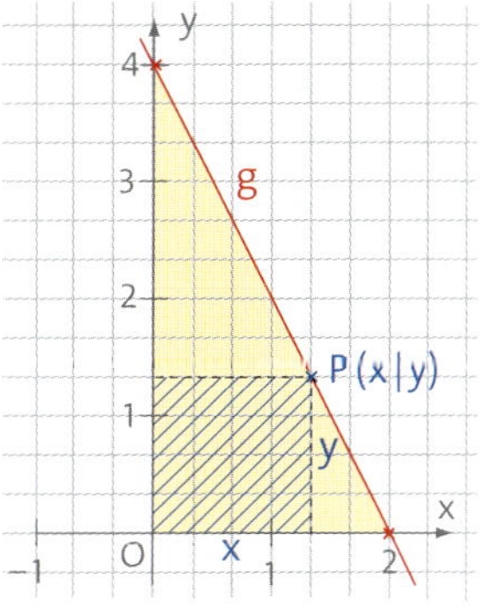

a) Bestimme zunächst die Gleichung der Geraden g.

b) Gib den Flächeninhalt A als eine quadratische Funktion der Seitenlänge x an.

c) Für welchen Wert der Seitenlänge x wird der Flächeninhalt A maximal?

TEST 2 Quadratwurzeln

1 a) $\sqrt{64} =$ b) $\sqrt{196} =$ c) $\sqrt{0{,}25} =$

d) $\sqrt{0{,}09} =$ e) $\sqrt{1{,}21} =$ f) $\sqrt{0{,}000001} =$

2 a) $\sqrt{2}\cdot\sqrt{8} =$ b) $\sqrt{3}\cdot\sqrt{12} =$ c) $\sqrt{324} =$

d) $\sqrt{\frac{4}{9}} =$ e) $\frac{\sqrt{8}}{\sqrt{50}} =$ f) $\sqrt{32\cdot\frac{9}{50}} =$

3 Ziehe so weit wie möglich die Wurzel.

a) $\sqrt{48} =$ b) $\sqrt{\frac{8}{75}} =$ c) $\sqrt{0{,}05} =$

4 Berechne.

a) $(4\sqrt{2} - 3\sqrt{3})^2 =$

b) $(\sqrt{3} - 5\sqrt{2})\cdot(\sqrt{12} + 3\sqrt{8}) =$

5 Vorgabe: a; b; x ≥ 0. Fasse so weit wie möglich zusammen.

a) $5\sqrt{2} - 7\sqrt{11} - 8\sqrt{2} - 6\sqrt{11}$

b) $7\sqrt{a^2 b} - 4b\sqrt{a} + a\sqrt{b} + 6\sqrt{a b^2}$

c) $3\sqrt{a}\cdot(2\sqrt{x} - 3\sqrt{a}) - 2\sqrt{x}\cdot(3\sqrt{a} + 4\sqrt{x})$

6 Vorgabe: a; b; p; q > 0, a ≠ b und p ≠ q. Forme so um, dass im Nenner keine Wurzel steht.

a) $\frac{2}{\sqrt{5}} =$ b) $\frac{2a}{3\sqrt{b}} =$

c) $\frac{1}{\sqrt{p} - \sqrt{q}} =$ d) $\frac{\sqrt{a} - \sqrt{b}}{\sqrt{a} + \sqrt{b}} =$

7 Bestimme die Definitionsmenge des Wurzelterms.

a) $\sqrt{8 - 6x}$

b) $\sqrt{1 - \sqrt{x + 1}}$

TEST 3 Quadratische Gleichungen

Löse die Gleichungen in den Aufgaben 1 bis 3 mit dem günstigsten Verfahren.

1 a) $x^2 - 4 = 0$

b) $1{,}5x^2 + 54 = 0$

c) $2{,}5x \cdot (2x + 1) - 1 = 4x^2 + 1{,}25 \cdot (2x + 1)$

2 a) $-x^2 + 16x = 0$

b) $3x^2 - 27x = 0$

c) $0{,}7x \cdot (3x - 2) - 5{,}6 = 0{,}6x^2 + 0{,}8 \cdot (2x - 7)$

3 a) $x^2 + x - 12 = 0$

b) $5x^2 - 7x + 2{,}4 = 0$

4 a) Beschreibe die Gerade g und die Parabel p durch ihre Funktionsgleichungen.

b) Berechne im Heft die Koordinaten der Schnittpunkte von g und p.

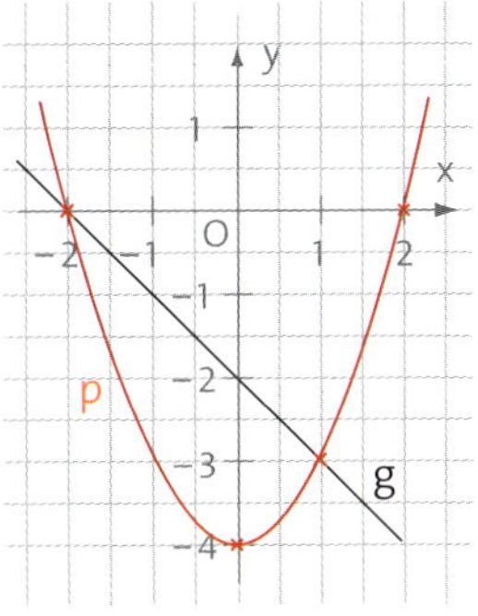

Lösungen zu Test 1

1 a) Scheitelpunktform:

$f(x) = (x+1)^2 - 3$

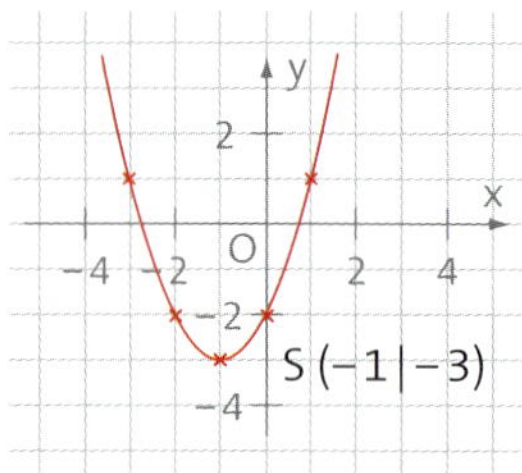

b) Allgemeine Funktionsgleichung:

$f(x) = (x+1)^2 - 3$

$\Leftrightarrow\ f(x) = x^2 + 2x + 1 - 3$

$\Leftrightarrow\ f(x) = x^2 + 2x - 2$

Fehlende Werte der Tabelle:

$f(2) = 2^2 + 2 \cdot 2 - 2 = 4 + 4 - 2 = 6$

$\Rightarrow\ (2|6)$

$f(5) = 5^2 + 2 \cdot 5 - 2 = 25 + 10 - 2 = 33$

$\Rightarrow\ (5|33)$

2 a) $\Leftrightarrow\ f(x) = (x^2 - 7x + 3{,}5^2) - 3{,}5^2 + 16{,}5$

$\Leftrightarrow\ f(x) = (x - 3{,}5)^2 - 12{,}25 + 16{,}5$

$\Leftrightarrow\ f(x) = (x - 3{,}5)^2 + 4{,}25$

$\Rightarrow\ S(3{,}5\,|\,4{,}25)$

b) $\Leftrightarrow\ f(x) = 2{,}4 \cdot [(x^2 + 10x + 5^2) - 5^2] + 24$

$\Leftrightarrow\ f(x) = 2{,}4 \cdot [(x+5)^2 - 25] + 24$

$\Leftrightarrow\ f(x) = 2{,}4\,(x+5)^2 - 60 + 24$

$\Leftrightarrow\ f(x) = 2{,}4\,(x+5)^2 - 36$

$\Rightarrow\ S(-5\,|\,-36)$

3 a) Die Gerade g lässt sich am einfachsten in ihrer Achsenabschnittsform (→ Seite 49, Nr. 4) angeben: $\frac{x}{2} + \frac{y}{4} = 1 \ \Leftrightarrow\ 2x + y = 4 \ \Leftrightarrow\ y = -2x + 4$.

b) (I) $A = x \cdot y$. Der Flächeninhalt A des Rechtecks hängt zunächst von x *und* y ab.

(II) $y = -2x + 4$. Die Gerade g, auf der der Eckpunkt P liegt, verknüpft die Koordinaten x und y miteinander, denn für einen bestimmten Wert von x ist gleichzeitig auch der Wert für y bestimmt.

Einsetzungsverfahren (→ Seite 57, Nr. 4): Ersetze y in Gleichung (I) durch den Term aus Gleichung (II): $A(x) = x \cdot (-2x + 4) \ \Leftrightarrow\ A(x) = -2x^2 + 4x$.

c) Die Parabel $A(x) = -2x^2 + 4x$ hat den *negativen* Öffnungsfaktor $a = -2$ und ist somit nach unten geöffnet. Daher wird der maximale Funktionswert (= Flächeninhalt) im Scheitelpunkt der Parabel A (x) angenommen.

Scheitelpunktform:

$A(x) = -2 \cdot [(x^2 - 2x + 1^2) - 1^2] \ \Leftrightarrow\ A(x) = -2(x-1)^2 + 2 \ \Rightarrow\ S(1\,|\,2);\ x = 1$

Bei der Seitenlänge $x = 1\,\text{LE}$ beträgt die zweite Seite $y = -2 \cdot 1 + 4 = 2\,\text{LE}$ und der maximale Flächenhalt ist $A_{max} = 1\,\text{LE} \cdot 2\,\text{LE} = 2\,\text{FE}$

(oder: $A_{max} = A(1) = -2 \cdot 1^2 + 4 \cdot 1 = 2\,\text{FE}$).

Lösungen zu Test 2

1 a) $\sqrt{64} = \sqrt{8^2} = 8$ b) $\sqrt{196} = \sqrt{14^2} = 14$ c) $\sqrt{0{,}25} = \sqrt{0{,}5^2} = 0{,}5$
d) $\sqrt{0{,}09} = \sqrt{0{,}3^2} = 0{,}3$ e) $\sqrt{1{,}21} = \sqrt{1{,}1^2} = 1{,}1$ f) $\sqrt{0{,}000\,001} = \sqrt{0{,}001^2} = 0{,}001$

2 a) $\sqrt{2} \cdot \sqrt{8} = \sqrt{2 \cdot 8} = \sqrt{16} = 4$ b) $\sqrt{3} \cdot \sqrt{12} = \sqrt{3 \cdot 12} = \sqrt{36} = 6$
c) $\sqrt{324} = \sqrt{36} \cdot \sqrt{9} = 18$ d) $\sqrt{\frac{4}{9}} = \frac{\sqrt{4}}{\sqrt{9}} = \frac{2}{3}$
e) $\frac{\sqrt{8}}{\sqrt{50}} = \sqrt{\frac{8}{50}} = \sqrt{\frac{4}{25}} = \frac{\sqrt{4}}{\sqrt{25}} = \frac{2}{5}$ f) $\sqrt{32 \cdot \frac{9}{50}} = \sqrt{16} \cdot \frac{\sqrt{9}}{\sqrt{25}} = 4 \cdot \frac{3}{5} = 2\frac{2}{5}$

3 a) $\sqrt{48} = \sqrt{16} \cdot \sqrt{3} = 4\sqrt{3}$ b) $\sqrt{\frac{8}{75}} = \frac{\sqrt{4} \cdot \sqrt{2}}{\sqrt{25} \cdot \sqrt{3}} = \frac{2}{5}\sqrt{\frac{2}{3}}$
c) $\sqrt{0{,}05} = \sqrt{0{,}01} \cdot \sqrt{5} = 0{,}1 \cdot \sqrt{5}$

4 a) $(4\sqrt{2} - 3\sqrt{3})^2 = 16 \cdot 2 - 24 \cdot \sqrt{2} \cdot \sqrt{3} + 9 \cdot 3 = 32 - 24\sqrt{6} + 27 = 59 - 24\sqrt{6}$
b) $(\sqrt{3} - 5\sqrt{2}) \cdot (\sqrt{12} + 3\sqrt{8}) = \sqrt{36} + 3\sqrt{24} - 5\sqrt{24} - 15\sqrt{16} = 6 - 2\sqrt{24} - 60$
$= -54 - 4\sqrt{6}$

5 a) $5\sqrt{2} - 7\sqrt{11} - 8\sqrt{2} + 6\sqrt{11} = (5-8) \cdot \sqrt{2} + (-7+6) \cdot \sqrt{11} = -3\sqrt{2} - \sqrt{11}$
b) $7\sqrt{a^2b} - 4b\sqrt{a} + a\sqrt{b} + 6\sqrt{ab^2} = 7a\sqrt{b} - 4b\sqrt{a} + a\sqrt{b} + 6b\sqrt{a}$
$= (7a + a) \cdot \sqrt{b} + (-4b + 6b) \cdot \sqrt{a}$
$= 8a\sqrt{b} + 2b\sqrt{a}$
c) $3\sqrt{a} \cdot (2\sqrt{x} - 3\sqrt{a}) - 2\sqrt{x} \cdot (3\sqrt{a} + 4\sqrt{x}) = 6\sqrt{ax} - 9\sqrt{a^2} - 6\sqrt{ax} - 8\sqrt{x^2}$
$= -9a - 8x$

6 a) $\frac{2}{\sqrt{5}} = \frac{2 \cdot \sqrt{5}}{\sqrt{5} \cdot \sqrt{5}} = \frac{2}{5}\sqrt{5}$ b) $\frac{2a}{3\sqrt{b}} = \frac{2a \cdot \sqrt{b}}{3\sqrt{b} \cdot \sqrt{b}} = \frac{2a \cdot \sqrt{b}}{3b}$
c) $\frac{1}{\sqrt{p} - \sqrt{q}} = \frac{1 \cdot (\sqrt{p} + \sqrt{q})}{(\sqrt{p} - \sqrt{q}) \cdot (\sqrt{p} + \sqrt{q})} = \frac{\sqrt{p} + \sqrt{q}}{p - q}$
d) $\frac{\sqrt{a} - \sqrt{b}}{\sqrt{a} + \sqrt{b}} = \frac{(\sqrt{a} - \sqrt{b}) \cdot (\sqrt{a} - \sqrt{b})}{(\sqrt{a} + \sqrt{b}) \cdot (\sqrt{a} - \sqrt{b})} = \frac{a - 2\sqrt{ab} + b}{a - b}$

7 a) $8 - 6x \geq 0 \Leftrightarrow 6x \leq 8 \Leftrightarrow x \leq 1\frac{1}{3}$; $D = \{x \in \mathbb{Q} \mid x \leq 1\frac{2}{3}\}$
b) (1) $x + 1 \geq 0 \Leftrightarrow x \geq -1$ und (2) $1 - \sqrt{x+1} \geq 0 \Leftrightarrow \sqrt{x+1} \leq 1 \Rightarrow x + 1 \leq 1^2$
$\Rightarrow x \leq 0$
Damit beide Bedingungen (1) und (2) erfüllt sind, muss für die Definitionsmenge gelten: $D = \{x \in \mathbb{Q} \mid -1 \leq x \leq 0\}$

Lösungen zu Test 3

1 a) $x^2 - 4 = 0 \Leftrightarrow (x+2)\cdot(x-2) = 0 \Rightarrow x_1 = -2;\ x_2 = 2;\ L = \{-2; 2\}$

b) $1{,}5x^2 + 53 = 0 \Leftrightarrow 1{,}5\cdot(x^2 + 36) = 0 \Leftrightarrow x^2 + 36 = 0;\ L = \{\ \}$

Hinweis: Der Term $x^2 + 36$ kann nicht faktorisiert werden.
Es gilt stets: $x^2 + 36 \geq 36$ und damit auch $x^2 + 36 > 0$

c) $2{,}5x\cdot(2x+1) - 1 = 4x^2 + 1{,}25\cdot(2x+1) \Leftrightarrow 5x^2 + 2{,}5x - 1 = 4x^2 + 2{,}5x + 1{,}25$
$\Leftrightarrow x^2 - 2{,}25 = 0 \Leftrightarrow (x+1{,}5)\cdot(x-1{,}5) = 0 \Rightarrow x_1 = -1{,}5;\ x_2 = 1{,}5;\ L = \{-1{,}5;\ 1{,}5\}$

2 a) $-x^2 + 16x = 0 \Leftrightarrow -x\cdot(x-16) = 0 \Leftrightarrow x_1 = 0;\ x_2 = 16;\ L = \{0; 16\}$

b) $3x^2 - 27x = 0 \Leftrightarrow 3x\cdot(x-9) = 0 \Rightarrow x_1 = 0;\ x_2 = 9;\ L = \{0; 9\}$

c) $0{,}7x\cdot(3x-2) - 5{,}6 = 0{,}6x^2 + 0{,}8\cdot(2x-7)$
$\Leftrightarrow 2{,}1x^2 - 1{,}4x - 5{,}6 = 0{,}6x^2 + 1{,}6x - 5{,}6 \Leftrightarrow 1{,}5x^2 - 3x = 0 \Leftrightarrow 1{,}5x\cdot(x-2) = 0$
$\Rightarrow x_1 = 0;\ x_2 = 2;\ L = \{0; 2\}$

3 a) Mit $p = 1$ und $q = -12$ folgt:
$x_{1/2} = -\frac{1}{2} \pm \sqrt{\left(\frac{1}{2}\right)^2 - (-12)} = -\frac{1}{2} \pm \sqrt{\frac{49}{4}}$
$x_1 = -\frac{1}{2} - \frac{7}{2} = -4;\ x_2 = -\frac{1}{2} + \frac{7}{2} = 3$
$L = \{-4; 3\}$

b) $5x^2 - 7x + 2{,}4 = 0 \quad |:5$
$\Leftrightarrow x^2 - 1{,}4x + 0{,}48 = 0$
Mit $p = -1{,}4$ und $q = 0{,}48$ folgt:
$x_{1/2} = -\frac{-1{,}4}{2} \pm \sqrt{\left(\frac{-1{,}4}{2}\right)^2 - 0{,}48}$
$= 0{,}7 \pm \sqrt{0{,}01};$
$x_1 = 0{,}7 - 0{,}1 = 0{,}6;$
$x_2 = 0{,}7 + 0{,}1 = 0{,}8;\ L = \{0{,}6; 0{,}8\}$

4 a) g: $y = -x - 2$; p: $y = x^2 - 4$

Hinweise: Die **Gerade g** schneidet die y-Achse bei $y = -2$, d.h. $n = -2$. Sie verläuft durch den Punkt $(1|-3)$, sodass die Steigung $m = \frac{-3-(-2)}{1-0} = -1$ beträgt. Die **Parabel p** hat den Scheitelpunkt $(0|-4)$, d.h. $e = -4$. Außerdem enthält sie den Punkt $(1|-3)$, sodass eine um 4 LE nach unten verschobene Normalparabel vorliegt, also $a = 1$ und $b = 0$.

b) Gleichsetzung: $x^2 - 4 = -x - 2 \Leftrightarrow x^2 + x - 2 = 0$; mit $p = 1$; $q = -2$ folgt:
$x_{1/2} = -\frac{1}{2} \pm \sqrt{\left(\frac{1}{2}\right)^2 - (-2)} = -\frac{1}{2} \pm \sqrt{\frac{9}{4}} \Rightarrow x_1 = -\frac{1}{2} - \frac{3}{2} = -2;\ x_2 = -\frac{1}{2} + \frac{3}{2} = 1.$
Diese Lösungswerte werden in g eingesetzt:
$y_1 = -(-2) - 2 = 0;\ y_2 = -1 - 2 = -3;$ Schnittpunkte: $S_1(-2|0);\ S_2(1|-3).$

8 Bruchterme und -gleichungen

WISSEN

1 Bruchterme

Einen **Bruchterm** erkennst du daran, dass in seinem Nenner mindestens eine Variable vorkommt. Bruch*zahlen* sind also nicht automatisch Bruch*terme*.

Beispiel 1:

a) $\frac{3}{4}; -\frac{5}{7}, 2\frac{3}{8}$ keine Bruchterme

b) $\frac{x}{4}; \frac{2x+\frac{3}{4}}{\frac{2}{7}+\frac{1}{6}}$ keine Bruchterme

c) $\frac{1}{x}; \frac{2}{2x+3}; \frac{4x-2}{3x+5}$ Bruchterme

d) $\frac{4}{a^2-b^2}; \frac{2x+2a}{3y-4b}$ Bruchterme

Weil die Division durch Null verboten ist, darf man nur solche Werte in einen Bruchterm einsetzen, bei denen der Nenner nicht Null wird.
Deshalb muss man die sogenannte **Definitionsmenge D** festlegen, in der alle Nullstellen des Nenners aus der Grundmenge $\mathbb{Q}$ ausgeschlossen werden:
D = $\mathbb{Q}$ \\ {Nullstellen des Nenners}.

Beispiel 2: Für den Bruchterm $\frac{2}{x-1}$ rechnet man ...

... für $x = 0$: $\frac{2}{0-1} = -2$

... für $x = 1$: $\frac{2}{1-1} = \frac{2}{0}$ verboten!

... für $x = 2$: $\frac{2}{2-1} = 2$ usw.

Definitionsmenge: $D = \mathbb{Q} \setminus \{1\}$.

Beispiel 3: Bestimme die Definitionsmenge von

a) $\frac{4x-3}{5-8x} \Rightarrow 5-8x \neq 0 \Leftrightarrow x \neq \frac{5}{8} \Rightarrow D = \mathbb{Q} \setminus \left\{\frac{5}{8}\right\}$

b) $\frac{2x+7}{x^2-2x-8} \Rightarrow x^2-2x-8 \neq 0 \Rightarrow x_{1/2} \neq 1 \pm \sqrt{1+8} \Rightarrow x_1 \neq -2$ und $x_2 \neq 4$
$\Rightarrow D = \mathbb{Q} \setminus \{-2; 4\}$

2 Mit Bruchtermen rechnen

Beachte hier die Regeln, die du schon von der Bruchrechnung her kennst:

1. Bei der **Additon und Subtraktion von Bruchtermen** musst du die Terme zunächst auf ihren Hauptnenner (das kgV der Einzelnenner) bringen, bevor du dann die Zähler adddierst oder subtrahierst.

   Beispiel 4:

   a) $\frac{2x}{x-1} + \frac{3}{x+2} = \frac{2x\cdot(x+2)}{(x-1)\cdot(x+2)} + \frac{3\cdot(x-1)}{(x+2)\cdot(x-1)} = \frac{2x^2+7x-3}{(x+2)\cdot(x-1)}$

   b) $\frac{4}{x^2(x-1)} - \frac{2}{x(x-1)^2} = \frac{4\cdot(x-1)}{x^2(x-1)^2} - \frac{2\cdot x}{x^2(x-1)^2} = \frac{2x-4}{x^2(x-1)^2}$

2. Bei der **Multiplikation von Bruchtermen** solltest du zunächst vollständig kürzen, bevor du dann die verbleibenden Zähler bzw. Nenner miteinander multiplizierst.

Beispiel 5: $\frac{4(x+3)}{(x^2-25)} \cdot \frac{(x-5)^2}{6 \cdot (x^2-9)} = \frac{4(x+3)}{(x-5)(x+5)} \cdot \frac{(x-5)(x-5)}{6(x-3)(x+3)} = \frac{2(x-5)}{3(x+5)(x-3)}$

Hinweis: Zunächst wurde mit der 3. binomischen Formel faktorisiert.

3. Zwei **Bruchterme werden dividiert**, indem du den ersten Term mit dem Kehrwert des zweiten Terms multiplizierst.

Beispiel 6: $\frac{x}{2x+5} : \frac{x^2}{4x^2-25} = \frac{x}{2x+5} \cdot \frac{(2x-5)(2x+5)}{x^2} = \frac{2x-5}{x}$

3 Bruchgleichungen

Weist eine Gleichung mindestens einen Bruchterm auf, so spricht man von einer **Bruchgleichung**. Gehe bei der Lösung so vor:

1. Lege die Definitionsmenge der Gleichung so fest, dass die Nullstellen aller Bruchterme aus der Grundmenge ausgeschlossen werden.
2. Wenn du jetzt die Bruchgleichung mit dem Hauptnenner (HN) multiplizierst, so erhältst du eine bruchfreie Gleichung, die dann mit den bekannten Umformungen gelöst werden kann.
3. Prüfe schließlich, bevor du die Lösungsmenge angibst, ob die errechneten Lösungen auch tatsächlich in der Definitionsmenge enthalten sind.

Beispiel 7:

$$\frac{x}{x-2} + \frac{2}{(x-2)(x-3)} = \frac{2}{x-3}; \qquad D = \mathbb{Q} \setminus \{2; 3\} \qquad (1)$$

$$\frac{x}{x-2} + \frac{2}{(x-2)(x-3)} = \frac{2}{x-3} \qquad | \cdot (x-2)(x-3)\ (\text{HN}) \qquad (2)$$

$$\Leftrightarrow \quad x \cdot (x-3) + 2 = 2 \cdot (x-2)$$

$$\Leftrightarrow \quad x^2 - 5x + 6 = 0$$

$$\Rightarrow x_{1/2} = 2{,}5 \pm \sqrt{6{,}25-6} \quad \left\{ \begin{array}{l} x_1 = 2{,}5 - 0{,}5 = 2 \notin D \\ x_2 = 2{,}5 + 0{,}5 = 3 \notin D \end{array} \right\} \Rightarrow L = \{\ \} \qquad (3)$$

Beachte auch die zusätzlichen Informationen zu gebrochenrationalen Funktionen auf der CD: 08_gebrochenrationale.pdf

TEST 1 Bruchterme

1 a) Ergänze: Einen Bruchterm erkennt man daran, dass

b) Kennzeichne die Bruchterme durch Ankreuzen.

- ☐ $\frac{x}{4x-5}$
- ☐ $\frac{4x+5}{6}$
- ☐ $\frac{a^2}{2+\frac{3}{4}}$
- ☐ $1\frac{13}{2867}$
- ☐ $\frac{\sqrt{4}}{5x}$
- ☐ $\frac{7}{\sqrt{2x+7}}$
- ☐ $\frac{ax+3}{ay-4}$
- ☐ $(4-a):(6-b)$

2 Bestimme die Definitionsmengen folgender Bruchterme.

a) $\frac{12x+3}{12x-3}$

b) $\frac{5}{x^2-9}$

c) $\frac{3x-4}{x^2+9}$

d) $\frac{2x-1}{\sqrt{3x-6}}$

3 Forme um und fasse zusammen.

a) $\frac{y}{x}+\frac{x}{y}-2$

b) $\frac{p+q}{p-q}-\frac{p-q}{p+q}$

c) $\frac{a}{a+b}-\frac{b}{a-b}+\frac{2ab}{a^2-b^2}$

d) $\frac{1}{s^2-st}-\frac{1}{t^2+st}$

4 Berechne und fasse zusammen.

a) $\frac{6x^2}{7a^3b}\cdot\frac{5a^2b^3}{8xy^2}$

b) $\left(\frac{1}{b}+\frac{1}{a}\right)\cdot\frac{a^2-ab}{a^2-b^2}$

c) $\frac{6(p-q)}{25p^2q}:\frac{8(q-p)}{15pq^2}$

d) $(s^2-6st+9t^2):\frac{s^2-3st}{s^2+3st}$

5 Gegeben ist der Bruchterm $\frac{x^2-25}{(x-5)(x^2+10x+25)}$.

a) Gib die Definitionsmenge des Bruchterms an.

b) Kürze den Bruchterm und gib erneut die Definitionsmenge an.

c) Vergleiche die Definitionsmengen aus a) und b) und formuliere eine Regel.

TEST 2 Bruchgleichungen lösen

1 Löse die Bruchgleichungen.

a) $\frac{2}{x-1} = 1$ b) $\frac{1}{4-x} = \frac{3}{x-8}$ c) $\frac{2}{x-1} + \frac{2}{x+2} = \frac{6}{(x-1)(x+2)}$

2 Löse die Bruchgleichungen.

a) $\frac{x+2}{x-5} - \frac{x-5}{x+3} = \frac{6}{(x+3)(x-5)}$ b) $\frac{x+2}{10-x} = \frac{2}{x-2}$

3 Achte hier auf die passende Festlegung der Definitionsmenge.

a) Teile die gesuchte ganzzahlige Zahl durch ihren Nachfolger. Addierst du nun zu diesem Bruch seinen Kehrbruch, so erhältst du $2\frac{1}{6}$.

b) In der nebenstehenden Abbildung wird die Länge x der Teilstrecken SA_1 und A_2B_2 gesucht. Hinweis: Denke an die Strahlensätze!

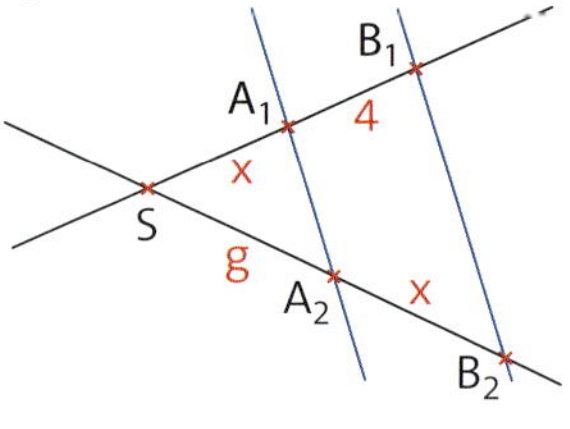

4 Gegeben ist die Schar der Bruchgleichungen $\frac{x+2}{x-2} - \frac{x-2}{x+2} = \frac{a}{x^2-4}$ mit $a \in \mathbb{Q}$

a) Gib zunächst den allgemeinen Lösungsweg an.

b) Für welchen Wert des Parameters $a \in \mathbb{Q}$ besitzt die Bruchgleichung ...

(1) ... keine Lösung?

(2) ... genau eine Lösung?

(3) ... die Lösung $x = 1$?

TEST 3 Bruchterme und -gleichungen

1 Bestimme jeweils den passenden Wert des Parameters $a \in \mathbb{Q}$.

a) $\frac{a}{x-2} + \frac{a}{x+2} = \frac{4x}{x^2-4}$ b) $\frac{x}{x^2-a^2} \cdot \frac{x-a}{x+a} = \frac{x}{x^2+6x+9}$ c) $\frac{a+1}{x} - \frac{1}{x+a} = \frac{x+2}{x^2+x}$

2 Bilde einen ersten Bruch, indem du eine Zahl durch ihr Doppeltes, vermehrt um 1, teilst. Bilde einen zweiten Bruch, indem du Zähler und Nenner des ersten Bruchs um 2 vergößerst. Wenn du nun den ersten Bruch durch den zweiten Bruch teilst, so erhältst du 0,7. Berechne die gesuchte Zahl.

3 Eine Strecke der Länge 1 LE soll so geteilt werden, dass sich die Länge der gesamten Strecke zur Länge des größeren Teilstücks ebenso verhält, wie die Länge des größeren Teilstücks zur Länge des kürzeren Teilstücks. Bestimme die Längen der Teilstücke und das Teilungsverhältnis.

Lösungen zu Test 1

1 a) ..., dass im Nenner mindestens eine Variable steht.

b) ☒ $\frac{x}{4x-5}$ ☐ $\frac{4x+5}{6}$ ☐ $\frac{a^2}{2+\frac{3}{4}}$ ☐ $1\frac{13}{2867}$

☒ $\frac{\sqrt{4}}{5x}$ ☒ $\frac{7}{\sqrt{2x+7}}$ ☒ $\frac{ax+3}{ay-4}$ ☒ $(4-a):(6-b)=\frac{4-a}{6-b}$

2 a) $12x-3\neq 0 \Rightarrow x\neq\frac{3}{12}=\frac{1}{4};\ D=\mathbb{Q}\setminus\left\{\frac{1}{4}\right\}$

b) $x^2-9\neq 0 \Leftrightarrow (x+3)(x-3)\neq 0 \Rightarrow D=\mathbb{Q}\setminus\{-3;3\}$

c) für alle $x\in\mathbb{Q}$ gilt: $x^2+9\geq 9 \Rightarrow D=\mathbb{Q}$

d) $3x-6>0 \Leftrightarrow x>2 \quad D=\{x\in\mathbb{Q}\,|\,x>2\}=\mathbb{Q}^{>2}$

3 a) $\frac{y}{x}+\frac{x}{y}-2=\frac{y\cdot y}{x\cdot y}+\frac{x\cdot x}{y\cdot x}-\frac{2\cdot xy}{xy}=\frac{x^2-2xy+y^2}{xy}=\frac{(x-y)^2}{xy}$

b) $\frac{p+q}{p-q}-\frac{p-q}{p+q}=\frac{(p+q)(p+q)}{(p-q)(p+q)}-\frac{(p-q)(p-q)}{(p+q)(p-q)}=\frac{p^2+2pq+q^2-(p^2-2pq+q^2)}{(p-q)(p+q)}=\frac{4pq}{p^2-q^2}$

c) $\frac{a}{a+b}-\frac{b}{a-b}+\frac{2ab}{a^2-b^2}=\frac{a(a-b)}{(a+b)(a-b)}-\frac{b(a+b)}{(a-b)(a+b)}+\frac{2ab}{(a-b)(a+b)}=\frac{a^2-2ab-b^2+2ab}{(a+b)(a-b)}$

$=\frac{a^2-b^2}{(a+b)(a-b)}=\frac{(a+b)(a-b)}{(a+b)(a-b)}=1$

d) $\frac{1}{s^2-st}-\frac{1}{t^2+st}=\frac{1}{s(s-t)}-\frac{1}{t(t+s)}=\frac{t(t+s)}{st(s-t)(s+t)}-\frac{s(s-t)}{st(s-t)(s+t)}=\frac{t^2+2st-s^2}{st(s-t)(s+t)}$

4 a) $\frac{6x^2y}{7a^3b}\cdot\frac{5a^2b^3}{8xy^2}=\frac{3\cdot 5\cdot a^2b^3x^2y}{7\cdot 4\cdot a^3bxy^2}=\frac{15b^2x}{28ay}$

b) $\left(\frac{1}{b}+\frac{1}{a}\right)\cdot\frac{a^2-ab}{a^2-b^2}=\frac{a+b}{ab}\cdot\frac{a(a-b)}{(a+b)(a-b)}=\frac{1}{b}$

c) $\frac{6(p-q)}{25p^2q}:\frac{8(q-p)}{15pq^2}=\frac{6(p-q)}{25p^2q}\cdot\frac{15pq^2}{8(q-p)}=\frac{3\cdot 3\cdot(-1)\cdot q}{5\cdot 4\cdot p}=\frac{-9q}{20p}$

d) $(s^2-6st+9t^2):\frac{s^2-3st}{s^2+3st}=\frac{(s-3t)^2}{1}\cdot\frac{s(s+3t)}{s(s-3t)}=(s-3t)\cdot(s+3t)=s^2-9t^2$

5 a) $(x-5)(x^2+10x+25)\neq 0 \Leftrightarrow (x-5)(x+5)^2\neq 0 \Rightarrow x\neq 5;\ x\neq -5;\ D=\mathbb{Q}\setminus\{-5;5\}$.

b) $\frac{(x-5)(x+5)}{(x-5)(x+5)^2}=\frac{1}{x+5};\ D^*=\mathbb{Q}\setminus\{-5\}$.

c) Tritt ein Linearfaktor nach dem Kürzen nicht mehr im Nenner des Bruchterms auf (hier: $(x-5)$), so besitzt der gekürzte Bruchterm auch nicht mehr die zugehörende Definitionslücke (hier: 5) und die Definitionsmenge vergrößert sich. Bleibt ein Linearfaktor auch nach dem Kürzen im Nenner erhalten (hier: $(x+5)$), so behält der gekürzte Bruchterm die zugehörende Definitionslücke bei (hier: -5).

Lösungen zu Test 2

1 a) $\frac{2}{x-1} = 1;\quad D = \mathbb{Q} \setminus \{1\}$

$\frac{2}{x-1} = 1 \quad |\cdot(x-1)$

$\Leftrightarrow \quad 2 = x - 1$

$\Leftrightarrow \quad x = 3 \in D \quad \Rightarrow L = \{3\}$

b) $\frac{1}{4-x} = \frac{3}{x-8};\quad D = \mathbb{Q} \setminus \{4; 8\}$

$\frac{1}{4-x} = \frac{3}{x-8} \quad |\cdot(4-x)(x-8)$

$\Leftrightarrow \quad x - 8 = 3(4 - x)$

$\Leftrightarrow \quad x - 8 = 12 - 3x$

$\Leftrightarrow \quad 4x = 20$

$\Leftrightarrow \quad x = 5 \in D \quad \Rightarrow L = \{5\}$

c) $\frac{2}{x-1} + \frac{2}{x+2} = \frac{-6}{(x-1)(x+2)};\quad D = \mathbb{Q} \setminus \{-2; 1\}$

$\frac{2}{x-1} + \frac{2}{x+2} = \frac{-6}{(x-1)(x+2)} \quad |\cdot(x-1)(x+2)$

$\Leftrightarrow \quad 2(x+2) + 2(x-1) = -6$

$\Leftrightarrow \quad 2x + 4 + 2x - 2 = -6$

$\Leftrightarrow \quad 4x = -8$

$\Leftrightarrow \quad x = -2 \notin D \quad \Leftrightarrow L = \{\ \}$

2 a) $\frac{x+2}{x-5} - \frac{x+5}{x+3} = \frac{6}{(x+3)(x-5)};\quad D = \mathbb{Q} \setminus \{-3; 5\}$

$\frac{x+2}{x-5} - \frac{x+5}{x+3} = \frac{6}{(x+3)(x-5)} \quad |\cdot(x-5)(x+3)$

$\Leftrightarrow \quad (x+2)(x+3) - (x+5)(x-5) = 6$

$\Leftrightarrow \quad x^2 + 5x + 6 - (x^2 - 25) = 6$

$\Leftrightarrow \quad 5x + 31 = 6$

$\Leftrightarrow \quad x = -5 \in D \quad \Rightarrow L = \{-5\}$

b) $\frac{x+2}{10-x} = \frac{2}{x-2};\quad D = \mathbb{Q} \setminus \{2; 10\}$

$\frac{x+2}{10-x} = \frac{2}{x-2} \quad |\cdot(10-x)(x-2)$

$\Leftrightarrow \quad (x+2)(x-2) = 2 \cdot (10 - x)$

$\Leftrightarrow \quad x^2 - 4 = 20 - 2x$

$\Leftrightarrow \quad x^2 + 2x - 24 = 0$

$\Rightarrow \quad x_{1/2} = -1 \pm \sqrt{1 - (-24)}$

$\Rightarrow \quad x_1 = -6 \in D;\ x_2 = 4 \in D \quad \Rightarrow L = \{-6; 4\}$

3 a) Gesuchte Zahl: x; Nachfolger der Zahl: $x + 1$; 1. Bruch: $\frac{x}{x+1}$; 2. Bruch: $\frac{x+1}{x}$

Gleichung: $\frac{x}{x+1} + \frac{x+1}{x} = 2\frac{1}{6}$ $\quad | D = \mathbb{Z} \setminus \{-1; 0\}$

$$\frac{x}{x+1} + \frac{x+1}{x} = 2\frac{1}{6} \quad | \cdot 6x(x+1)$$

$$\Leftrightarrow \quad 6x^2 + 6(x+1)^2 = 13x(x+1)$$

$$\Leftrightarrow \quad 12x^2 + 12x + 6 = 13x^2 + 13x$$

$$\Leftrightarrow \quad x^2 + x - 6 = 0$$

$$\Rightarrow \quad x_{1/2} = -\frac{1}{2} \pm \sqrt{\frac{1}{4} + 6}$$

$$\Rightarrow \quad x_1 = -3 \in D;\ x_2 = 2 \in D \quad \Rightarrow \quad L = \{-3; 2\}$$

b) Mit dem 1. Strahlensatz $\frac{\overline{SA_1}}{\overline{SB_1}} = \frac{\overline{SA_2}}{\overline{SB_2}}$ folgt die Gleichung:

$$\frac{x}{x+4} = \frac{9}{x+9} \quad | D = \mathbb{Q}^{\geq 0}$$

$$\frac{x}{x+4} = \frac{9}{x+9} \quad | \cdot (x+4)(x+9)$$

$$\Leftrightarrow \quad x(x+9) = 9(x+4)$$

$$\Leftrightarrow \quad x^2 + 9x = 9x + 36 \quad \Leftrightarrow \quad x^2 - 36 = 0$$

$$\Leftrightarrow \quad (x+6)(x-6) = 0 \quad \Rightarrow \quad x_1 = -6 \notin D;$$

$$x_2 = 6 \in D \quad \Rightarrow \quad L = \{6\}.$$

4 a)

$$\frac{x+2}{x-2} \quad \frac{x-2}{x+2} = \frac{a}{(x-2)(x+2)} \quad | D = \mathbb{Q} \setminus \{-2, 2\}$$

$$\frac{x+2}{x-2} - \frac{x-2}{x+2} = \frac{a}{(x-2)(x+2)} \quad | \cdot (x-2)(x+2)$$

$$\Leftrightarrow \quad (x+2)^2 - (x-2)^2 = a$$

$$\Leftrightarrow \quad x^2 + 4x + 4 - (x^2 - 4x + 4) = a$$

$$\Leftrightarrow \quad 8x = a \quad \Leftrightarrow \quad x = \frac{a}{8}$$

b) (1) Die Bruchgleichung hat genau dann keine Lösung, wenn der Lösungsterm nicht in der Definitionsmenge liegt, wenn also gilt:
$\frac{a}{8} = -2$ oder $\frac{a}{8} = 2 \Leftrightarrow a = -16$ oder $a = 16$

(2) Die Bruchgleichung besitzt in allen anderen als den in (1) genannten Fällen genau eine Lösung, nämlich $x = \frac{a}{8} \in D$ für $a \neq -16$ und $a \neq 16$.

(3) Die Bruchgleichung besitzt die Lösung $x = 1$ für $\frac{a}{8} = 1 \Leftrightarrow a = 8$.

Lösungen zu Test 3

1 a) $\frac{a}{x-2}+\frac{a}{x+2}=\frac{4x}{x^2-4} \Leftrightarrow \frac{a(x+2)+a(x-2)}{(x-2)(x+2)}=\frac{4x}{(x-2)(x+2)} \quad |\cdot(x-2)(x+2)$

$\Leftrightarrow 2ax=4x \Leftrightarrow a=2$

b) $\frac{x}{x^2-a^2}\cdot\frac{x-a}{x+a}=\frac{x}{x^2+6x+9} \Leftrightarrow \frac{x}{(x+a)(x-a)}\cdot\frac{x-a}{x+a}=\frac{x}{(x+3)^2} \Leftrightarrow \frac{x}{(x+a)^2}=\frac{x}{(x+3)^2}$

$\Rightarrow a=3$

c) $\frac{a+1}{x}-\frac{1}{x+a}=\frac{x+2}{x^2+x} \Leftrightarrow \frac{(a+1)(x+a)-x}{x(x+a)}=\frac{x+2}{x(x+1)} \quad |\cdot x \Leftrightarrow \frac{ax+a(a+1)}{x+a}=\frac{x+2}{x+1}$

$\Rightarrow \begin{cases} \text{Nenner: } x+a=x+1 \Leftrightarrow a=1 \\ \text{Probe im Zähler: } 1\cdot x+1\cdot(1+1)=x+2 \ (\checkmark) \end{cases}$

Sieh dir bei Problemen → Seite 75/76, Nr. 2 und → Seite 76, Nr. 3 nochmal an.

2 1. Bruch: $\frac{x}{2x+1}$; 2. Bruch: $\frac{x+2}{2x+3}$

Gleichung: $\frac{x}{2x+1}:\frac{x+2}{2x+3}=0{,}7 \qquad |D=\mathbb{Q}\setminus\{-1{,}5;-0{,}5\}$

$\Leftrightarrow \frac{x}{2x+1}\cdot\frac{2x+3}{x+2}=0{,}7 \qquad |\cdot(2x+1)\cdot(x+2)$

$\Leftrightarrow x(2x+3)=0{,}7(x+2)(2x+1)$

$\Leftrightarrow 2x^2+3x=1{,}4x^2+3{,}5x+1{,}4 \qquad |-14x^2 \ |-3{,} \quad 5x \ |-1{,}4$

$\Leftrightarrow 0{,}6x^2-0{,}5x-1{,}4=0$

$\Leftrightarrow x^2-\frac{5}{6}x-2\frac{1}{3}=0 \qquad |:0{,}6$

$\Rightarrow x_{1/2}=\frac{5}{12}\pm\sqrt{\frac{25}{144}+\frac{336}{144}}$

$\Rightarrow x_1=\frac{5}{12}-\frac{19}{12}=-1\frac{1}{6}\in D; \quad x_2=\frac{5}{12}+\frac{19}{12}=2\in D \Rightarrow L=\left\{-1\frac{1}{6};2\right\}$ → Seite 76, Nr. 3.

3 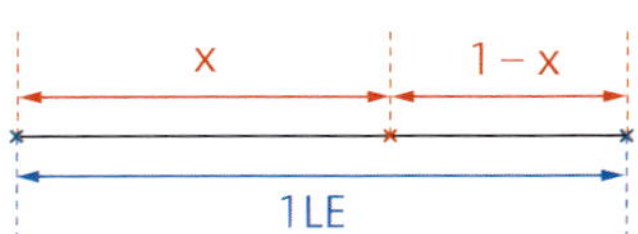

1. Teilungsverhältnis: $1:x=\frac{1}{x}$

2. Teilungsverhältnis: $x:(1-x)=\frac{x}{1-x}$

Gleichung: $\frac{1}{x}=\frac{x}{1-x} \qquad |D=\{x\in\mathbb{Q}\,|\,0<x<1\}$

$\frac{1}{x}=\frac{x}{1-x} \qquad |\cdot x(1-x) \Leftrightarrow 1-x=x^2 \Leftrightarrow x^2+x-1=0$

$\Rightarrow x_{1/2}=-\frac{1}{2}\pm\sqrt{\frac{1}{4}+1} \Rightarrow x_1=-\frac{1}{2}-\frac{1}{2}\sqrt{5}\notin D; \ x_2=-\frac{1}{2}+\frac{1}{2}\sqrt{5}\in D$

$\Rightarrow \begin{cases} \text{größere Teilstrecke: } x=\frac{1}{2}(\sqrt{5}-1)\approx 0{,}618 \\ \text{kleinere Teilstrecke: } 1-x=1-\frac{1}{2}(\sqrt{5}-1)=\frac{1}{2}(3-\sqrt{5})\approx 0{,}382 \\ \text{Teilungsverhältnis: } 1:x=x:(1-x)\approx 1:0{,}618=1{,}618 \end{cases}$

9 Winkel und Winkelgesetze

WISSEN

1 Winkel zeichnen und messen

Zeichne mithilfe des Geodreiecks die beiden **Schenkel** (Halbgeraden) s_1 und s_2, die vom **Scheitelpunkt S** ausgehen und einen **Winkel** bilden, und verwende zum Ausmessen die Winkelskala des Geodreiecks, durch die der Vollwinkel in 360 gleiche Teile, **(Winkel-)Grade (°)** genannt, unterteilt wird. Winkel können auf eine der drei angegebenen Arten bezeichnet werden. Die häufigste, weil kürzeste **Bezeichnungsweise** besteht in der Verwendung griechischer Kleinbuchstaben $\alpha, \beta, \gamma, \delta, \varepsilon, \ldots$

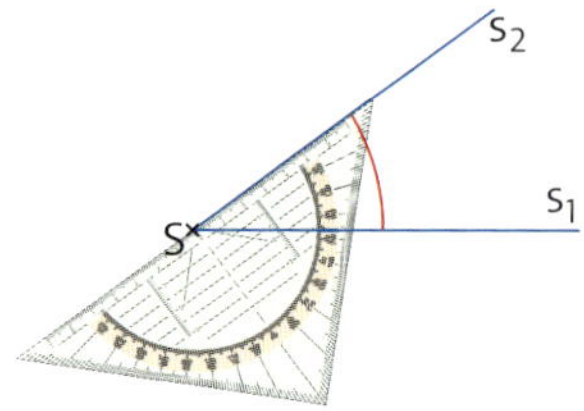

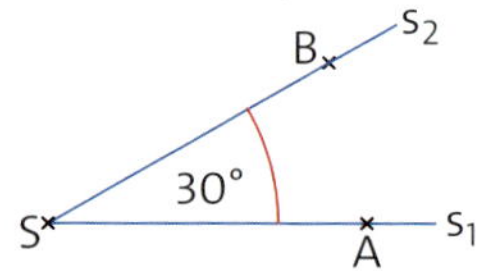

Bezeichnungsweisen:
$\alpha = 30°$;
$\sphericalangle\,(s_1, s_2) = 30°$
oder $\sphericalangle\,(ASB) = 30°$

Merke dir die folgenden **Winkelarten**:

Nullwinkel: $\alpha = 0°$
rechter Winkel: $\alpha = 90°$
gestreckter Winkel: $\alpha = 180°$
Vollwinkel: $\alpha = 360°$

spitzer Winkel: $0° < \alpha < 90°$
stumpfer Winkel: $90° < \alpha < 180°$
überstumpfer Winkel: $180° < \alpha < 360°$

2 Winkel übertragen, verdoppeln und halbieren

Der Winkel $\alpha = \sphericalangle\,(s_1, s_2)$ soll so **übertragen** werden, dass er in S′ an s_1' liegt. Mit dem Kreisbogen K_1 um S wird die Strecke $\overline{AS}$ auf die gleichlange Strecke $\overline{A'S'} = \overline{AS}$ übertragen, und mit dem Kreisbogen K_2 um A bzw. um A′ wird der Punkt B′mit den Abständen $\overline{B'A'} = \overline{BA}$ und $\overline{B'S'} = \overline{BS}$ bestimmt. Der Schenkel s_2' verläuft von S′ durch B′.

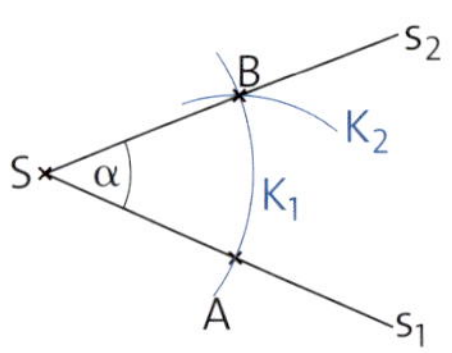

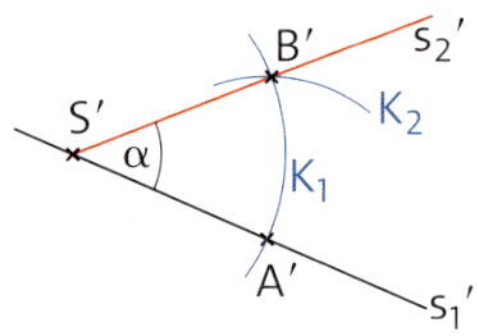

Um den Winkel $\alpha = \sphericalangle(s_1, s_2)$ zu **verdoppeln**, werden mit dem Kreisbogen K_1 um S die Punkte A und B festgelegt. Der Kreisbogen K_2 um B legt den Punkt C mit den Abständen $\overline{CB} = \overline{AB}$ und $\overline{CS} = \overline{AS}$ fest. Der Schenkel s_3 verläuft von S aus durch C.

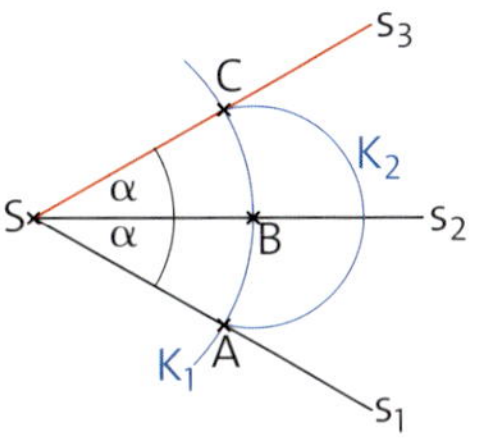

Um den Winkel $\alpha = \sphericalangle(s_1, s_2)$ zu **halbieren**, werden mit dem Kreisbogen K_1 um S die Punkte A und B festgelegt, so dass die Abstandsgleichung $\overline{AS} = \overline{BS}$ gilt. Um A und B werden mit gleichem Radius die Kreisbögen K_2 und K_3 gezeichnet, die sich im Punkt C schneiden. Der Schenkel s_3 verläuft von S durch C.

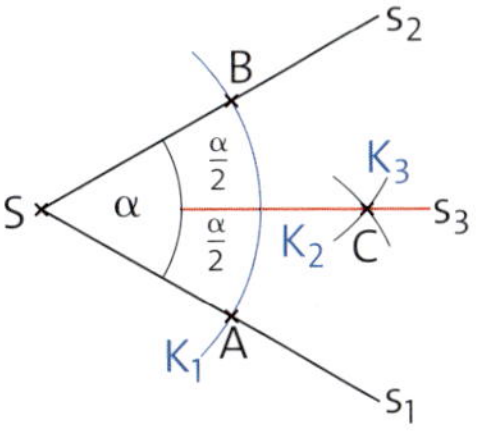

3 Winkel an einer einfachen Geradenkreuzung

Wenn sich zwei Geraden g_1 und g_2 kreuzen, dann bilden sie die vier Winkel α, β, γ und δ, die zusammen stets den Vollwinkel ergeben.

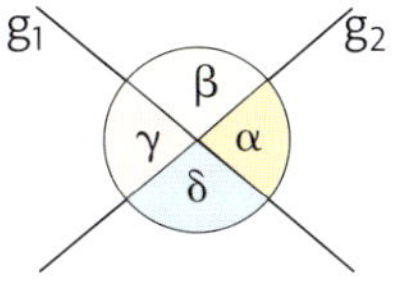

An einer Einfachkreuzung zweier Geraden gilt also stets $\alpha + \beta + \gamma + \delta = 360°$.

Haben zwei Winkel an einer Geradenkreuzung einen gemeinsamen Schenkel, dann nennt man sie **Nebenwinkel** (z. B. α und β oder δ und α), sich gegenüberliegende Winkel heißen **Scheitelwinkel** (z. B. α und γ oder β und δ).

- **Nebenwinkel** ergeben zusammen stets 180°, d. h.: $\alpha + \beta = \beta + \gamma = \gamma + \delta = \delta + \alpha = 180°$.
- **Scheitelwinkel** sind stets gleich groß, d. h. $\alpha = \gamma$ und $\beta = \delta$.

4 Winkel an einer doppelten Geradenkreuzung

Werden die beiden Geraden g_1 und g_2 von einer dritten Geraden h geschnitten, so entsteht eine **Doppelkreuzung**, und jeder Winkel an der einen Kreuzung kann nun mit jedem Winkel an der anderen Kreuzung bezüglich ihrer Lagen zur Geraden h und bezüglich ihrer Lagen zu den Geraden g_1 und g_2 verglichen werden.

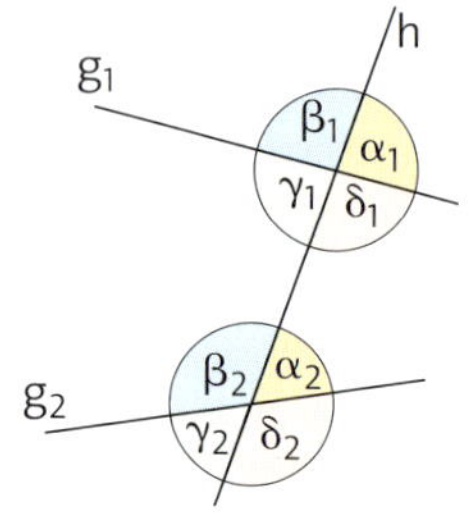

Liegen beide Winkel auf derselben Seite von h und auf sich entsprechenden Seiten von g_1 und g_2, so heißen sie **Stufenwinkel** (auch: **F-Winkel**), z. B. α_1 und α_2 oder δ_1 und δ_2.
Die geschnittenen Geraden g_1 und g_2 sind genau dann parallel, wenn die Stufenwinkel gleich groß sind.
Dann gilt: $\alpha_1 = \alpha_2$, $\beta_1 = \beta_2$, $\gamma_1 = \gamma_2$ und $\delta_1 = \delta_2$.

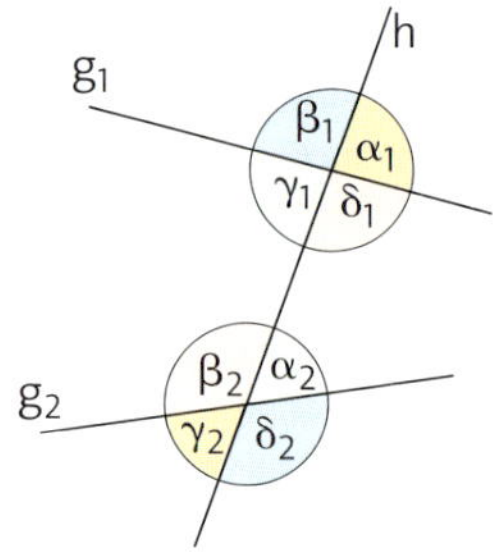

Liegen beide Winkel auf verschiedenen Seiten von h und auf sich nicht entsprechenden Seiten von g_1 und g_2, so heißen sie **Wechselwinkel** (auch: **Z-Winkel**), z. B. α_1 und γ_2 oder δ_1 und β_2.
Die geschnittenen Geraden g_1 und g_2 sind genau dann parallel, wenn die Wechselwinkel gleich groß sind.
Dann gilt: $\alpha_1 = \gamma_2$, $\beta_1 = \delta_2$, $\gamma_1 = \alpha_2$ und $\delta_1 = \beta_2$

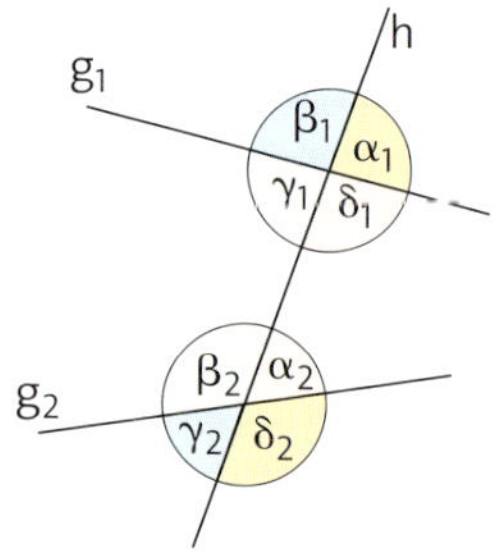

Liegen beide Winkel auf derselben Seite von h und auf sich nicht entsprechenden Seiten von g_1 und g_2, so heißen sie **Nachbarwinkel**, z. B. α_1 und δ_2 oder δ_1 und α_2.
Die geschnittenen Geraden g_1 und g_2 sind genau dann parallel, wenn sich die Nachbarwinkel zu 180° ergänzen, also: $\alpha_1 + \delta_2 = \beta_1 + \gamma_2 = \gamma_1 + \beta_2 = \delta_1 + \alpha_2 = 180°$.

5 Winkel an Dreiecken

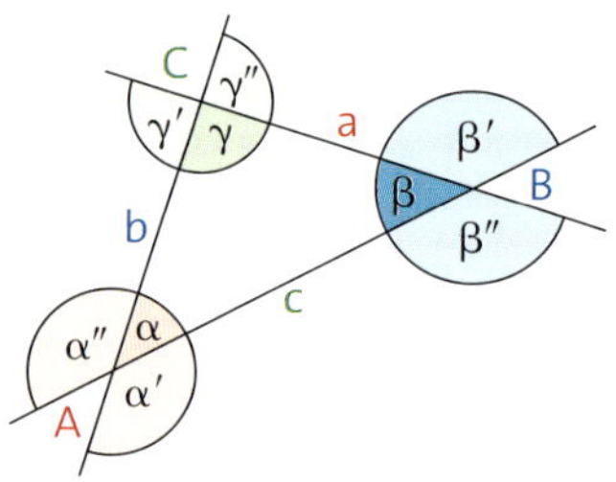

Die von den Dreieckseiten a, b und c eingeschlossenen Winkel α, β und γ liegen innerhalb des Dreiecks und heißen **Innenwinkel**.

Innenwinkelsummensatz: In jedem Dreieck beträgt die Summe der Innenwinkel stets 180°, also: $\alpha + \beta + \gamma = 180°$.

Jeder der drei Innenwinkel (z. B. α) besitzt zwei gleich große Nebenwinkel (z. B. α′ und α″), die als **Außenwinkel** bezeichnet werden.

Außenwinkelsummensatz: In jedem Dreieck beträgt die Summe eines Satzes von Außenwinkeln stets 360°, also: $\alpha' + \beta' + \gamma' = 360°$ und $\alpha'' + \beta'' + \gamma'' = 360°$.

Folgende Arten von Dreiecken sind wichtig und lassen sich mithilfe der Innenwinkel beschreiben:

1. Bei **rechtwinkligen Dreiecken** ist einer der Innenwinkel ein rechter Winkel.
2. Bei **gleichseitigen Dreiecken** sind alle Innenwinkel gleich groß, nämlich 60°.
3. Bei **gleichschenkligen Dreiecken** sind zwei der Innenwinkel, die **Basiswinkel**, gleich groß.

6 Winkel und Kreise

Die beiden Punkte A und B legen auf dem Kreis den **Bogen b** fest und werden durch die **Sehne s** verbunden. Während die beiden Radien MA und MB den zu b gehörenden **Mittelpunktswinkel** α (auch: **Zentriwinkel**) einschließen, liegen bei den Peripheriepunkten P_1, P_2, P_3, ... die zugehörenden **Umfangswinkel** β_1, β_2, β_3, ... (auch: **Peripheriewinkel**). Die durch B verlaufende Tangente t steht senkrecht auf MB und bildet mit s den **Sehnentangentenwinkel** γ.

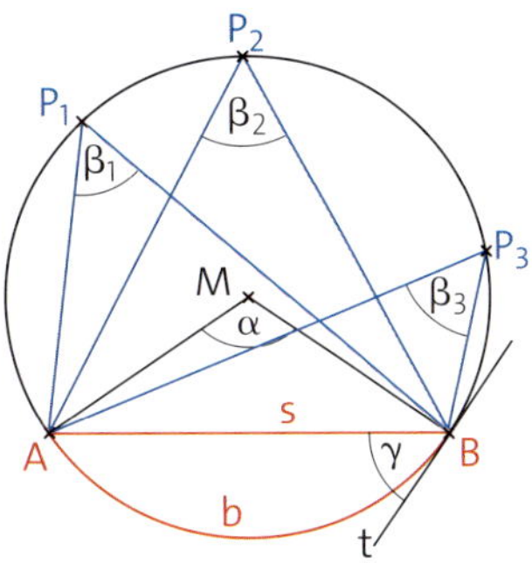

Umfangswinkelsatz: Über einem Kreisbogen b sind alle Umfangswinkel gleich groß: $\beta_1 = \beta_2 = \beta_3$

Mittelpunktswinkelsatz: Über einem Kreisbogen b ist der Mittelpunktswinkel stets doppelt so groß, wie ein Umfangswinkel: $\alpha = 2\beta_1 = 2\beta_2 = 2\beta_3 = ...$

Der Mittelpunktswinkelsatz führt für den speziellen Fall eines gestreckten Mittelpunktswinkels ($\alpha = 180°$) direkt auf den wichtigen

Satz des Thales: Über einem Kreisdurchmesser beträgt ein Umfangswinkel stets 90°.

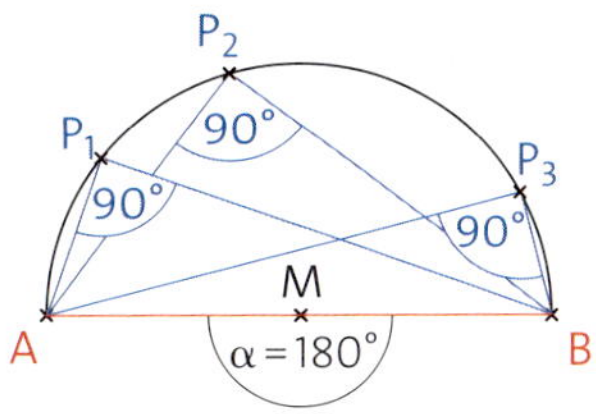

Sehnentangentenwinkelsatz: Ein Sehnentangentenwinkel ist stets gleich groß wie ein Umfangswinkel auf der anderen Seite der Sehne:

$\gamma = \beta_1 = \beta_2 = \beta_3 = ...$

TEST 1 Winkel zeichnen und messen

1 Fülle die Leerstellen sinnvoll aus:

a) Der Winkel $\alpha = 73°$ ist ein ______________________.

b) Der Winkel $\beta = 90°$ wird als ______________________ bezeichnet.

c) Ein stumpfer Winkel liegt zwischen ________ und ________.

d) Das Doppelte eines stumpfen Winkels ist ein ______________________.

2 Übertrage den abgebildeten Winkel α in dein Heft, verlängere die Schenkel hinreichend und bestimme das Winkelmaß. Zu welcher Winkelsorte gehört α?

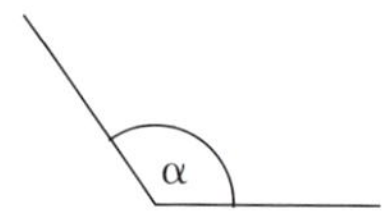

3 Übertrage den abgebildeten Winkel β in dein Heft und verdopple ihn. Gib die Winkelmaße von β und 2β an und ordne beiden Winkeln die richtige Winkelsorte zu.

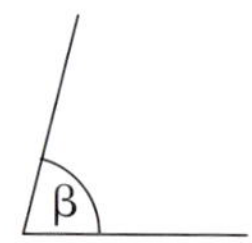

4 Übertrage den abgebildeten Winkel γ in dein Heft und halbiere ihn. Gib die Winkelmaße γ und $\frac{\gamma}{2}$ an und ordne beiden Winkeln die richtige Winkelsorte zu.

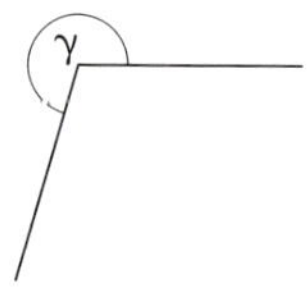

5 a) Trage zunächst die Punkte A(1|0), B(8|3) und C(4|7) in das Koordinatenkreuz ein, und bestimme anschließend die Maße der drei Winkel $\sphericalangle$(ABC), $\sphericalangle$(BCA) und $\sphericalangle$(CAB).

b) Welche Eigenschaft hat das Dreieck? Bestätige diese Eigenschaft mit dem Zirkel.

c) Sandra sagt: „Jetzt benötige ich nur noch einen weiteren Kreisbogen und zwei Geraden, um den Winkel $\sphericalangle$(CAB) zu halbieren!“ Überprüfe diese Behauptung.

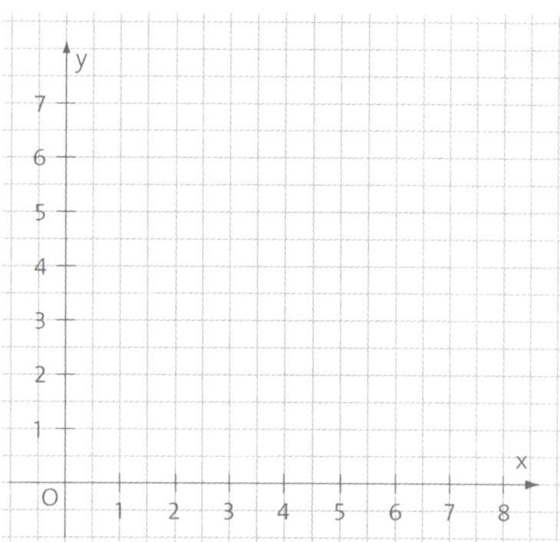

TEST 2 Winkel an Geradenkreuzungen

1 Führe die Rechnungen im Heft durch und gib alle Winkelgrößen an.

a) 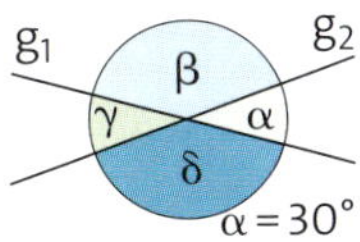

$\alpha =$ ____ = ____

$\beta =$ ____ = ____

b) 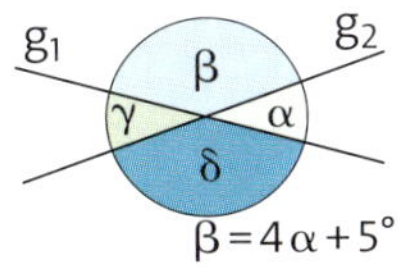

$\alpha =$ ____ = ____

$\beta =$ ____ = ____

c) 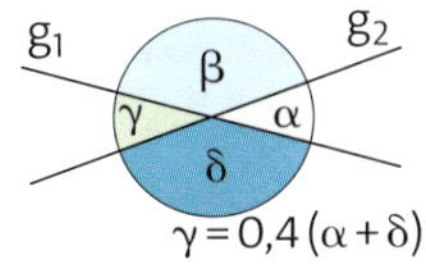

$\alpha =$ ____ = ____

$\beta =$ ____ = ____

2 Zwei Geraden g_1 und g_2 werden von einer dritten Geraden h geschnitten. Dann gilt: Sind die Stufenwinkel γ_1 und γ_2 gleich groß, dann verlaufen g_1 und g_2 ____. Sind g_1 und g_2 nicht parallel, so sind die Wechselwinkel β_1 und δ_2 ____. Der Nachbarwinkel ist der ____ des Stufenwinkels. Der Wechselwinkel ist der Scheitelwinkel des ____.

3 g und k verlaufen parallel. Ergänze die Bezeichnung und berechne die Winkel.

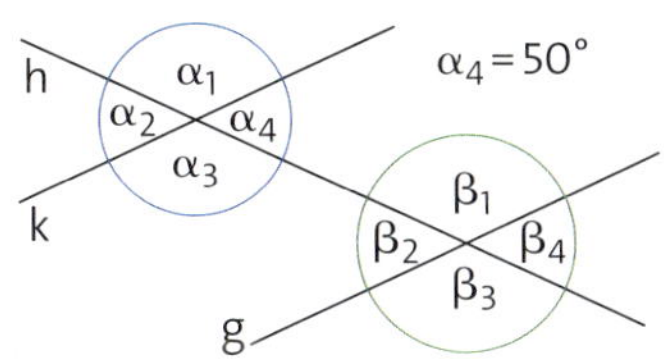

a) β_1 ist ____ winkel zu α_1. $\alpha_1 =$ ____;
$\beta_1 =$ ____

b) β_4 ist ____ winkel zu α_2. $\alpha_2 =$ ____; $\beta_4 =$ ____

c) α_3 ist ____ winkel zu β_2. $\alpha_3 =$ ____; $\beta_2 =$ ____

4 Eine Autobahnbrücke hat die abgebildete Trägerkonstruktion.

a) Gib für jeden der Winkel α, β und δ jeweils vier weitere Positionen in der Konstruktion an, an denen Winkel gleicher Größe auftreten und begründe das.

b) Berechne die Größen der Winkel β und δ, falls der Winkel α = 42° bekannt ist.

TEST 3 Winkel an Dreiecken

1 Bestimme alle fehlenden Innenwinkelmaße und stelle fest, ob eine besondere Form des Dreiecks vorliegt.

a) $\alpha = 37°$; $\beta = 106°$

b) $\beta = 17°$; $\gamma = 73°$

c) $\alpha = \beta = \gamma$

d) $\beta = 2\alpha$; $\gamma = 3{,}5\beta$

2 In der Abbildung verläuft die Gerade c^* parallel zur Dreieckseite c.

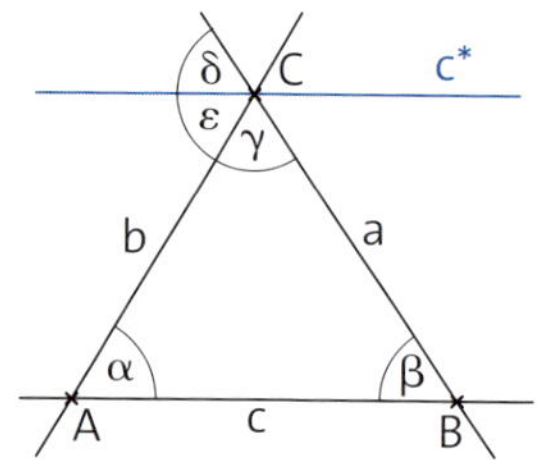

a) Drücke die Winkel δ und ε mithilfe der Innenwinkel aus:

$\delta =$

$\varepsilon =$

b) Zeige die Allgemeingültigkeit des Innenwinkelsummensatzes für Dreiecke.

c) Zeige zunächst, dass ein Außenwinkel der Summe der nicht anliegenden Innenwinkel entspricht. Zeige dann die Allgemeingültigkeit des Außenwinkelsummensatzes für Dreiecke.

3 a) Berechne zunächst die fehlenden Winkel, dann die Summe aller Innenwinkel.

α	β	γ	δ	β_1	β_2	δ_1	δ_2
120°		70°		45°			25°

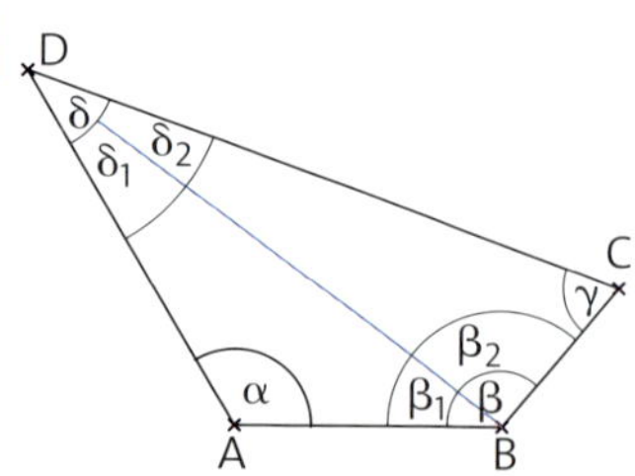

b) Notiere und beweise den Innenwinkelsummensatz für Vierecke.

TEST 4 Winkel an Kreisen

1 a) Zeichne einen Kreis um den Mittelpunkt M (4 | 4), auf dessen Rand der Punkt A (4 | 1) liegt. Die Sehne s verläuft von A nach B (7 | y). Der Mittelpunktswinkel zu s beträgt α =

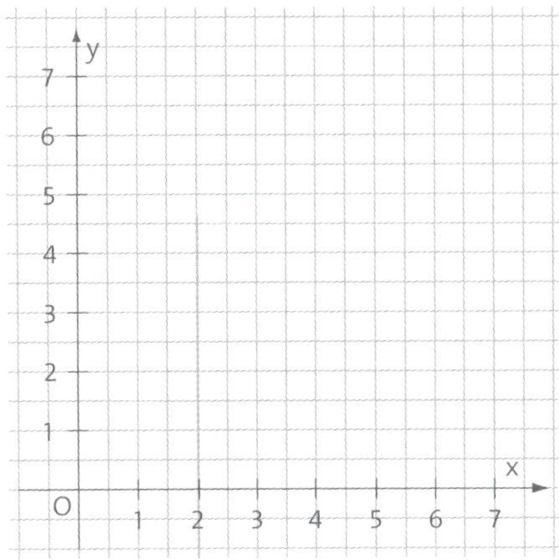

b) Bestimme die fehlenden Koordinaten so, dass folgende Punkte auf dem Kreisrand liegen.

P (x < 4 | 5) x =

Q (3 | y > 4) y =

R (x > 4 | 6) x =

Miss die zugehörenden Umfangswinkel aus.

P: β = Q: γ = R: δ =

c) Vergleiche die Messergebnisse der Teilaufgaben a) und b) und notiere einen Ergebnissatz.

2 Lege auf dem Kreisrand drei beliebige Punkte A, B und C fest und verbinde sie zu einem Dreieck. Zeichne die Kreistangente durch B und trage die beiden Sehnentangentenwinkel δ und ε ein. Zeige, dass sich auch aus dieser Situation der Innenwinkelsummensatz für Dreiecke beweisen lässt.

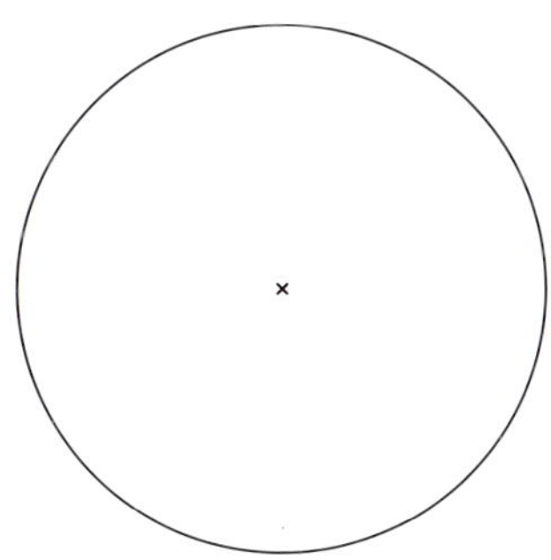

9 Winkel und Winkelgesetze LÖSUNGEN

Lösungen zu Test 1

1 a) Der Winkel $\alpha = 73°$ ist ein spitzer Winkel.
b) Der Winkel $\beta = 90°$ wird als rechter Winkel bezeichnet.
c) Ein stumpfer Winkel liegt zwischen 90° und 180°.
d) Das Doppelte eines stumpfen Winkels ist ein überstumpfer Winkel.

2 $\alpha = 125°$ ist ein stumpfer Winkel (siehe auch → Seite 84, Nr. 2).

3 $\beta = 76°$ ist ein spitzer Winkel
$2\beta = 152°$ ist ein stumpfer Winkel
Falls du mit der Aufgabe noch Probleme hast, sieh dir → Seite 84, Nr. 2 an.

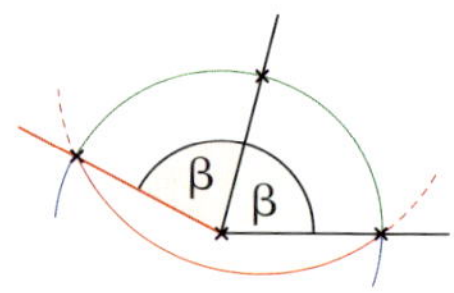

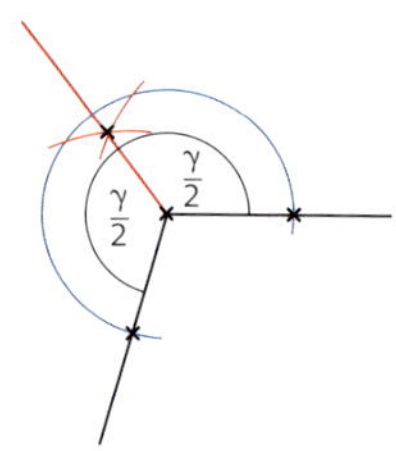

4 $\gamma = 254°$ ist ein überstumpfer Winkel.
$\frac{\gamma}{2} = 127°$ ist ein stumpfer Winkel.
Alles klar? Falls nicht, lies auf → Seite 84, Nr. 2 nach.

5 a) $\alpha = ∢(CAB) = 44°$; $\beta = ∢(ABC) = 68°$; $\gamma = ∢(BCA) = 68°$
b) β und γ sind gleich groß und stellen daher die Basiswinkel eines gleichschenkligen Dreiecks dar. Zeichnet man um A den Kreisbogen K_1 mit dem Radius $r_1 = \overline{AC}$, so liegt auch der Punkt B auf K_1. Die Strecken AC und AB sind daher gleich lang und bilden die Schenkel des gleichschenkligen Dreiecks.

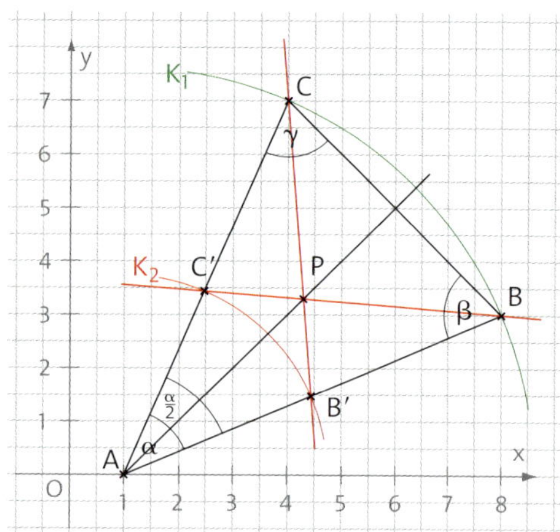

c) Sandra zeichnet um A einen weiteren Kreisbogen K_2 mit dem beliebigen Radius $r_2 < r_1$. K_2 schneidet die Strecken AB in B′ und AC in C′. Die Strecken BC′ und CB′ schneiden sich im Punkt P, durch den die Winkelhalbierende von A aus verläuft.

Lösungen zu Test 2

1 a) $\alpha = 30° = \gamma$ und $\beta = 150° = \delta$.
α ist gegeben und γ ist Scheitelwinkel von α, also $\gamma = \alpha$. β ist Nebenwinkel von α, also $\beta = 180° - \alpha$, und δ ist Scheitelwinkel von β, also $\delta = \beta$.

b) $\alpha = 35° = \gamma$ und $\beta = 145° = \delta$. α und β ergeben als Nebenwinkel zusammen 180°, also:
$\alpha + \beta = 180° \Leftrightarrow \alpha + (4\alpha + 5°) = 180° \Leftrightarrow 5\alpha = 175° \Leftrightarrow \alpha = 35°$.
Es folgt: $\beta = 4 \cdot 35° + 5° = 145°$.

c) $\alpha = 72° = \gamma$ und $\beta = 108° = \delta$. α und δ sind Nebenwinkel, daher gilt:
$\alpha + \delta = 180°, \Rightarrow \gamma = 0{,}4 \cdot 180° = 72°$
α und β sind Nebenwinkel, daher gilt: $\beta = 180° - \alpha = 180° - 72° = 108°$

2 Sind die Stufenwinkel γ_1 und γ_2 gleich groß, dann verlaufen g_1 und g_2 parallel. Sind g_1 und g_2 **nicht parallel**, so sind die Wechselwinkel β_1 und δ_2 verschieden. Der Nachbarwinkel ist der Nebenwinkel des Stufenwinkels. Der Wechselwinkel ist der Scheitelwinkel des Stufenwinkels.

3

a)	β_1 ist Stufenwinkel zu α_1.	$\alpha_1 = 130°$	$\beta_1 = 130°$
b)	β_4 ist Wechselwinkel zu α_2.	$\alpha_2 = 50°$	$\beta_4 = 50°$
c)	α_3 ist Nachbarwinkel zu β_2.	$\alpha_3 = 130°$	$\beta_2 = 50°$

4 a) $\alpha_1 = \alpha$ (Wechselwinkel); $\alpha_2 = \alpha_1$ (Spiegelsymmetrie bezüglich der Achse a);
$\alpha_3 = \alpha_2$ (Stufenwinkel);
$\alpha_4 = \alpha_1$ (Stufenwinkel)
$\beta_1 = \beta$ (Wechselwinkel);
$\beta_2 = \beta_1$ (Wechselwinkel);
$\beta_3 = \beta_2$ (Wechselwinkel);
$\beta_4 = \beta_3$ (Wechselwinkel); $\delta_1 = \delta$ (Scheitelwinkel); $\delta_2 = \delta_1$ (Stufenwinkel);
$\delta_3 = \delta_2$ (Wechselwinkel); $\delta_4 = \delta_3$ (Scheitelwinkel)

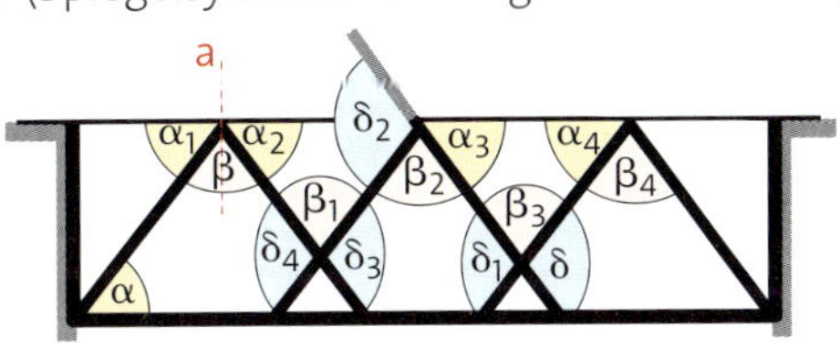

b) An demjenigen Scheitelpunkt, durch den die Symmetrieachse a verläuft, liest man ab: $\beta + 2\alpha = 180° \Rightarrow \beta = 180° - 2\alpha \Rightarrow \beta = 180° - 2 \cdot 42° = 96°$.
Weil δ und β Nebenwinkel sind, gilt:
$\delta + \beta = 180° \Leftrightarrow \delta = 180° - \beta \Rightarrow \delta = 180° - 96° = 84°$.

Lösungen zu Test 3

1 a) $\gamma = 180° - (\alpha + \beta) = 180° - 143° = 37°$; $\alpha = \gamma$; gleichschenkliges Dreieck.

b) $\alpha = 180° - (\beta + \gamma) = 180° - 90° = 90°$; $\alpha = 90°$; rechtwinkliges Dreieck.

c) $\alpha + \beta + \gamma = 180° \Leftrightarrow 3\alpha = 180° \Leftrightarrow \alpha = 60°$; $\alpha = \beta = \gamma = 60°$; gleichseitiges Dreieck.

d) $\alpha + \beta + \gamma = 180° \Leftrightarrow \alpha + 2\alpha + 3{,}5 \cdot 2\alpha = 180° \Leftrightarrow 10\alpha = 180°$
$\Rightarrow \alpha = 18°$; $\beta = 36°$; $\gamma = 126°$.

2 a) $\delta = \beta$; Stufenwinkel an Parallelen $\varepsilon = \alpha$ – Wechselwinkel an Parallelen

b) Die Winkel δ, ε und γ bilden zusammen einen gestreckten Winkel, daher gilt stets: $\varepsilon + \delta + \gamma = 180°$ mit $\varepsilon = \alpha$ und $\delta = \beta$ folgt: $\alpha + \beta + \gamma = 180°$ (Innenwinkelsummensatz für Dreiecke).

c) $\delta + \varepsilon = \alpha + \beta$ ist Außenwinkel von γ, ebenso $\beta + \gamma$ von α und $\alpha + \gamma$ von β. Denn aus $\delta + \varepsilon + \gamma = 180°$ und $\alpha + \beta + \gamma = 180°$ folgt: $\alpha + \beta = \delta + \varepsilon$. Entsprechendes gilt für die anderen Außenwinkel.

Die Summe dieser drei Außenwinkel beträgt:
$(\alpha + \beta) + (\beta + \gamma) + (\alpha + \gamma) = 2\alpha + 2\beta + 2\gamma = 2 \cdot (\alpha + \beta + \gamma) = 2 \cdot 180° = 360°$.

3 a)

α	β	γ	δ	β_1	β_2	δ_1	δ_2
120°	130°	70°	40°	45°	85°	15°	25°

Zunächst berechnet man mit dem Innenwinkelsummensatz für Dreiecke die fehlenden Teilwinkel:

$\alpha + \beta_1 + \delta_1 = 180° \Leftrightarrow \delta_1 = 180° - (\alpha + \beta_1) \Rightarrow \delta_1 = 180° - (120° + 45°) = 15°$

$\gamma + \delta_2 + \beta_2 = 180° \Leftrightarrow \beta_2 = 180° - (\gamma + \delta_2) \Rightarrow \beta_2 = 180° - (70° + 25°) = 85°$

Jetzt folgen die fehlenden Innenwinkel des Vierecks:

$\beta = \beta_1 + \beta_2 = 45° + 85° = 130°$ und $\delta = \delta_1 + \delta_2 = 15° + 25° = 40°$

Schließlich erhält man die Summe aller Innenwinkel:

$\alpha + \beta + \gamma + \delta = 120° + 130° + 70° + 40° = 360°$.

b) Innenwinkelsummensatz für Vierecke: $\alpha + \beta + \gamma + \delta = 360°$.

Beweis: In jedem Viereck können die Innenwinkel β und δ durch eine Diagonale in die Teilwinkel β_1 und β_2, bzw. δ_1 und δ_2 zerlegt werden.

Damit gilt stets: $\alpha + \beta + \gamma + \delta = \alpha + (\beta_1 + \beta_2) + \gamma + (\delta_1 + \delta_2)$
$= (\alpha + \beta_1 + \delta_1) + (\gamma + \beta_2 + \delta_2) = 180° + 180° = 360°$

Lösungen zu Test 4

1 a) B(7|4) ; Mittelpunktswinkel $\alpha = 90°$

b) Fehlende Koordinaten:
P(1,2 | 5); Q(3 | 6,8); R(6,2 | 6)
Umfangswinkel:
$\beta = 45°$; $\gamma = 45°$; $\delta = 45°$

c) Über einer bestimmten Sehne s sind alle Umfangswinkel gleich ($\beta = \gamma = \delta$ ≙ Umfangswinkelsatz) und halb so groß wie der entsprechende Mittelpunktswinkel ($\alpha = 2\beta = 2\gamma = 2\delta$ ≙ Mittelpunktswinkelsatz).

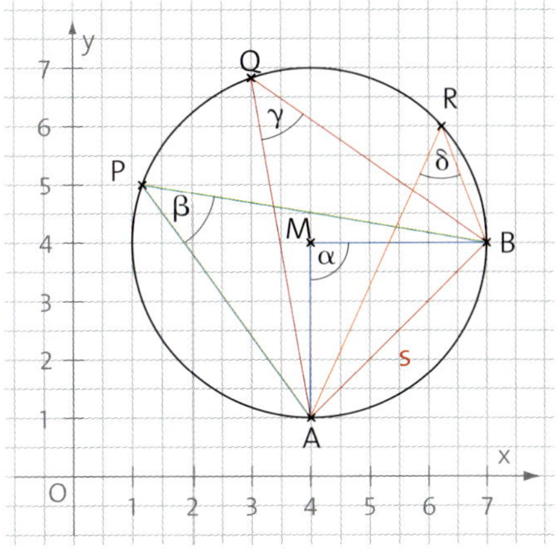

2 Aus dem Sehnentangentenwinkelsatz folgt $\varepsilon = \alpha$ und $\delta = \gamma$, und weil die drei Winkel ε, β und δ zusammen einen gestreckten Winkel ergeben, folgt:
$\varepsilon + \beta + \delta = 180° \Rightarrow \alpha + \beta + \gamma = 180°$
(Innenwinkelsummensatz für Dreiecke).

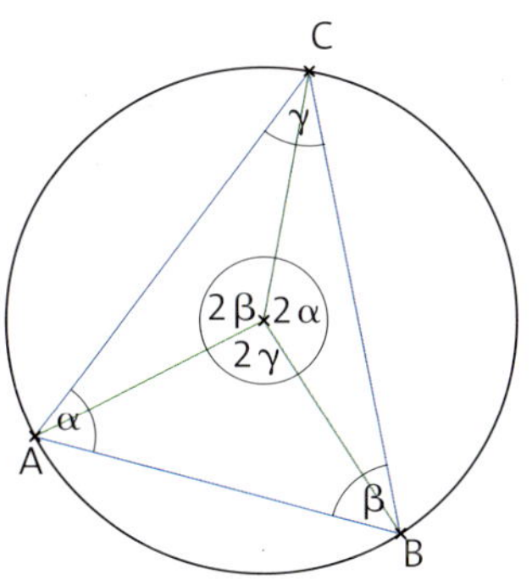

10 Linien und Punkte an Dreiecken

WISSEN

1 Grundlegende Konstruktionen

Zur weitergehenden Behandlung von Dreiecken werden einige grundlegende Konstruktionsverfahren benötigt. Neben den bereits auf → Seite 84, Nr. 2 dargestellten Verfahren zur **Halbierung** und **Verdopplung eines Winkels** hier nun einige weitere Grundkonstruktionen.

(1) Die **Mittelsenkrechte** auf der Strecke AB:
Zeichne um die Streckenendpunkte A und B die beiden Kreisbögen K_A und K_B mit dem gleichen Radius r. Sie schneiden sich in den Punkten P und Q, durch die die **Mittelsenkrechte m** festgelegt wird. m schneidet die Strecke $\overline{AB}$ im **Mittelpunkt M** und es gilt: $\overline{AM} = \overline{MB}$.

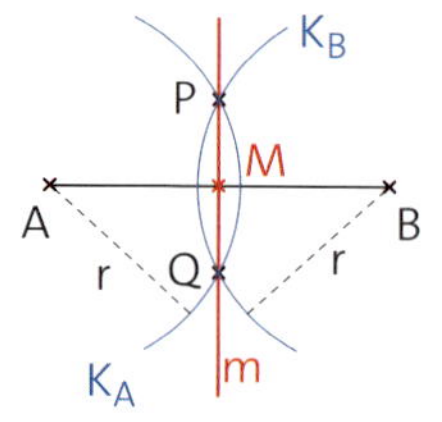

(2) Die **Lotgerade** zur Geraden g durch den Punkt P:

P liegt auf g

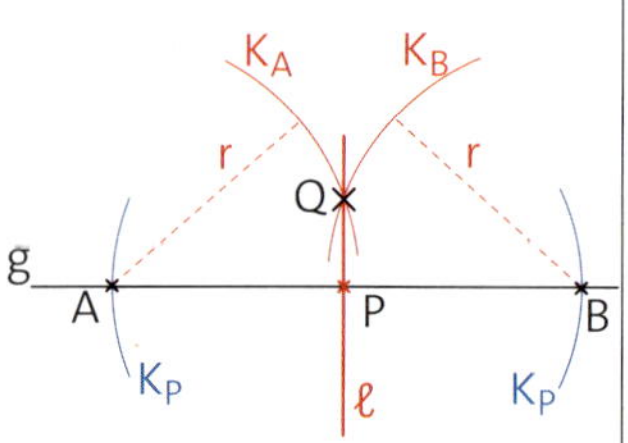

Zeichne um P den Kreisbogen K_P, der g in A und B schneidet. Die Kreisbögen K_A und K_B, die den gleichen Radius r besitzen, schneiden sich im Punkt Q, der zusammen mit P die **Lotgerade** ℓ festlegt.

P liegt nicht auf g.

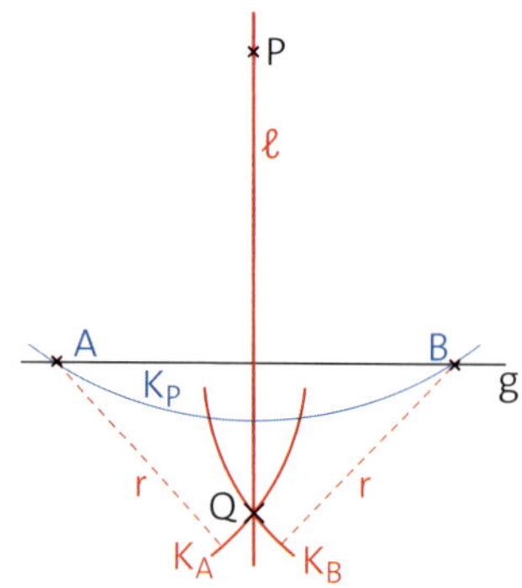

(3) Die **Parallele** zur Geraden g durch den Punkt P:
Der Kreisbogen K_P um P schneidet die Gerade g im Punkt A; der Kreisbogen K_A um A schneidet g im Punkt B und der Kreisbogen K_B um B schneidet K_P im Punkt Q. Wenn K_P, K_A und K_B den gleichen Radius r haben, dann legen P und Q die **Parallele h** zu g fest. Das ist deshalb so, weil das Viereck ABQP eine Raute ist (→ Seite 135, Nr 3).

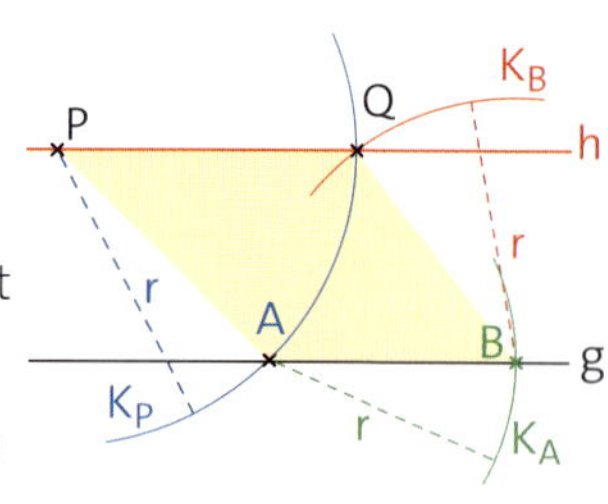

2 Die Seitenhalbierenden eines Dreiecks

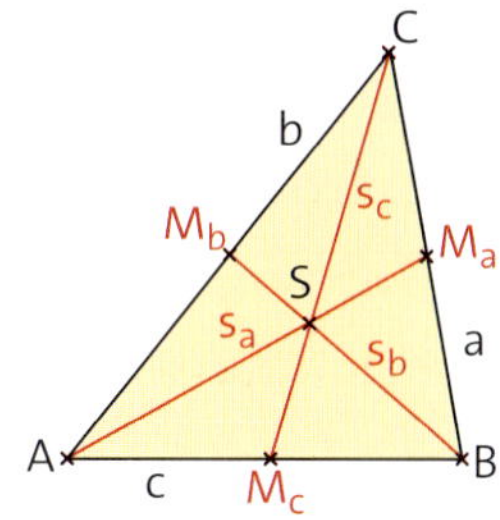

Verbindet man den Eckpunkt A eines Dreiecks mit dem Mittelpunkt M_a der gegenüberliegenden Seite a, so erhält man die Strecke AM_a, die als **Seitenhalbierende s_a** bezeichnet wird. Ebenso ergeben sich die beiden anderen Seitenhalbierenden s_b und s_c. Man stellt fest, dass sich die drei Seitenhalbierenden stets in einem gemeinsamen Punkt, dem **Schwerpunkt S** des Dreiecks, schneiden. Durch S wird jede der drei Seitenhalbierenden im Verhältnis 2 : 1 geteilt.

Hinweis: Der Schwerpunkt eines Dreiecks hat eine direkte physikalische Bedeutung: Schneide eine Dreieck aus Pappe aus und zeichne die Seitenhalbierenden und den Schwerpunkt ein. Es lässt sich im Schwerpunkt auf einer (Zirkel-)Spitze balancieren. Die Seitenhalbierenden werden auch „Schwerelinien“ genannt.

3 Die Mittelsenkrechten eines Dreiecks

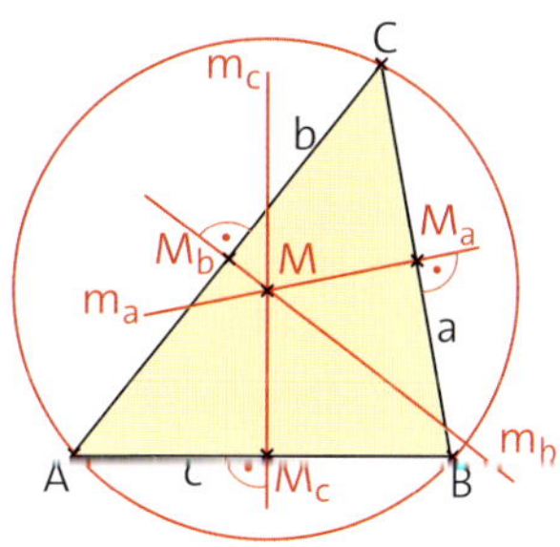

Errichtet man auf der Dreiecksseite a die **Mittelsenkrechte m_a**, entsprechend m_b auf b und m_c auf c, so treffen sich diese drei Lotgeraden in ihrem **gemeinsamen Schnittpunkt M**. Der Punkt M ist von den drei Eckpunkten A, B und C gleich weit entfernt, d. h. es gilt $\overline{AM} = \overline{BM} = \overline{CM}$. Daher ist **M** der **Mittelpunkt des Umkreises** durch die Eckpunkte A, B und C.

Der Schnittpunkt der Mittelsenkrechten M liegt ...
... bei spitzwinkligen Dreiecken innerhalb des Dreiecks
... bei rechtwinkligen Dreiecken auf der längsten Dreieckseite (der Hypothenuse)
... bei stumpfwinkligen Dreiecken außerhalb des Dreiecks.

4 Die Höhen eines Dreiecks

Konstruiert man vom Eckpunkt A aus das Lot auf die gegenüberliegende Dreieckseite a, so trifft dieses Lot die Seite a im **Fußpunkt F_a** und man bezeichnet die Strecke AF_a als **Höhe h_a**. Ebenso lassen sich die Höhen h_b und h_c bestimmen. Die drei Höhen schneiden sich stets in einem gemeinsamen Punkt, dem **Höhenschnittpunkt H.**

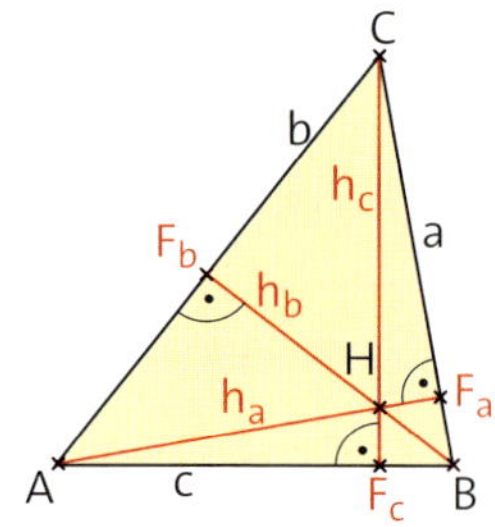

Der Höhenschnittpunkt H liegt ...
... bei spitzwinkligen Dreiecken innerhalb des Dreiecks
... bei rechtwinkligen Dreiecken im Scheitelpunkt des rechten Winkels
... bei stumpfwinkligen Dreiecken außerhalb des Dreiecks.

5 Die Winkelhalbierenden eines Dreiecks

Als **Winkelhalbierende** w_α bezeichnet man diejenige Strecke AW_α, die vom Eckpunkt A aus verläuft, den Winkel α halbiert und im Punkt W_α auf die gegenüberliegende Dreieckseite a trifft. Ebenso wird β durch w_β und γ durch w_γ halbiert. Die drei Winkelhalbierenden schneiden sich stets in einem **gemeinsamen Punkt W**, der gleichzeitig der **Mittelpunkt des Inkreises** ist. Der Radius des Inkreises ist der Abstand von W zu den Dreieckseiten.

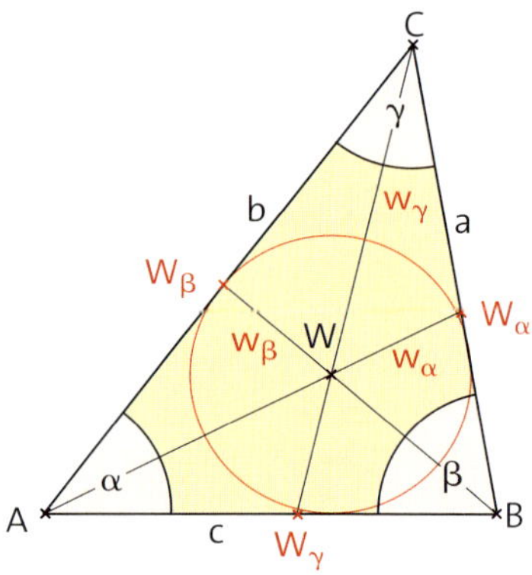

6 Konstruktionsbeschreibungen

Jede Konstruktion sollte durch eine **Konstruktionsbeschreibung** ergänzt werden, denn durch eine Beschreibung wird die aus einer fertiggestellten Zeichnung nicht mehr direkt ersichtliche Abfolge der einzelnen Konsrtuktionsschritte verdeutlicht. Auch wird dabei noch einmal der gesamte Konstruktionsgang nachvollzogen und kontrolliert, und schließlich kann einem Betrachter der Zeichnung auf diesem Wege ihre „Entstehungsgeschichte" vermittelt werden.

Eine ausführliche Anleitung zum Erstellen von Konstruktionsbeschreibungen sowie ein Beispiel findest du auf der CD: 10_konstruktionsbeschr. pdf

TEST 1 Grundlegende Konstruktionen

1 a) Konstruiere die zu g lotrechte Gerade ℓ durch P.

b) Bestimme ein rechtwinklig-gleichschenkliges Dreieck, dessen einer Schenkel dem Abstand des Punktes P von der Geraden g entspricht.

c) Bestimme ein weiteres rechtwinklig-gleichschenkliges Dreieck, dessen Flächeninhalt doppelt so groß ist wie der des Dreiecks aus Teilaufgabe b).

Beschreibe stets alle wichtigen Konstruktionsschritte im Heft.

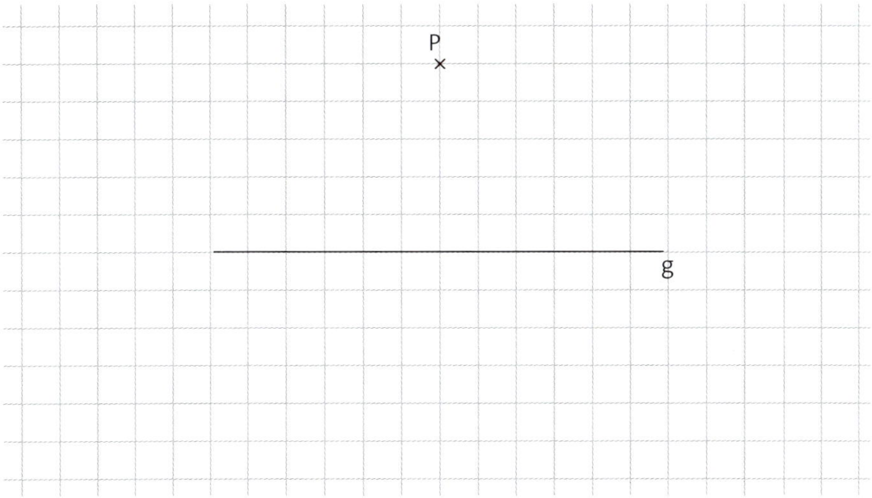

2 a) Bestimme die Maße der drei Innenwinkel des Dreiecks ABC:

$\alpha =$ $\beta =$ $\gamma =$

b) Konstruiere die Winkelhalbierenden w_α und w_β.

c) w_α und w_β schneiden sich im Punkt S, an dem der Winkel $\delta = \sphericalangle(ASB)$ auftritt. Bestimme das Winkelmaß von $\delta =$

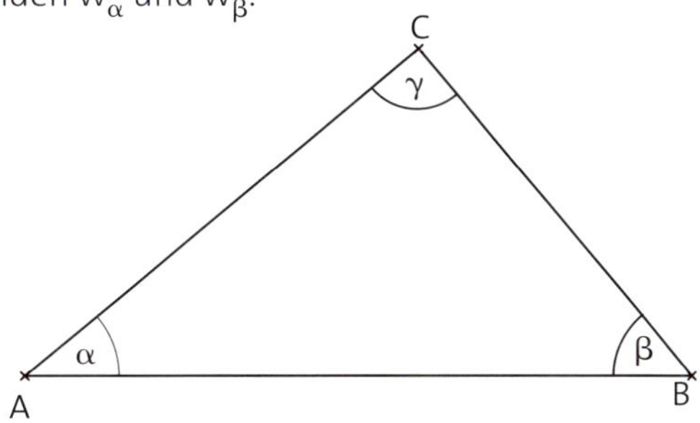

d) Weise die Allgemeingültigkeit der Winkelbeziehung $\delta = 90° + \frac{1}{2}\gamma$ nach und überprüfe sie mithilfe deiner Winkelmaße aus den Teilaufgaben a) und c). Wie groß müsste der Winkel γ sein, damit δ doppelt so groß wie γ wäre? Beschreibe stets alle wichtigen Konstruktionsschritte.

3 a) Konstruiere die durch C verlaufende Parallele g* zu g nach dem auf → Seite 96, Nr. 1 (3), angegebenen Verfahren. Welche Figur bringt dieses Verfahren hervor?

b) Konstruiere die durch D verlaufende Parallele g** zu g nach dem folgenden alternativen Verfahren:

(1) Errichte die Mittelsenkrechte ℓ auf der Strecke AB.

(2) Bestimme die durch D verlaufende Lotgerade g** zu ℓ.

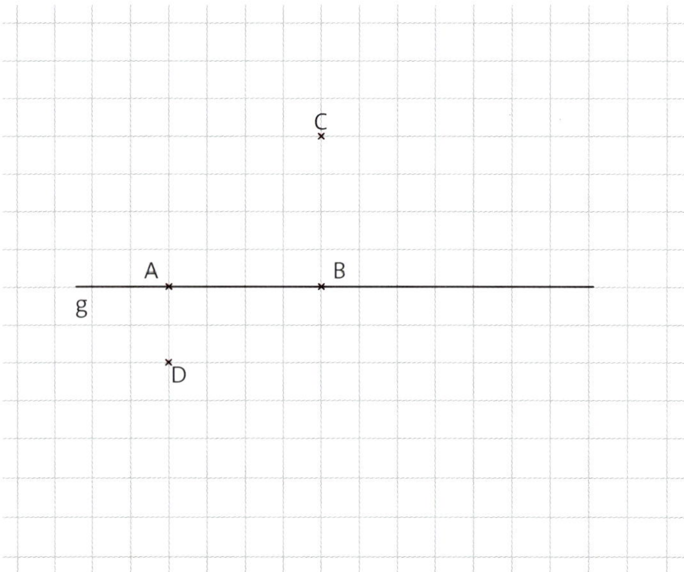

TEST 2 Mittelsenkrechte und Winkelhalbierende

In den Punkten A (1 | 3), B (6 | 2) und C (2 | 7) liegen die Gemeinden A-Dorf, B-Dorf und C-Dorf, die einige kommunale Projekte gemeinsam durchführen und finanzieren wollen.

1 Die drei Gemeinden planen die Lage einer gemeinsamen Pumpstation (P) zur Trinkwasserversorgung so, dass die Zuleitungen zu den drei Orten die gleiche Länge haben. Bestimme die Koordinaten der Station.

P = (|)

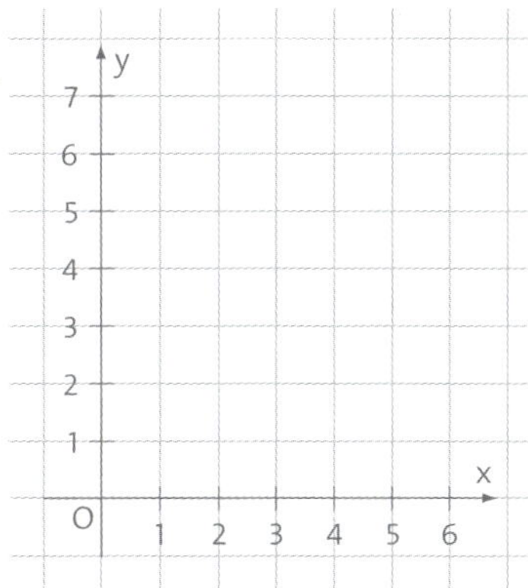

2 a) Die drei Orte bilden ein Dreieck mit den Innenwinkeln:

α = β = γ =

b) Zusätzlich zu den drei direkten Strecken sollen A-, B- und C-Dorf durch eine kreisförmige Straße verbunden werden. Jede Gemeinde soll denjenigen Anteil an den Gesamtkosten in Höhe von 18 Millionen Euro tragen, der jeweils der halben Länge der neuen Verbindungsstrecken zu ihren Nachbarorten entspricht. Wie viel muss jede Gemeinde bezahlen?
Anleitung: Zeige, dass die Kosten K im Verhältnis
$K_A : K_B : K_C = (\beta + \gamma) : (\alpha + \gamma) : (\alpha + \beta)$ aufzuteilen sind.

3 a) Die drei Gemeinden planen einen möglichst großen kreisförmigen Erholungspark, der von den drei direkten Ortsverbindungen berührt werden soll. Bestimme die Koordinaten des Mittelpunktes W dieser Anlage.

W = (|)

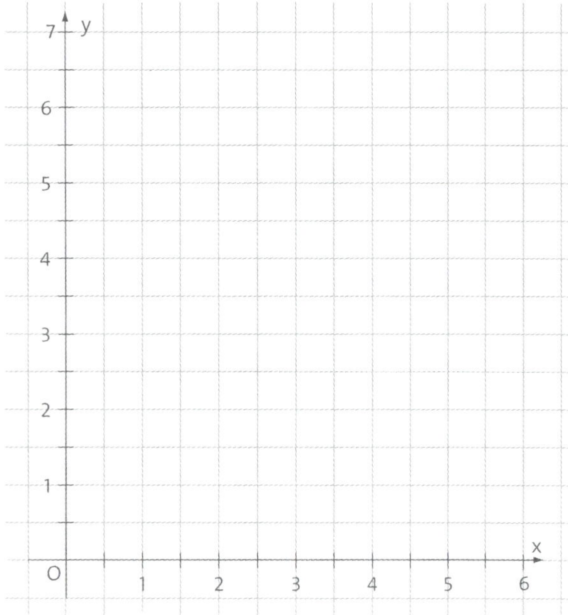

b) Dort, wo die direkten Ortsverbindungen den Park berühren, sollen Zugänge und Parkplätze entstehen. Bestimme die Koordinaten der drei Zugange.

Z_a = (|) Z_b = (|) Z_c = (|)

c) Von den Gesamtkosten der Parkanlage in Höhe von 12 Millionen Euro soll jede Gemeinde jeweils denjenigen Anteil tragen, der dem von den beiden benachbarten Zugängen gebildeten Kreisausschnitt des Parks entspricht. Bestimme die Kostenaufteilung.

TEST 3 Seitenhalbierende und Höhen

1 a) Konstruiere im linken Dreieck die drei Seitenhalbierenden.
b) Konstruiere im rechten Dreieck die drei Höhen.
Beschreibe jeweils deine wesentlichen Konstruktionsschritte.

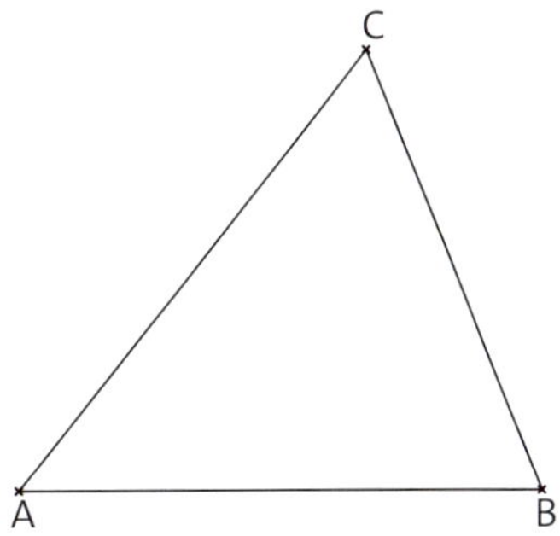

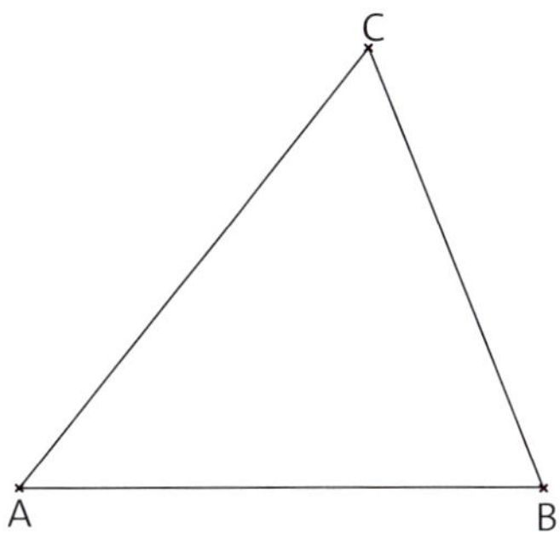

2 Erstelle für jede Teilaufgabe ein eigenes Koordinatensystem (beide Achsen von 0 bis +8) oder nutze die CD-Version des Tests.
Gegeben sind die Endpunkte A (1 | 1) und B (7 | 1) der Dreieckseite c und ein weiterer Punkt P (5 | 3).

a) Nimm an, dass P der Schnittpunkt der Seitenhalbierenden ist und konstruiere das Dreieck. Gib die Koordinaten der Punkte C, M_a, M_b und M_c an.

C = (|); M_a = (|); M_b = (|); M_c = (|)

b) Nimm an, dass P der Schnittpunkt der Höhen ist und konstruiere das Dreieck. Gib die Koordinaten der Punkte C, F_a, F_b und F_c an.

C = (|); F_a = (|); F_b = (|); F_c = (|)

Beschreibe jeweils deine wesentlichen Konstruktionsschritte.

Lösungen zu Test 1

1 a) 1. Der Kreisbogen K_P um P schneidet g in den Punkten A und B.
2. Die Kreisbögen K_A und K_B vom gleichen Radius schneiden sich in Q.
3. Die Lotgerade ℓ verläuft durch P und Q.

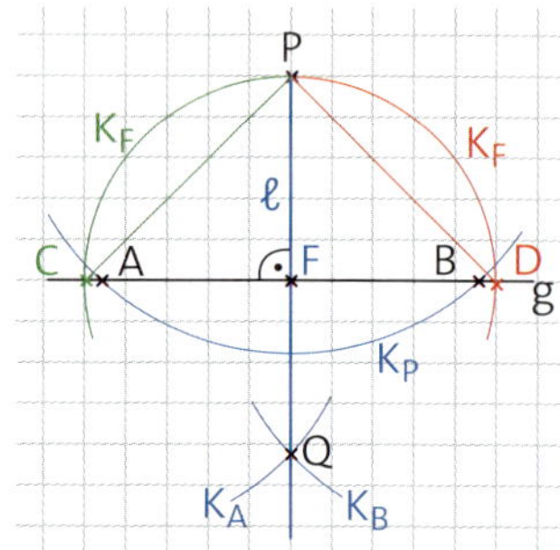

b) Der Kreisbogen K_F um F mit dem Radius $r = \overline{FP}$ schneidet g in C. Das Dreieck CFP besitzt die gleichlangen Schenkel $\overline{FC} = \overline{FP}$ und den rechten Winkel ∢ (CFP).

c) Der Kreisbogen K_F schneidet g nochmals in D. Das Dreieck CDP besitzt wegen seiner Symmetrie zur Spiegelachse ℓ die gleichlangen Schenkel $\overline{CP} = \overline{DP}$ und wegen des Thaleskreises K_F über CD den rechten Winkel ∢ (CPD).

2 a) $\alpha = 40°$; $\beta = 50°$; $\gamma = 90°$

b) 1. Der Kreisbogen K_A schneidet die Schenkel des Winkels α in D und E.
2. Die Kreisbögen K_D und K_E vom gleichen Radius schneiden sich in F.
3. Die Winkelhalbierende w_α verläuft von A aus durch F.

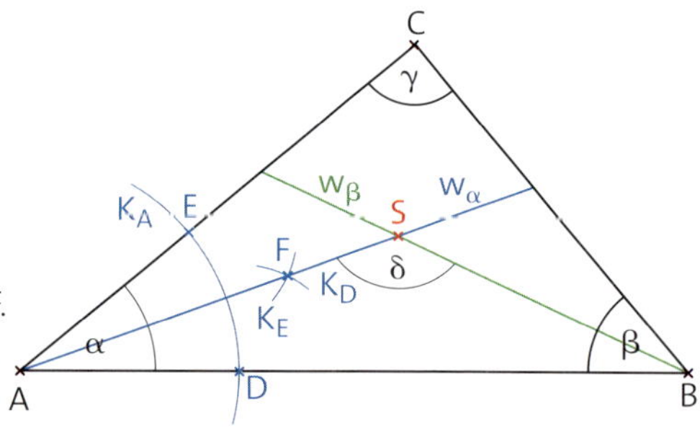

4. Durch Wiederholung der Schrittfolge 1. – 3. bezüglich des Winkels β erhält man die Winkelhalbierende w_β, die sich mit w_α im Punkt S schneidet.

c) $\delta = 135°$

d) Im Dreieck ABC führt der **Innenwinkelsummensatz** auf $\alpha + \beta + \gamma = 180° \Leftrightarrow \alpha + \beta = 180° - \gamma$ (I) und im Dreieck ABS entsprechend auf: $\frac{1}{2}\alpha + \frac{1}{2}\beta + \delta = 180° \Leftrightarrow \alpha + \beta = 360° - 2\delta$ (II).

Durch **Gleichsetzung** der Gleichungen (I) und (II) erhält man

$$360° - 2\delta = 180° - \gamma \qquad |-180° \quad |+\gamma \quad |+2\delta$$

$$\Leftrightarrow \quad 180° + \gamma = 2\delta \qquad |:2$$

$\Leftrightarrow \quad \delta = 90° + \frac{1}{2}\gamma$. Für $\gamma = 90°$ (siehe Teilaufgabe a)) folgt somit

$\delta = 90° + \frac{1}{2} \cdot 90° = 135°$ (siehe Teilaufgabe c)).

Die Bedingung $\delta = 2\gamma$ (siehe Aufgabentext) führt auf

$$2\gamma = 90° + \frac{1}{2}\gamma \qquad \left| -\frac{1}{2}\gamma \right.$$
$$\Leftrightarrow \quad 1{,}5\gamma = 90° \qquad |:1{,}5$$
$$\Leftrightarrow \quad \gamma = 60°$$

3 a) 1. Der Kreisbogen K_C vom Radius r schneidet g im Punkt P.
2. Der Kreisbogen K_P vom gleichen Radius r schneidet g im Punkt Q.
3. Der Kreisbogen K_Q vom gleichen Radius r schneidet K_C im Punkt R.
4. Die Parallele g^* verläuft durch C und R. Dieses Verfahren führt auf die Raute CPQR, bei der gegenüberliegende Seiten stets parallel sind.

b) (1) Die Kreisbögen K_A und K_B haben den gleichen Radius und schneiden sich in den Punkten S und T, durch die die Mittelsenkrechte ℓ zu AB verläuft.

(2) Der Kreisbogen K_D schneidet ℓ in den Punkten U und V. Die Kreisbögen K_U und K_V haben den gleichen Radius und schneiden sich im Punkt W. Die Parallele g^{**} verläuft durch D und W.

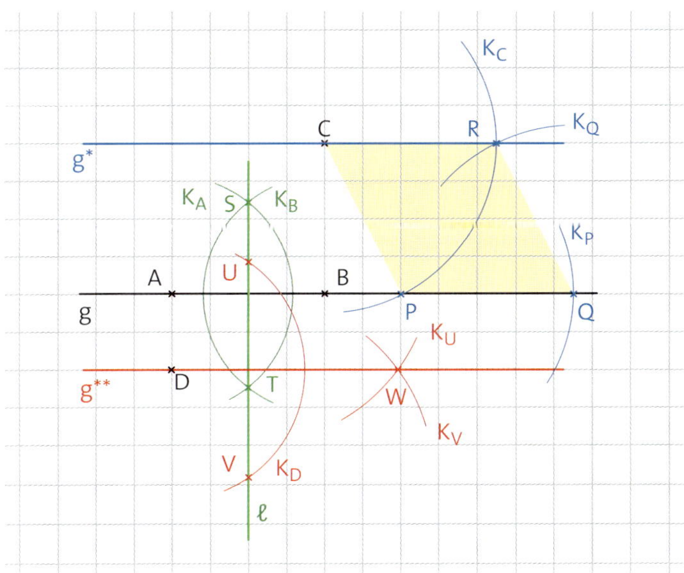

Lösungen zu Test 2

1 Gesucht ist der Umkreismittelpunkt des Dreiecks ABC.

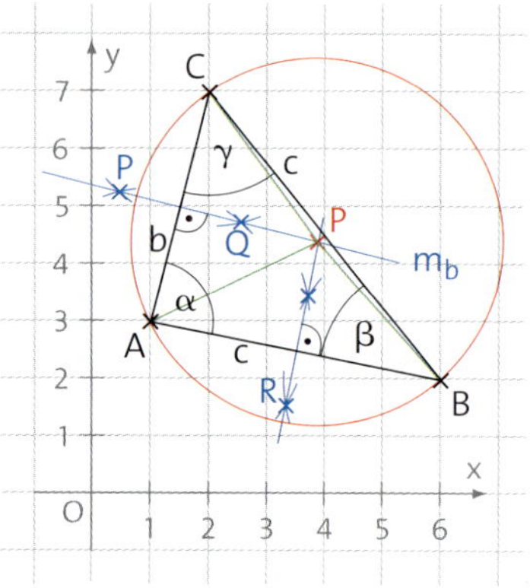

1. Zwei Kreisbögen vom gleichen Radius um A und C schneiden sich in den Punkten P und Q, durch die die Mittelsenkrechte m_b verläuft.
2. Ebenso wird die Mittelsenkrechte m_c konstruiert, die m_a im Punkt P (3,9 | 4,4) schneidet.

Hinweis: Auch die dritte Mittelsenkrechte m_a muss durch P verlaufen und braucht deshalb nicht mehr konstruiert zu werden.

2 a) Die Innenwinkel werden ausgemessen zu: $\alpha = 87°$, $\beta = 40°$ und $\gamma = 53°$.

b) Der Mittelpunktswinkelsatz (→ Seite 87, Nr. 6) führt auf die Winkelbeziehungen $\sphericalangle(BPC) = 2\alpha$; $\sphericalangle(CPA) = 2\beta$, und $\sphericalangle(APB) = 2\gamma$.
A-Dorf trägt die Kosten K_A für die Hälfte der Kreisbögen $\overset{\frown}{AB}$ und $\overset{\frown}{AC}$.
Somit gilt die proportionale Beziehung
$K_A \triangleq \frac{1}{2} \cdot \sphericalangle(CPA) + \frac{1}{2} \cdot \sphericalangle(APB) = \frac{1}{2} \cdot 2\beta + \frac{1}{2} \cdot 2\gamma = \beta + \gamma$.
Entsprechend folgt $K_B \triangleq \alpha + \gamma$ und $K_C \triangleq \alpha + \beta$.
Mit den in Teilaufgabe a) festgestellten Winkelmaßen folgt die Relation der Kostenaufteilung zu:
$K_A : K_B : K_C = (\beta + \gamma) : (\alpha + \gamma) : (\alpha + \beta) = 93 : 140 : 127$.
Die $93 + 140 + 127 = 360$ Gesamtteile entsprechen 18 Mio. Euro, somit betragen die Kostenanteile:
$K_A = \frac{93}{360} \cdot 18 = 4{,}65$ Mio. €;

$K_B = \frac{140}{360} \cdot 18 = 7{,}00$ Mio. € und

$K_C = \frac{127}{360} \cdot 18 = 6{,}35$ Mio. €.

3 Gesucht ist der Inkreismittelpunkt des Dreiecks ABC.

a) 1. Ein Kreisbogen um A schneidet die Schenkel des Winkels α in den Punkten D und E. Zwei Kreisbögen mit gleichem Radius um D und E schneiden sich im Punkt P, der zusammen mit A die Winkelhalbierende w_α festlegt.

2. Ebenso wird die Winkelhalbierende w_β konstruiert, die w_α im Punkt W (2,7 | 4,0) schneidet.

b) W ist Mittelpunkt des Inkreises, der die Dreieckseiten in den Punkten Z_a (3,8 | 4,9), Z_b (1,4 | 4,4) und Z_c (2,4 | 2,7) berührt.

c) Im Drachenviereck AZ_cWZ_b gilt $\sphericalangle(AZ_cW) = \sphericalangle(WZ_bA) = 90°$ und daher führt der Innenwinkelsummensatz für Vierecke auf $\sphericalangle(Z_cWZ_b) = 180° - \alpha$. Entsprechend erhält man: $\sphericalangle Z_aWZ_c = 180° - \beta$ und $\sphericalangle Z_aWZ_b = 180° - \gamma$. Es resultiert die Kostenaufteilung $K_A : K_B : K_C = (180° - \alpha) : (180° - \beta) : (180° - \gamma)$. Die in Aufgabe 2 a) festgestellten Winkelmaßen führen auf die Kostenaufteilung $K_A : K_B : K_C = 93 : 140 : 127$. Kostenanteile: $K_A = \frac{93}{360} \cdot 12 = 3{,}10$ Mio. €, $K_B = \frac{140}{360} \cdot 12 \approx 4{,}67$ Mio € und $K_C = \frac{127}{360} \cdot 12 \approx 4{,}23$ Mio €.

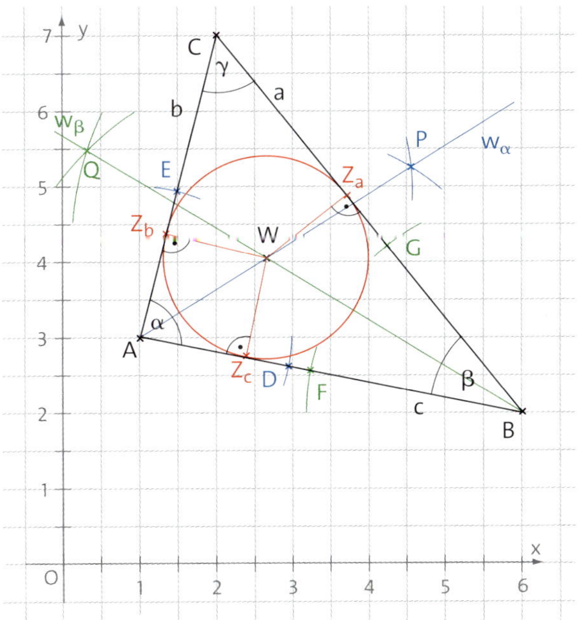

Lösungen zu Test 3

1 a) 1. Die Kreisbögen K_A und K_B um die Punkte A und B haben den gleichen Radius und schneiden sich in den Punkten P und Q, durch die die Mittelsenkrechte zur Seite c verläuft und die Seitenmitte M_c festlegt. Die Seitenhalbierende s_c verläuft von C aus nach M_c.

2. Ebenso konstruiert man die Seitenhalbierenden s_a und s_b.

3. Die drei Seitenhalbierenden s_a, s_b und s_c schneiden sich im gemeinsamen Punkt S.

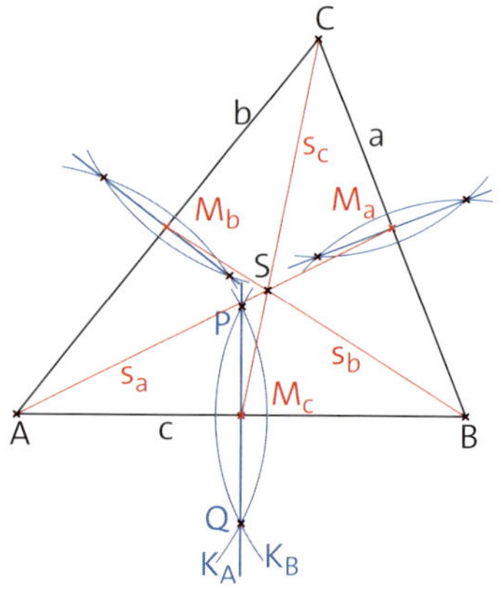

b) 1. Der Kreisbogen K_A um A schneidet die Seite BC in den Punkten P und Q.

2. Die beiden Kreisbögen K_P und K_Q vom gleichen Radius schneiden sich im Punkt A*. Durch A und A* wird die Höhe h_a festgelegt, die die Seite BC im Fußpunkt F_a trifft.

3. Ebenso konstruiert man die Höhen h_b und h_c.

4. Die drei Höhen h_a, h_b und h_c schneiden sich im gemeinsamen Punkt H.

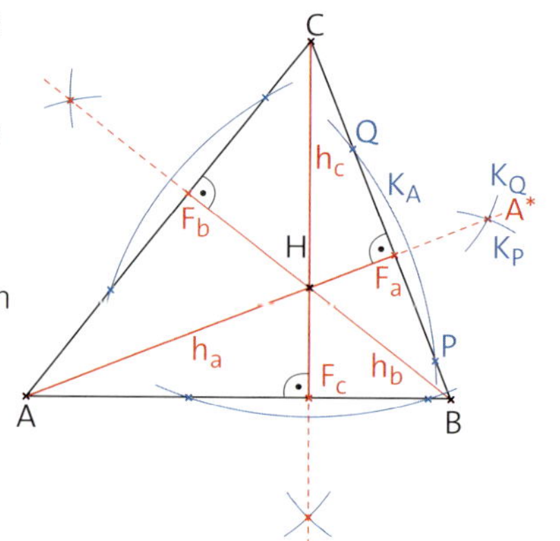

2 a)

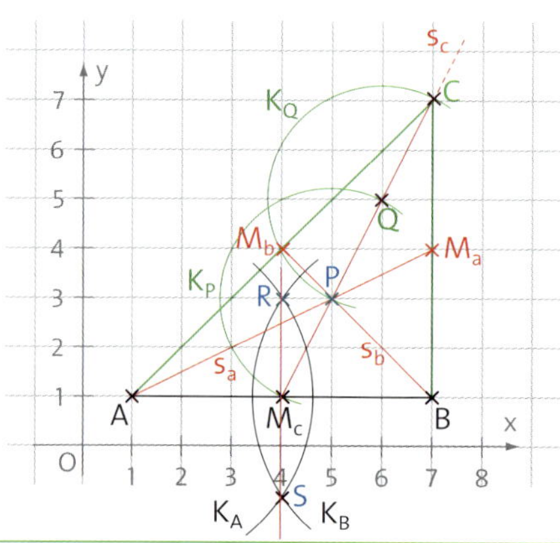

b)

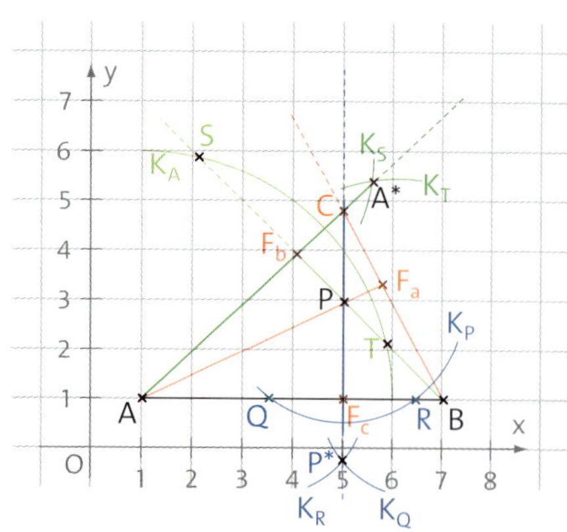

Konstruktionsbeschreibungen:

a) 1. Die Kreisbögen K_A und K_B vom gleichen Radius um A und B schneiden sich in den Punkten R und S, durch die die Mittelsenkrechte zur Seite AB verläuft und so die Seitenmitte M_c festlegt.
2. Von M_c aus durch P verläuft die Seitenhalbierende s_c, die zunächst als Halbgerade eingetragen wird.
3. Weil der Punkt P jede Seitenhalbierende im Verhältnis 2:1 teilt, wird die Strecke PM_c mithilfe der Kreisbögen K_P und K_Q zweimal über P hinaus auf der Halbgeraden s_c abgetragen.
Es gilt $\overline{M_cP} = \overline{PQ} = \overline{QC}$ mit C als Eckpunkt des Dreiecks.
4. Die Seitenhalbierende s_a trifft die Seite BC in M_a, ebenso trifft s_b die Seite AC in M_b.
5. Gesuchte Punkte: C (7 | 7), M_a (7 | 4), M_b (4 | 4) und M_c (4 | 1)

b) 1. Der Kreisbogen K_P um P schneidet die Seite AB in den Punkten Q und R. Die Kreisbögen K_Q und K_R vom gleichen Radius um Q und R schneiden sich im Punkt P*.
2. Durch P und P* verläuft die Höhe h_c, die auf der Strecke AB den Fußpunkt F_c besitzt und zunächst über P hinaus als Halbgerade verläuft.
3. Von B aus wird über P hinaus eine weitere Halbgerade eingetragen, auf der die Höhe h_b liegen muss. Der Kreisbogen K_A um A schneidet diese Halbgerade in den Punkten S und T.
4. Die Kreisbögen K_S und K_T vom gleichen Radius um S und T schneiden sich im Punkt A*. Von A aus verläuft eine Halbgerade durch A*, die das auf AB errichtete Lot durch P im gesuchten Eckpunkt C schneidet und dadurch sowohl die Höhe h_c, als auch die Seite AC und die Höhe h_b mit ihrem Fußpunkt F_b auf AC festlegt.
5. Die Höhe h_a verläuft von A aus durch P und trifft die Seite BC im Fußpunkt F_a.
6. Gesuchte Punkte: C (5 | 4,8), F_a (5,8 | 3,3), F_b (4,1 | 3,9) und F_c (5 | 1).

11 Kongruente Dreiecke

1 Kongruenz zweier Figuren

> Zwei Figuren, z. B. Dreiecke, nennt man kongruent, wenn die eine Figur durch eine geeignete Bewegung mit der anderen Figur zur Deckung gebracht werden kann. Solche Bewegungen werden auch als Kongruenzabbildungen bezeichnet.

In diesem Kapitel wird zunächst ein wiederholender Überblick über die verschiedenen **elementaren Kongruenzabbildungen** gegeben, bevor dann die **Kongruenzsätze für Dreiecke** behandelt werden. Bei diesen Sätzen geht es um die Frage, wie viele und welche Angaben eines Dreiecks ausreichend sind, um es **eindeutig** konstruieren zu können, denn dann sind alle Lösungen **einer** Konstruktionsaufgabe kongruent.

2 Kongruenzabbildungen im Überblick

Bei einer **Verschiebung** wird jeder Punkt einer Figur mithilfe desselben **Verschiebungspfeiles** $\vec{v}$ (auch: **Vektor**) auf den Bildpunkt verlagert, z. B.: $\vec{v}: A \rightarrow A^*, B \rightarrow B^*, C \rightarrow C^*$, usw. Verschiebungen ändern den **Umlaufsinn** einer Figur nicht.

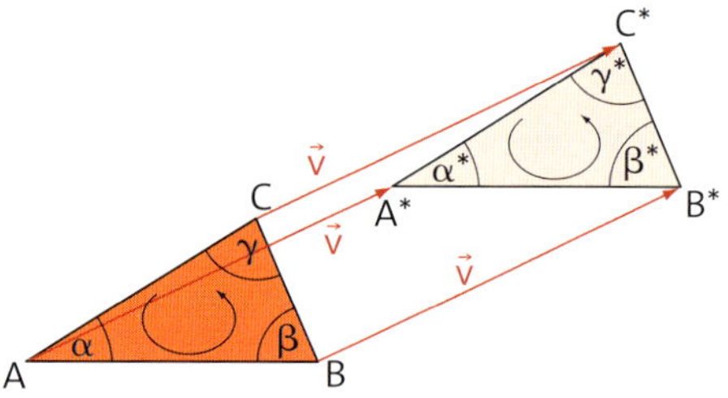

Bei einer **Achsenspiegelung** wird jeder Punkt einer Figur an der **Spiegelachse a** gespiegelt. Dabei wird jede der Verbindungsstrecken AA*, BB*, CC*, usw. senkrecht von a geschnitten und halbiert. Achsenspiegelungen kehren den Umlaufsinn einer Figur um.

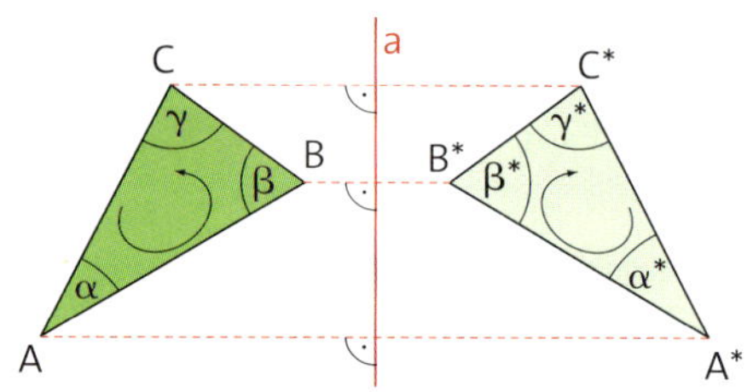

Bei einer **Drehung** wird jeder Punkt einer Figur entsprechend dem **Drehwinkel** φ um das **Drehzentrum Z** gedreht. Vereinbarungsgemäß geben positive bzw. negative Drehwinkel eine Drehung gegen bzw. mit dem Uhrzeigersinn an.

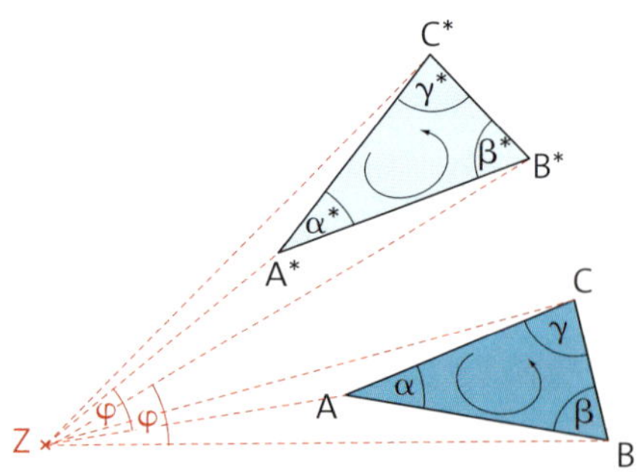

Drehungen ändern den Umlaufsinn einer Figur nicht. Beträgt der Drehwinkel $\varphi = 180°$, so liegt der spezielle Fall einer **Punktspiegelung** vor.

- Eine Kongruenzabbildung ändert weder eine Seitenlänge (z B. $\overline{AB} = \overline{A^*B^*}$ usw.), noch einen Winkel (z. B. $\alpha = \alpha^*$ usw.).
- Eine Figur, die nach einer Achsenspiegelung an a, bzw. Punktspiegelung an Z mit sich zur Deckung kommt, ist achsensymmetrisch bzw. punktsymmetrisch.
- Die Hintereinanderausführung (auch: Verknüpfung) zweier Kongruenzabbildungen ergibt wieder eine Kongruenzabbildung.

3 Der Kongruenzsatz sss

Stimmen zwei Dreiecke in den Längen ihrer drei Seiten überein, dann sind diese beiden Dreiecke kongruent.

Beispiel 1: Konstruiere ein Dreieck mit den Seitenlängen $a = 4\,cm$, $b = 5\,cm$ und $c = 6\,cm$.

1. Zeichne die Grundseite $c = \overline{AB} = 6\,cm$.
2. Zeichne den Kreis K_A um A vom Radius $r = b = 5\,cm$.
3. Zeichne den Kreis K_B um B vom Radius $r = a = 4\,cm$.
4. Die Kreisbögen K_A und K_B schneiden sich im dritten Eckunkt C des gesuchten Dreiecks.

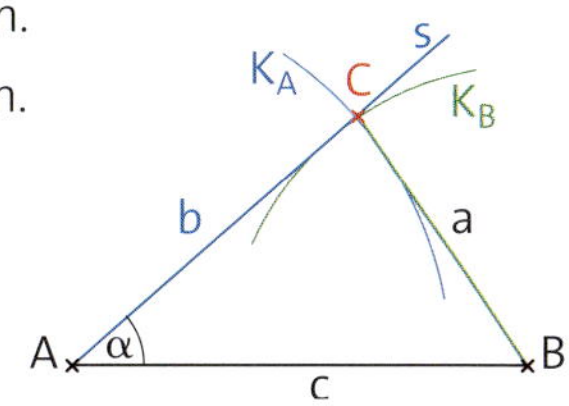

Achtung: Geht man von der Grundseite c aus, so muss die Summe $a + b$ bzw. die Differenz $|a - b|$ der beiden anderen Seiten größer bzw. kleiner als diese Grundseite sein, andernfalls, so sieht man in den Abbildungen, führt die Konstruktion nach **Beispiel 1** zu keinem Schnittpunkt der beiden Kreisbögen. Prüfe also vor Beginn der Konstruktion, ob die **Dreiecksungleichung $|a - b| < c < a + b$** erfüllt ist.

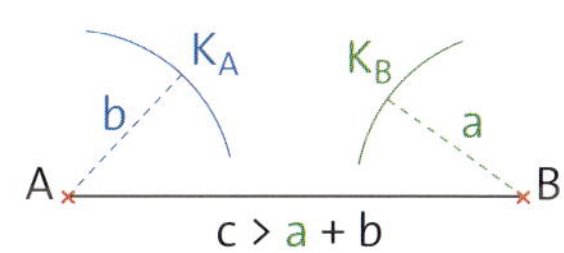

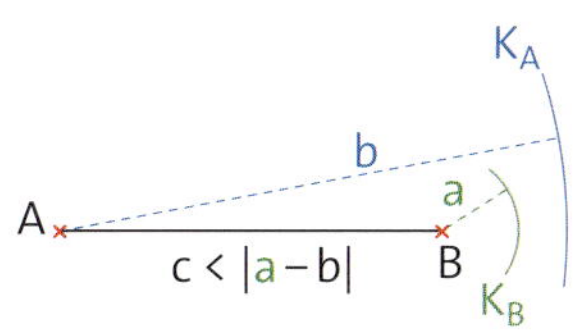

Beispiel 2: (Fortsetzung von **Beispiel 1**)
Die Dreiecksungleichung
$|4\,cm - 5\,cm| < 6\,cm < 4\,cm + 5\,cm \Leftrightarrow 1\,cm < 6\,cm < 9\,cm$
wird von den gegebenen Daten erfüllt und zeigt an, dass das Dreieck konstruierbar ist.

4 Der Kongruenzsatz sws

Stimmen zwei Dreiecke in den Längen zweier Seiten und dem von diesen Seiten eingeschlossenen Winkel überein, dann sind diese beiden Dreiecke kongruent.

Beispiel 3: Konstruiere ein Dreieck mit den Seitenlängen $b = 4\,cm$, $c = 6\,cm$ und dem Winkel $\alpha = 35°$.

1. Zeichne die Grundseite $c = \overline{AB} = 6\,cm$.
2. Trage in A den freien Schenkel s unter $\alpha = 35°$ gegen c ab.
3. Der Kreisbogen K_A um A mit dem Radius $r = b = 4\,cm$ schneidet s im dritten Eckpunkt C des gesuchten Dreiecks.

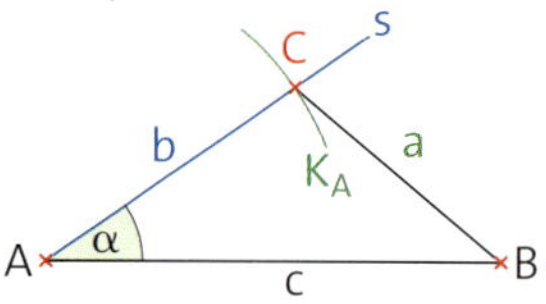

5 Der Kongruenzsatz Ssw

Stimmen zwei Dreiecke in den Längen zweier Seiten und demjenigen Winkel, der der größeren dieser beiden Seiten gegenüberliegt, überein, dann sind diese beiden Dreiecke kongruent.

Beispiel 4: Konstruiere ein Dreieck mit den Seitenlängen $a = 4\,cm$, $c = 3\,cm$ und dem Winkel $\alpha = 40°$.

1. Zeichne die Grundseite $c = \overline{AB} = 3\,cm$.
2. Trage in A den freien Schenkel s unter $\alpha = 40°$ gegen c ab.
3. Der Kreisbogen K_B um B vom Radius $r = a = 4\,cm$ schneidet s im dritten Eckpunkt C des gesuchten Dreiecks.

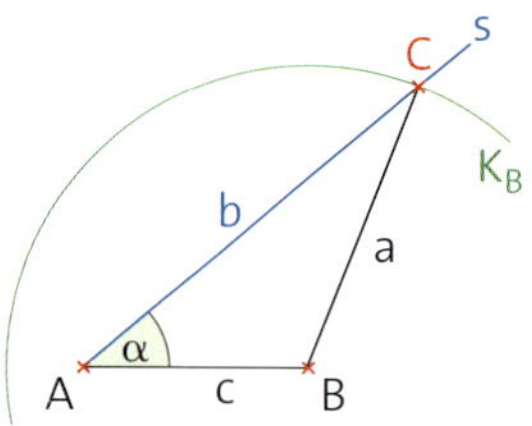

Achtung: Wenn der gegebene Winkel nicht der **größeren** der beiden bekannten Seiten gegenüberliegt, dann ist die Konstruktionsaufgabe entweder nicht mehr eindeutig oder aber gar nicht mehr lösbar.

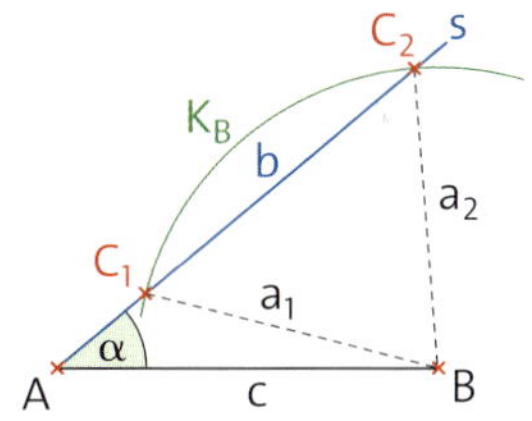

Beispiel 5: (Fortsetzung von **Beispiel 4**)
Konstruiere ein Dreieck mit den Seitenlängen $a = 4\,\text{cm}$, $c = 5\,\text{cm}$ und dem Winkel $\alpha = 40°$. Jetzt ist a die kürzere der beiden gegebenen Seiten, der der Winkel α gegenüberliegt, und es gibt zwei nicht kongruente Lösungen dieser Konstruktionsaufgabe.
Würde man a jetzt bei unveränderter Seitenlänge von c verkürzen, so würde s schließlich nicht mehr von K_A geschnitten und die Aufgabe wäre dann nicht mehr lösbar.

6 Die Kongruenzsätze wsw und sww

1. Stimmen zwei Dreiecke in der Länge einer Seite und den beiden an dieser Seite anliegenden Winkeln überein, dann sind diese beiden Dreiecke kongruent (wsw).
2. Nach dem Innenwinkelsummensatz für Dreiecke → Seite 86, Nr. 5 kann anstelle einer der anliegenden Winkel auch der gegenüberliegende Winkel gegeben sein (sww).

Beispiel 6: Konstruiere ein gleichschenkliges Dreieck mit der Basis AB, dem Winkel $\gamma = 50°$ und der Höhe $h_c = 6\,\text{cm}$.

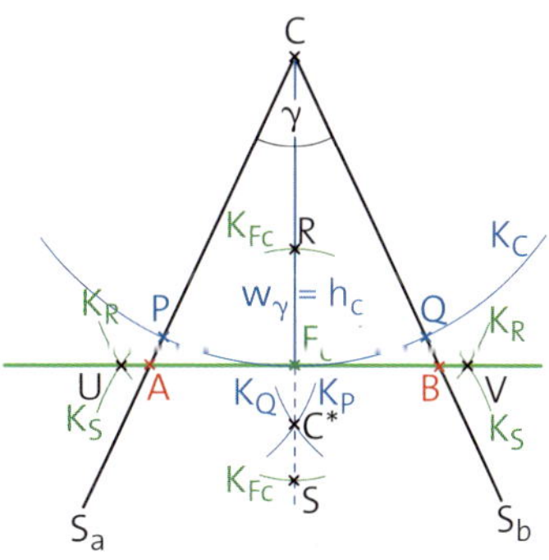

Konstruktionsbeschreibung:

1. Zeichne den Winkel $\gamma = \sphericalangle(s_a, s_b) = 50°$ mit dem Scheitelpunkt C.
2. Der Kreisbogen K_C um C hat den Radius $r = h_c = 6\,\text{cm}$ und schneidet die Schenkel s_a und s_b in den Punkten P und Q. Die Kreisbögen K_P und K_Q vom gleichen Radius um P und Q schneiden sich im Punkt C*. Von C aus durch C* verläuft die Winkelhalbierende w_γ, die hier (Gleichschenkligkeit!) auch der Höhe h_c mit dem Fußpunkt F_c entspricht.
3. Die Kreisbögen K_{F_C} schneiden die Halbgerade von C durch C* (bzw. durch F_C) in den Punkten R und S mit $\overline{F_CR} = \overline{F_CS}$. Die Kreisbögen K_R und K_S vom gleichen Radius um R und S schneiden sich in den Punkten U und V und legen dadurch die Lotgerade zu CC* durch F_C fest, die ihrerseits die Schenkel s_a und s_b in den gesuchten Eckpunkten A und B schneidet.

TEST 1 Kongruenzabbildungen

1 a) Das Dreieck mit den Eckpunkten $A_0(1|0)$; $B_0(4|1)$; $C_0(0|2)$ wird durch den eingezeichneten Verschiebungspfeil $\vec{v_1}$ verschoben. Gib die Koordinaten der verschobenen Eckpunkte an:

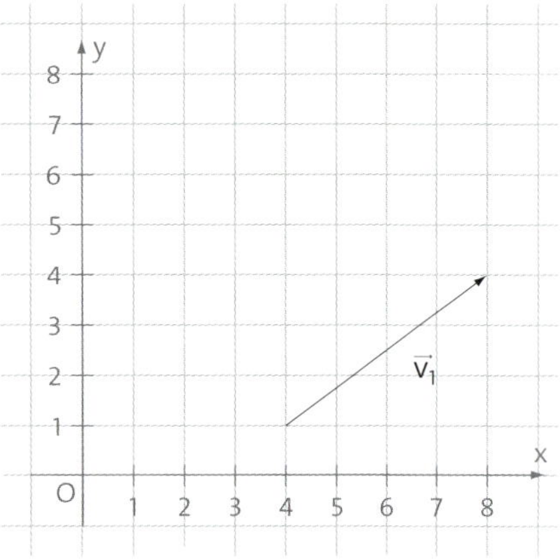

$A_1 = (\quad|\quad)$; $B_1 = (\quad|\quad)$;

$C_1 = (\quad|\quad)$

b) Nun wird das Dreieck $A_1B_1C_1$ so verschoben, dass der Punkt A_1 auf den Punkt $A_2(2|6)$ abgebildet wird. Gib die Koordinaten der Bildpunkte B_2 und C_2 an und beschreibe den Verschiebungspfeil $\vec{v_2}$. $\vec{v_2}$ kann beschrieben werden durch eine Angabe wie z. B.: „2 LE (Längeneinheiten) nach rechts und 3 LE nach oben."

$B_2 = (\quad|\quad)$; $C_2 = (\quad|\quad)$; $\vec{v_2}$:

c) Gib einen Verschiebungspfeil $\vec{v_3}$ an, durch den das Dreieck $A_0B_0C_0$ direkt nach $A_2B_2C_2$ verschoben wird. Wie hängt $\vec{v_3}$ von $\vec{v_1}$ und $\vec{v_2}$ ab?

2 Das Dreieck A*B*C* geht aus dem Dreieck ABC durch eine Drehung hervor. Bestimme die Lage des Drehzentrums Z und gib auch den entsprechenden Drehwinkel φ an.

Z = φ =

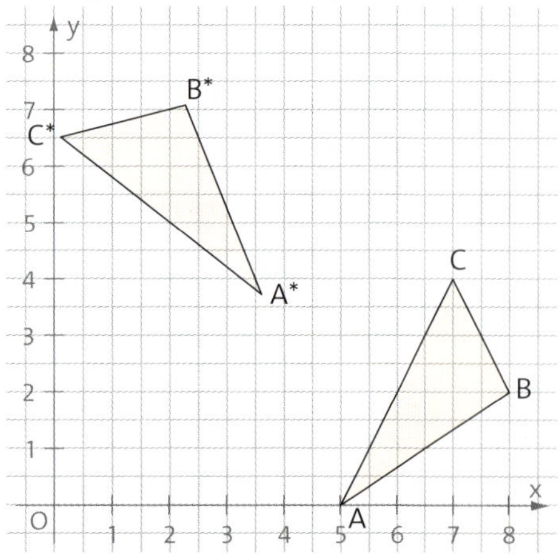

3 Konstruiere das an der Achse a gespiegelte Bild des Dreiecks ABC und beschreibe die wesentlichen Schritte deines Vorgehens.

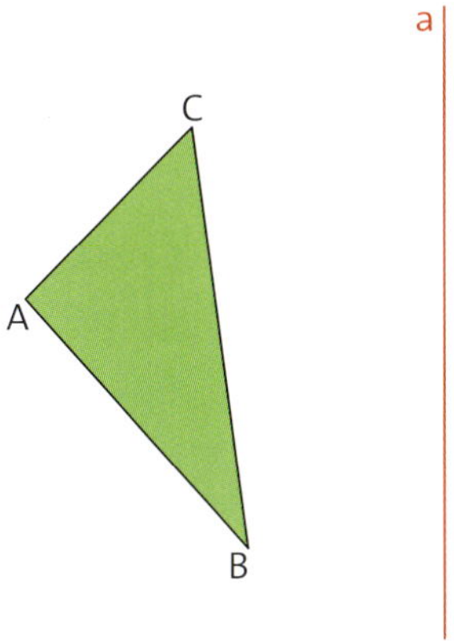

4 Trage bei den abgebildeten Figuren alle Symmetrieachsen und, falls möglich, auch das Symmetriezentrum Z ein.

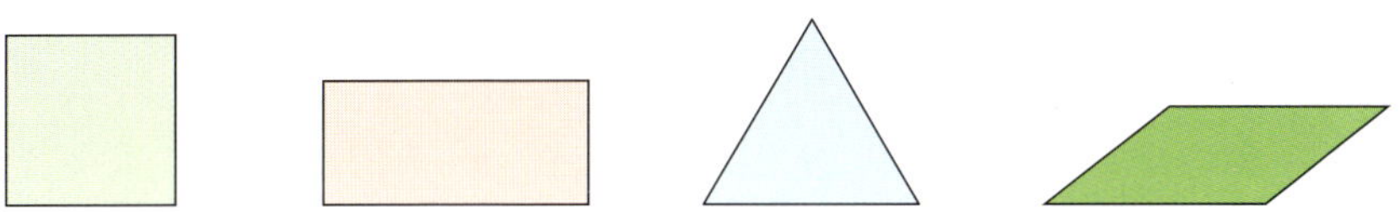

5 Prüfe, ob die folgenden Aussagen wahr sind.

a) Zwei hintereinander ausgeführte Verschiebungen können stets durch eine einzige Verschiebung ersetzt werden.

b) Eine Drehung kann stets durch eine Achsenspiegelung ersetzt werden.

c) Zwei hintereinander ausgeführte Drehungen um dasselbe Drehzentrum können stets durch eine einzige Drehung ersetzt werden.

d) Zwei hintereinander ausgeführte Achsenspiegelungen können stets durch eine einzige Achsenspiegelung ersetzt werden.

TEST 2 Die Kongruenzsätze sss und sws

1 B-Dorf liegt 5 km von A-Dorf entfernt. Von A-Dorf nach C-Dorf sind es 7 km und von B-Dorf nach C-Dorf 4 km.

a) In welchem Maßstab wurde die Entfernung zwischen A-Dorf und C-Dorf vorgegeben?
Maßstab:

b) Bestimme die Position von C-Dorf und gib die Maße der Innenwinkel im Dreieck ABC an. α = β = γ =

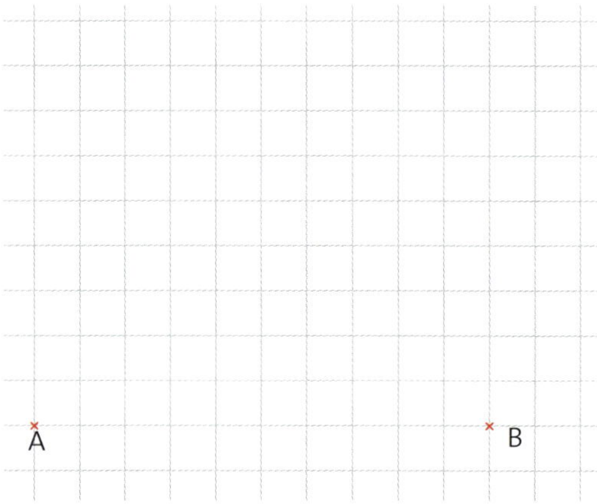

2 Prüfe ohne zu zeichnen, ob mit den Angaben ein Dreieck konstruiert werden kann.

a) a = 2 cm, b = 3 cm, c = 6 cm
b) a = 12 cm, b = 8 cm, c = 5 cm
c) a = 32 cm, b = 24 cm, c = 8 cm
d) a = 12 cm, b = 12 cm, c = 12 cm

3 Vom Vermessungspunkt A aus soll mit einem Peilgerät die Lage eines Tunnels vermessen werden. Zunächst wird der 6,5 km entfernte Punkt B (Tunneleinfahrt) angepeilt. Nach einer Drehung des Peilgeräts um 43° hat man den 5,5 km entfernten Punkt C im Visier (Tunnelausfahrt). Bestimme durch eine maßstabsgerechte Konstruktion die Länge des so vermessenen Tunnels.

TEST 3 Die Kongruenzsätze Ssw, wsw und sww

1 Heiko ist mit dem Fahrrad unterwegs und verpasst in A-Dorf die Abzweigung zu dem 7 km entfernten C-Dorf. Stattdessen erreicht er nach 6 km B-Dorf, wo er den Kreisverkehr um 305° durchfahren muss, bevor er von dort aus nach C-Dorf abbiegt. Wie weit ist es jetzt noch bis zum Ziel? Konstruiere die Lösung im geeigneten Maßstab.

$a = \overline{BC} =$

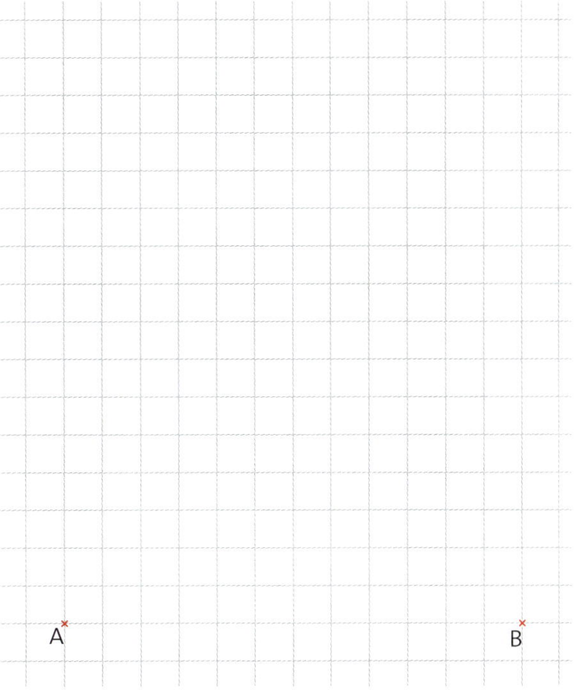

2 Prüfe ohne zu zeichnen, ob der Kongruenzsatz Ssw auf eine eindeutige Konstruktionslösung führt.

a) $a = 1{,}2\,\text{dm}$, $b = 14\,\text{cm}$, $\beta = 16°$

b) $c = 0{,}75\,\text{m}$, $b = 85\,\text{cm}$, $\gamma = 112°$

c) $c = 2{,}4\,\text{cm}$, $a = 42\,\text{mm}$, $\gamma = 90°$

3 An der Küste stehen im Abstand von 2,5 km die beiden Leuchttürme A und B, von denen das Schiff C aus unter den Winkeln $\alpha = 37°$ und $\beta = 52°$, jeweils gegen die Verbindungsstrecke AB gemessen, beobachtet wird. Bestimme mithilfe einer maßstabsgerechten Konstruktion im Heft, wie weit das Schiff von A und B und auch von der Küste entfernt ist.

Lösungen zu Test 1

1 a) Aus der Grafik liest man ab:
$A_1(5|3)$; $B_1(8|4)$; $C_1(4|5)$

b) Die Differenz der Koordinaten von $A_2(2|6)$ und $A_1(5|3)$ führen auf: $\overrightarrow{v_2}$: 3 LE nach links und 3 LE nach oben. Hiermit folgt: $B_2(5|7)$ und $C_2(1|8)$.

c) Die Koordinaten von $A_0(1|0)$ und $A_2(2|6)$ führen auf $\overrightarrow{v_3}$: 1 LE nach rechts und 6 LE nach oben.
$\overrightarrow{v_3}$ ergibt sich rechnerisch aus der Summe von $\overrightarrow{v_1}$ und $\overrightarrow{v_2}$: waagrecht: + 4 LE − 3 LE = 1 LE; senkrecht: + 3 LE + 3 LE = 6 LE

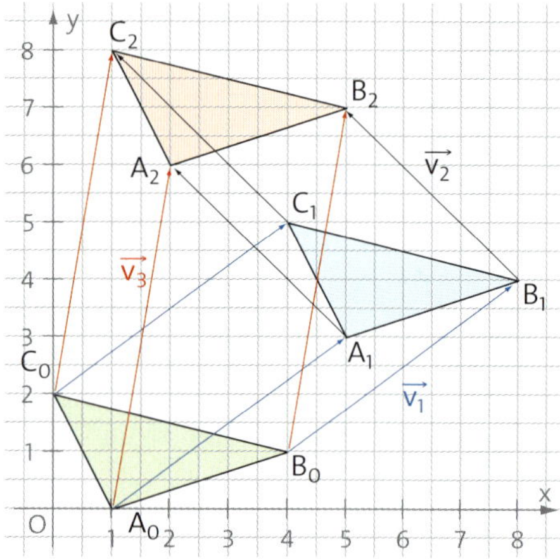

2 1. Die Kreisbögen K_C und K_{C^*} vom gleichen Radius um C und C* schneiden sich in den Punkten P und Q, durch die die Mittelsenkrechte m_C zu CC* verläuft.
2. Errichte ebenso die Mittelsenrechte m_A auf AA*.
3. Die beiden Mittelsenkrechten m_A und m_C schneiden sich im gesuchten Drehzentrum Z(2|1).
4. Die Strecken ZC und ZC* bilden den Drehwinkel $\varphi = \measuredangle(CZC^*) = 78°$.

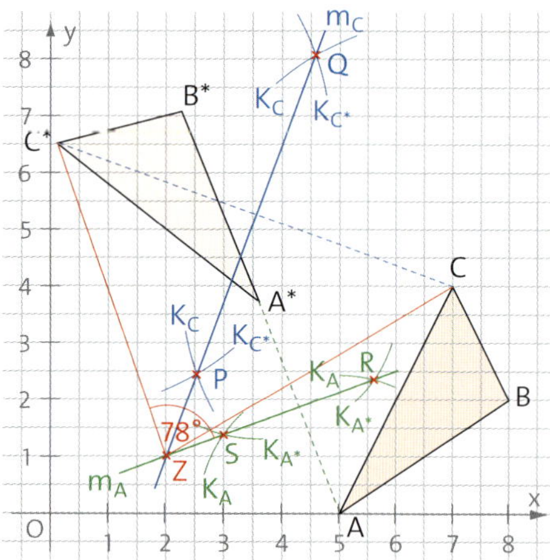

3 1. Der Kreisbogen K_B um B schneidet die Spiegelachse a in den Punkten P und Q. Die Kreisbögen K_P und K_Q vom gleichen Radius um P und Q schneiden sich im Punkt R. Von B aus verläuft das Lot m_B durch R.

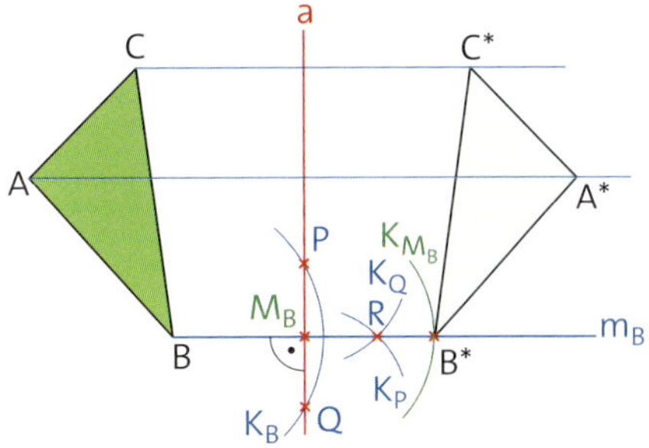

2. Das Lot m_B schneidet a im Punkt M_B. Der Kreisbogen K_{M_B} mit Radius $r = \overline{BM_B}$ schneidet m_B im Spiegelpunkt B*.
3. Konstruiere auf dieselbe Weise von A bzw. von C aus die Lotlinien m_A bzw. m_C, auf denen dann die Spiegelpunkte A* bzw. C* liegen.

4 Das Quadrat besitzt mit vier Symmetrieachsen und einem Symmetriezentrum den höchsten Grad an Symmetrie. Beim Übergang zum Rechteck gehen die beiden diagonalen Symmetrieachsen a_3 und a_4 verloren. Das gleichseitige Dreieck zeigt, dass der Schnittpunktpunkt der Symmetrieachsen nicht zwangsläufig einem Symmetriezentrum entspricht. Schließlich zeigt das Parallelogramm, dass es ein Symmetriezentrum auch ohne Symmetrieachsen geben kann.

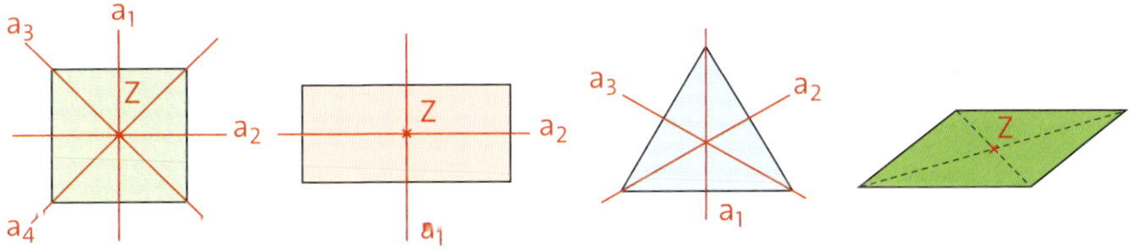

5 a) Wahr. Aufgabe 1c) zeigt beispielhaft, wie die Addition zweier Verschiebungspfeile (Vektoren) auf den Vektor der Ersatzverschiebung führt.

b) Falsch. Während sich der Umlaufsinn einer Figur bei einer Drehung nicht ändert, wird er durch eine Achsenspiegelung stets umgekehrt.

c) Wahr. Die Ersatzdrehung wird bezüglich desselben Drehzentrums ausgeführt und der Drehwinkel entspricht der Summe der beiden einzelnen Drehwinkel.

d) Falsch. Jede Achsenspiegelung ändert den Umlaufsinn einer Figur, sodass er durch zwei hintereinander ausgeführte Achsenspiegelungen erhalten bleibt.

Lösungen zu Test 2

1 a) Der Abstand von A nach B wird gemessen: $c = \overline{AB} = 5\,\text{cm}$, was einer realen Entfernung von 5 km entspricht. Daher ist der Maßstab: 1 cm ≙ 1 km bzw. 1:100 000.

b) Der Kongruenzsatz sss erlaubt die eindeutige Konstruktion eines Dreiecks aus den drei gegebenen Seitenlängen, denn die Dreiecksungleichung ist erfüllt: $|a - b| = |4 - 7| = 3 < c < 11 = 4 + 7 = a + b$

1. Zeichne die Grundseite $c = \overline{AB} = 5\,\text{cm}$.
2. Zeichne den Kreisbogen K_A um A vom Radius $r_A = b = 7\,\text{cm}$.
3. Zeichne den Kreisbogen K_B um B vom Radius $r_B = a = 4\,\text{cm}$.
4. Die Kreisbögen K_A und K_B schneiden sich im dritten Eckpunkt C des Dreiecks.
5. Die Innenwinkelmaße betragen $\alpha = 34°$, $\beta = 101°$ und $\gamma = 45°$.

Hinweis: Hier wird vorausgesetzt, dass sich die Innenwinkelmaße unabhängig von der Wahl des Maßstabs nicht ändern. Eine genauere Begründung dieses Sachverhalts wird auf → Seite 124 im Zusammenhang mit der Ähnlichkeit von Dreiecken gegeben.

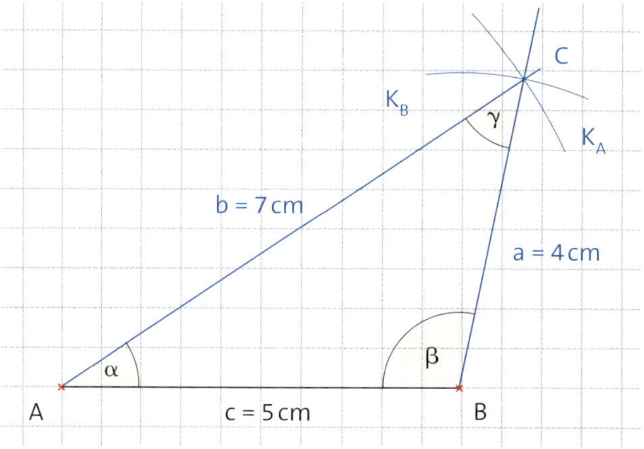

2 Prüfe bei jeder der folgenden Teilaufgaben, ob die **Dreiecksungleichung** (→ Seite 111, Nr. 3) $|a-b| < c < a+b$ als Bedingung für die Konstruierbarkeit des Dreiecks erfüllt wird.

a) $c = 6 > 5 = 2 + 3 = a + b$; weil die Dreiecksungleichung nicht erfüllt wird, führen die Angaben nicht zu einem Dreieck.

b) $|a-b| = |12-8| = 4 < c < 20 = 12 + 8 = a + b$; weil die Dreiecksungleichung erfüllt wird, führen die Angaben auf ein Dreieck.

c) $c = 8 = |32-24| = |a-b|$; weil die Dreiecksungleichung nicht erfüllt wird, führen die Angaben nicht zu einem Dreieck.

d) $|a-b| = 12 - 12 = 0 < c < 24 = 12 + 12 = a + b$; weil die Dreiecksungleichung erfüllt wird, führen die Angaben auf ein Dreieck.

3 Der Kongruenzsatz sws erlaubt die eindeutige Konstruktion eines Dreiecks aus den gegebenen Längen zweier Seiten und dem hiervon eingeschlossenen Winkel.

Die Konstruktion wird im Maßstab $1\,\text{cm} \mathrel{\hat{=}} 1\,\text{km}$ (1 : 100 000) durch-geführt.

1. Zeichne die Grundseite $c = \overline{AB} = 6{,}5\,\text{cm}$.
2. Trage den freien Schenkel s in A unter $\alpha = 43°$ gegen c an.
3. Zeichne den Kreisbogen K_A um A vom Radius $r_A = b = 5{,}5\,\text{cm}$.
4. Der Kreisbogen K_A schneidet den freien Schenkel s im dritten Eckpunkt C.
5. Zeichne die Dreieckseite BC und bestimme ihre Länge zu $a = \overline{BC} = 4{,}5\,\text{cm} \mathrel{\hat{=}} 4{,}5\,\text{km}$. Der Tunnel ist 4,5 km lang.

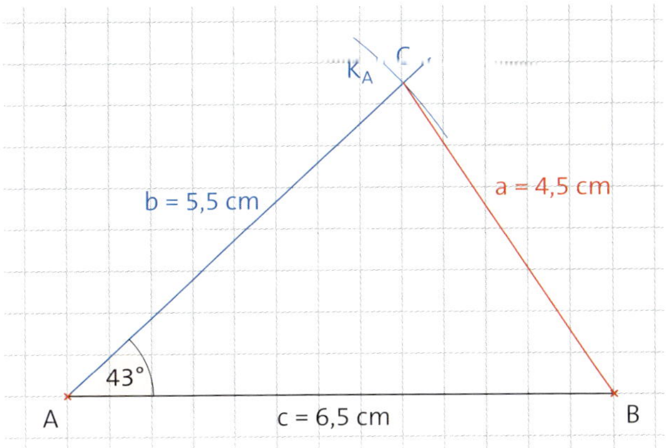

Lösungen zu Test 3

1 Die Angaben entsprechen dem Kongruenzsatz Ssw und daher ist eine eindeutige Lösung konstruierbar. Die Konstruktion erfolgt im Maßstab 1 cm ≙ 1 km.
1 cm entspricht in dieser Zeichnung 2 Kästchen.

1. Zeichne die Grundseite $c = \overline{AB} = 6$ cm.
2. Trage in B den freien Schenkel s unter dem Winkel $\beta = 360° - 305° = 55°$ an c ab.
3. Zeichne den Kreisbogen K_A um A mit dem Radius $r_A = b = 7$ cm. K_A schneidet s im dritten Eckpunkt C.
4. Die Länge der Strecke BC beträgt $a = 8{,}5$ cm ≙ 8,5 km.

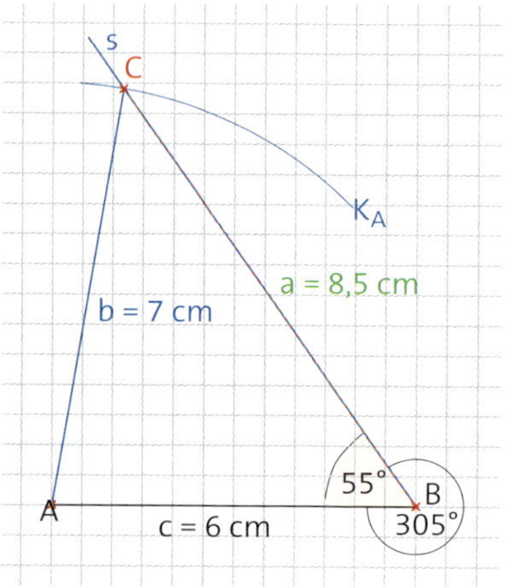

2 Prüfe, ob der angegebene Winkel jeweils der größeren Seite gegenüberliegt:

a) $b = 1{,}4$ dm $> a$ und β liegt b gegenüber $\Rightarrow$ Ssw ist anwendbar.
b) $c = 75$ cm $< b$ und γ liegt c gegenüber $\Rightarrow$ Ssw ist nicht anwendbar.
c) $c = 24$ mm $< a$ und γ liegt c gegenüber $\Rightarrow$ Ssw ist nicht anwendbar.

3 Die Angaben entsprechen dem Kongruenzsatz wsw, und daher ist eine eindeutige Lösung konstruierbar. Die Konstruktion erfolgt im Maßstab 1 cm ≙ 0,5 km.

1. Zeichne die Grundseite $c = \overline{AB} = 5$ cm.
2. Trage in A den freien Schenkel s_a unter $\alpha = 37°$ gegen c ab.
3. Trage in B den freien Schenkel s_b unter $\beta = 52°$ gegen c ab. s_b schneidet s_a im dritten Eckpunkt C.
4. Miss folgende Seitenlängen:
   $b = \overline{AC} = 3{,}9$ cm ≙ 1,95 km; $a = \overline{BC} = 3{,}0$ cm ≙ 1,5 km;
   der Abstand zur Küste entspricht der Länge $h_c = 2{,}3$ cm ≙ 1,15 km.

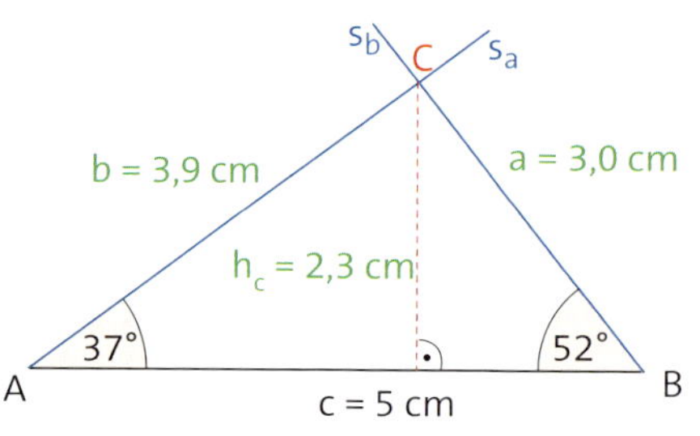

1 Ähnlichkeit zweier Figuren

Zwei Figuren, z. B. Dreiecke, sind zueinander **ähnlich**, wenn eine der Figuren durch geeignetes Vergrößern oder Verkleinern ein kongruentes (deckungsgleiches) Abbild der anderen Figur liefert. Eine derart vergrößernde oder verkleinernde Abbildung wird auch als **zentrische Streckung** bezeichnet.

Beispiel 1: Du kennst das Straßenverkehrsschild „Vorfahrt gewähren", das sich aus zwei Dreiecken aufbaut, einem äußeren großen Dreieck (rot) und einem inneren kleinen Dreieck (hier: grün). Man kann entweder das große Dreieck so verkleinern oder das kleine Dreieck so vergrößern, dass es zu dem jeweils anderen Dreieck kongruent wird.

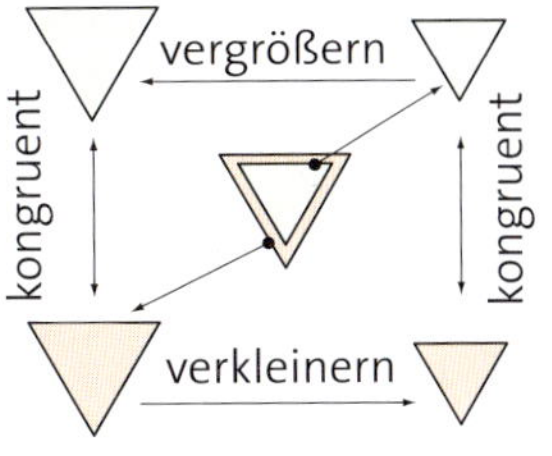

Achtung: Zwei kongruente Figuren sind ebenfalls ähnlich. Die Kongruenz ist somit ein Spezialfall der Ähnlichkeit, bei der das Vergrößern oder Verkleinern entfällt.

2 Zentrische Streckung einer Strecke

Beispiel 2: Eine Strecke ST soll von S aus um den **Streckfaktor k** $= 1{,}5 = \frac{3}{2}$ gestreckt werden. Dazu wird in S unter einem beliebigen (möglichst spitzen) Winkel ein Skalenstrahl an ST abgetragen. Weil nun die Länge $\overline{ST}$ mit $100\,\% \triangleq \frac{2}{2}$ angenommen wird, wird der Endpunkt T mit dem Skalenpunkt 2 verbunden.

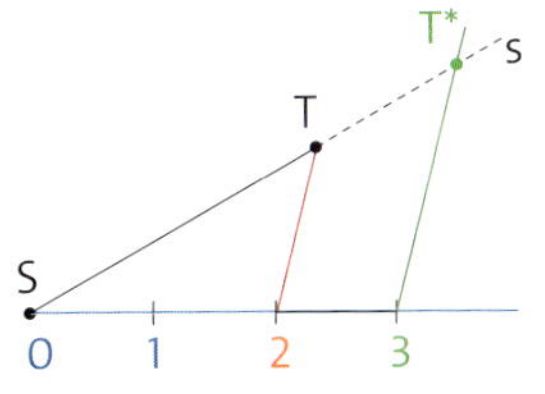

Dann verläuft hierzu vom Skalenpunkt 3 aus eine Parallele, die den über T hinaus verlängerten Strahl s im Bildpunkt T* trifft. Offensichtlich wird so der Streckfaktor k vom Skalenstrahl auf den freien Schenkel s übertragen und es gilt $\overline{ST^*} = k \cdot \overline{ST}$, hier also $\overline{ST^*} = \frac{3}{2} \cdot \overline{ST}$.

Im Allgemeinen fällt das sogenannte **Streckzentrum S** jedoch nicht mit einem Endpunkt einer abzubildenden Strecke zusammen. Dennoch kann auch dann das in Beispiel 2 aufgezeigte Verfahren angewendet werden. Man nennt dieses Verfahren zur Vergrößerung oder Verkleinerung von Strecken eine **zentrische Streckung**.

Beispiel 3: Die Strecke AB soll vom **Streckzentrum S** aus um den Streckfaktor $k = 1{,}5$ gestreckt werden. Man kann von S aus einen Skalenstrahl oder auch,wie hier gezeigt, zwei Skalenstrahlen abtragen, um dann mit ihrer Hilfe die Strecken SA und SB abzubilden (Beispiel 2). Die Bildpunkte A* und B* sind dann die Endpunkte der um k gestreckten Strecke AB.

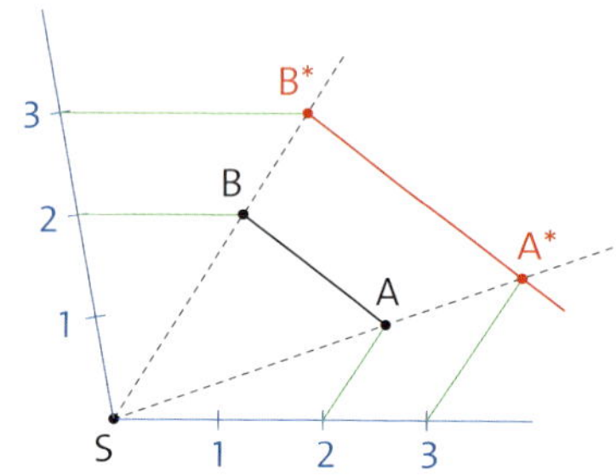

Eine wichtige Eigenschaft einer zentrischen Streckung ist: Wird eine Strecke AB von einem beliebigen Streckzentrum S aus um den Streckfaktor k zentrisch gestreckt, dann verläuft die Bildstrecke A*B* stets parallel zu AB und zwischen den Streckenlängen gilt stets die Beziehung $\overline{A^*B^*} = k \cdot \overline{AB}$.

3 Zentrische Streckung einer Figur

Beispiel 4: Das Dreieck $A_0B_0C_0$ wird von S aus um die Streckfaktoren $k_0 = 1$, $k_1 = 2$, $k_2 = 0{,}5$ und $k_3 = -2$ zentrisch gestreckt. Dann hat der Streckfaktor k ($k \in \mathbb{Q}^{+0}$) folgenden Einfluss auf die Bildfigur:

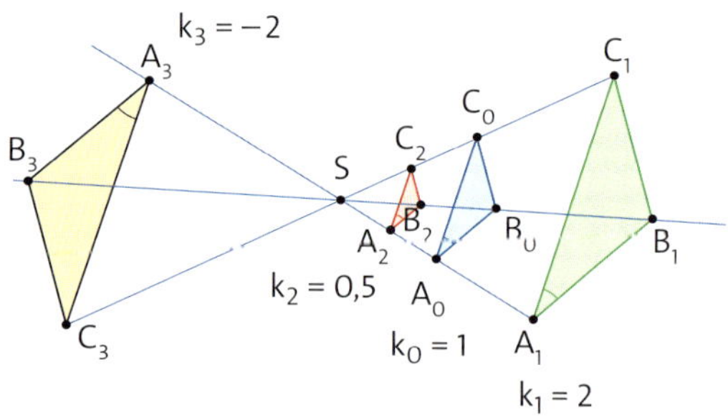

(1) Für $|k| = 1$ hat die Bildfigur dieselbe Größe wie die Originalfigur, so z. B. für $|k_0| = |1| = 1$.

(2) Für $|k| > 1$ ist die Bildfigur größer als die Originalfigur, so z. B. für $|k_1| = |2| = 2 > 1$ oder für $|k_3| = |-2| = 2 > 1$.

(3) Für $|k| < 1$ ist die Bildfigur kleiner als die Originalfigur, so z. B. für $|k_2| = |0{,}5| = 0{,}5 < 1$.

(4) Für $k < 0$ setzt sich die zentrische Streckung aus der zuvor beschriebenen Vergrößerung oder Verkleinerung und einer anschließenden Punktspiegelung an S zusammen. So bewirkt z. B. der Faktor $k_3 = -2 < 0$ dieselbe Vergrößerung wie auch $k_1 = |k_3| = 2$. Anschließend muss aber noch eine Punktspiegelung an S durchgeführt werden.

Eine zentrische Streckung hat folgende **Eigenschaften**:

Wird eine Figur, z. B. das Dreieck $A_0B_0C_0$ aus **Beispiel 4**, um den Streckfaktor k zentrisch gestreckt, so ...

(1) ... gleichen sich die entsprechenden Winkel in der Original- und der Bildfigur, z. B. gilt $\sphericalangle(C_0A_0B_0) = \sphericalangle(C_1A_1B_1) = \sphericalangle(C_2A_2B_2)$

(2) ... ändert sich der Flächeninhalt der Originalfigur mit dem Faktor k^2, z. B. gilt Flächeninhalt $(A_1B_1C_1) = k_1^2 \cdot$ Flächeninhalt $(A_0B_0C_0)$

(3) ... gleichen sich entsprechende Streckenverhältnisse (= Quotienten zweier Streckenlängen) in der Original- und der Bildfigur, z. B. gilt $\frac{\overline{A_0B_0}}{\overline{B_0C_0}} = \frac{\overline{A_1B_1}}{\overline{B_1C_1}}$

Beispiel 5: Das Quadrat ABCD wird vom Streckzentrum A aus um den Streckfaktor $k = 2$ zentrisch gestreckt, sodass die Bildfigur $A^*B^*C^*D^*$ entsteht. Dann gilt:

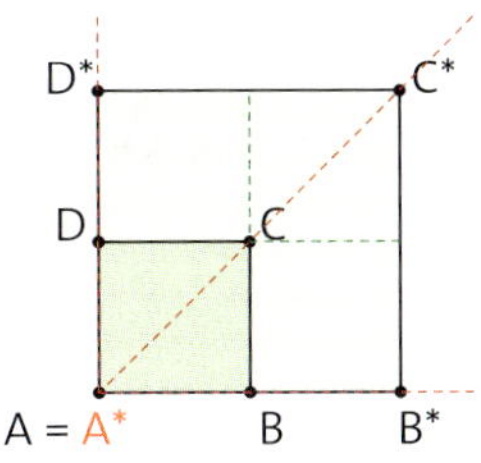

(1) $\overline{A^*B^*} = 2 \cdot \overline{AB}$, $\overline{A^*D^*} = 2 \cdot \overline{AD}$, $\overline{A^*C^*} = 2 \cdot \overline{AC}$, ...

(2) Flächeninhalt
$(A^*B^*C^*D^*) = \overline{A^*B^*} \cdot \overline{A^*D^*} = (2 \cdot \overline{AB}) \cdot (2 \cdot \overline{AD}) = 2^2 \cdot (\overline{AB} \cdot \overline{AD})$
$= 4 \cdot$ Flächeninhalt (ABCD)

(3) $A^*B^*C^*D^*$ muss ein Quadrat sein, denn es gilt
$\sphericalangle(DAB) = 90° = \sphericalangle(D^*A^*B^*)$; $\sphericalangle(ABC) = 90° = \sphericalangle(A^*B^*C^*)$, usw. und
$\overline{A^*B^*} = 2 \cdot \overline{AB} = 2 \cdot \overline{AD} = \overline{A^*D^*}$.

4 Der 1. Strahlensatz

Zwei Geraden g und h, die sich im Punkt S schneiden, werden von den beiden Parallelen k_1 und k_2 in den Punkten A_1 und A_2 bzw. B_1 und B_2 geschnitten.

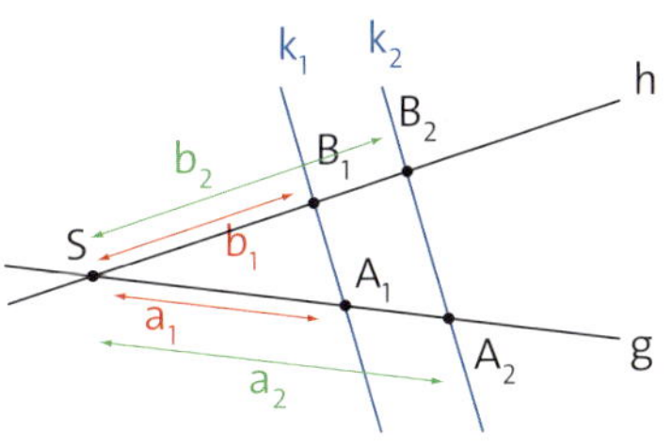

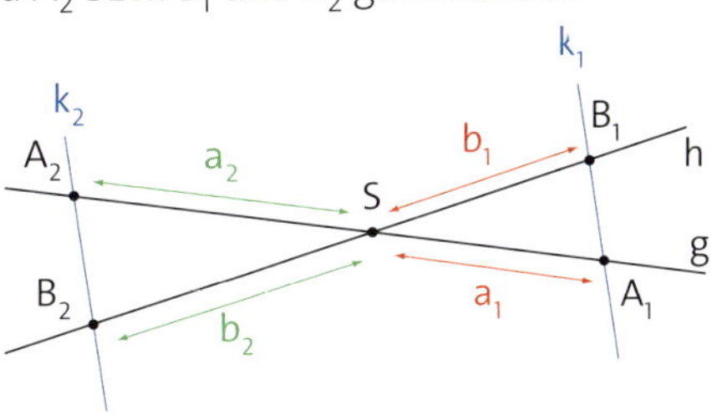

Dann gilt, unabhängig davon, ob k_1 und k_2 auf derselben Seite oder auf entgegengesetzten Seiten von S liegen, die **Verhältnisgleichung**: $\frac{\overline{SA_2}}{\overline{SA_1}} = \frac{\overline{SB_2}}{\overline{SB_1}} \Leftrightarrow \frac{a_2}{a_1} = \frac{b_2}{b_1}$.

Es gilt auch die Umkehrung der „Wenn-dann-Aussage“ des ersten Strahlensatzes: Wenn die Geraden g und h, die sich in S schneiden, von den Geraden k_1 und k_2 so geschnitten werden, dass die zuvor genannte Verhältnisgleichung gilt, dann sind k_1 und k_2 parallel zueinander.

Beispiel 6: In der Abbildung soll die Länge x der Strecke SA_1 so bestimmt werden, dass k_1 und k_2 parallel sind. Die Umkehrung des 1. Strahlensatzes führt auf: $\frac{x+36}{x} = \frac{42+28}{42}$; $D = \mathbb{Q}^{\geq 0}$

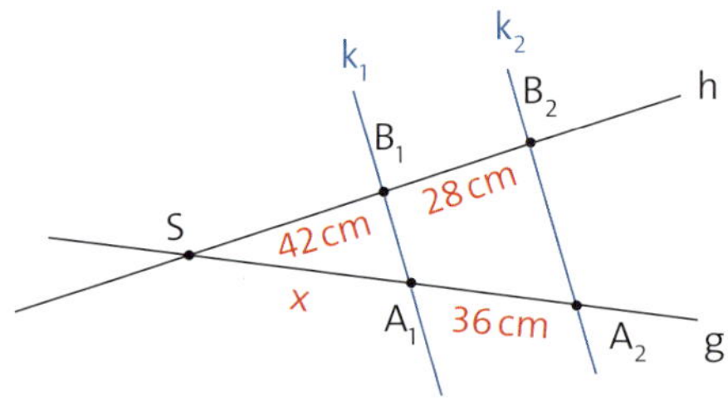

$\Leftrightarrow \quad 42(x + 36) = 70x$

$\Leftrightarrow \quad 42x + 1512 = 70x \qquad |-42x$

$\Leftrightarrow \quad 1512 = 28x \qquad |:28$

$\Leftrightarrow \quad x = 54\,\text{cm}$

5 Der 2. Strahlensatz

Es gelten die gleichen Voraussetzungen wie beim 1. Strahlensatz, insbesondere ist also k_1 parallel zu k_2.
Von Interesse sind jetzt aber auch die Strecken $c = \overline{A_1B_a}$ und $d = \overline{A_2B_2}$, die von g und h aus k_1 und k_2 „ausgeschnitten“ werden.

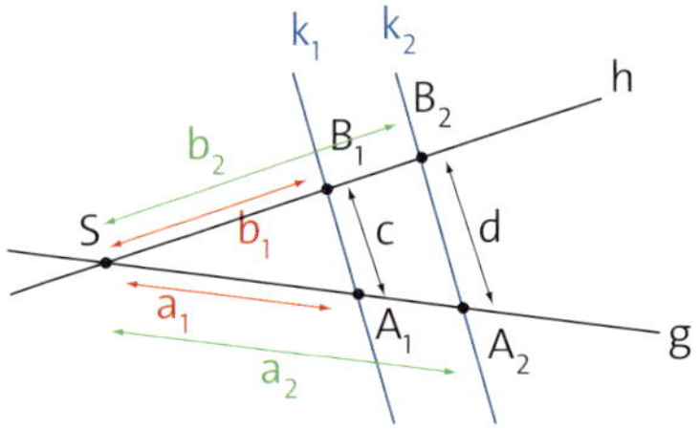

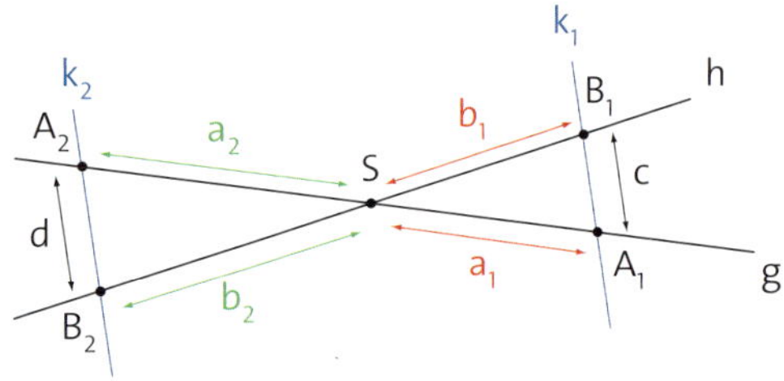

Dann gelten, unabhängig davon, ob k_1 und k_2 auf derselben Seite oder auf entgegengesetzten Seiten von S liegen, die **Verhältnisgleichungen:**

$\frac{\overline{A_2B_2}}{\overline{A_1B_1}} = \frac{\overline{SA_2}}{\overline{SA_1}} \Leftrightarrow \frac{d}{c} = \frac{a_2}{a_1}$ und $\frac{\overline{A_2B_2}}{\overline{A_1B_1}} = \frac{\overline{SB_2}}{\overline{SB_1}} \Leftrightarrow \frac{d}{c} = \frac{b_2}{b_1}$

TEST 1 Zentrische Streckungen

Die Strecke AB soll bezüglich des Streckzentrums S um den Faktor $k = 2$ gestreckt werden.

a) Führe die zentrische Streckung mithilfe eines Skalenstrahls durch.

(1)

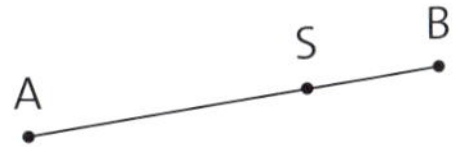

(2)

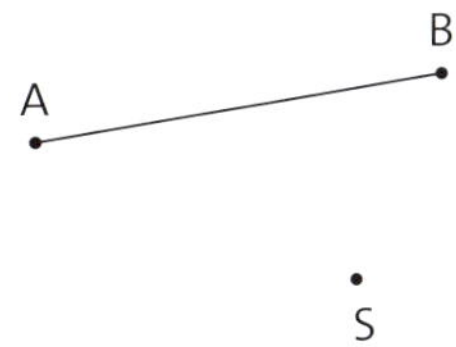

b) Führe die zentrische Streckung erneut, jetzt aber nur mithilfe von Zirkel und Lineal durch.

(1)

(2)

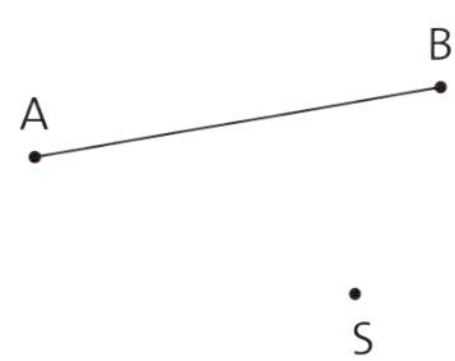

c) Stellt das Verfahren aus Teilaufgabe b) stets eine Alternative zu dem Verfahren aus Teilaufgabe a) dar? – Begründe!

TEST 2 Strahlensätze

1 Bestimme die Abschnittslängen x und y so, dass die Geraden k_1, k_2 und k_3 parallel zueinander verlaufen.

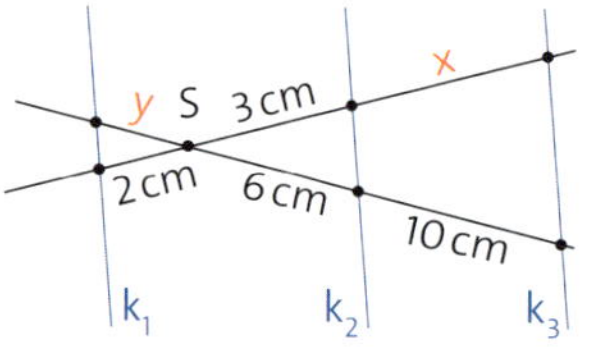

2 In jeder Zeile der folgenden Tabelle ist jeweils eine der Abschnittslängen u, x, y oder z gegeben. Die fehlenden Längen sind jeweils so zu bestimmen, dass k_1 und k_2 parallel verlaufen.

	u	x	y	z
a)	4,0			
b)		3,6		
c)			5,4	

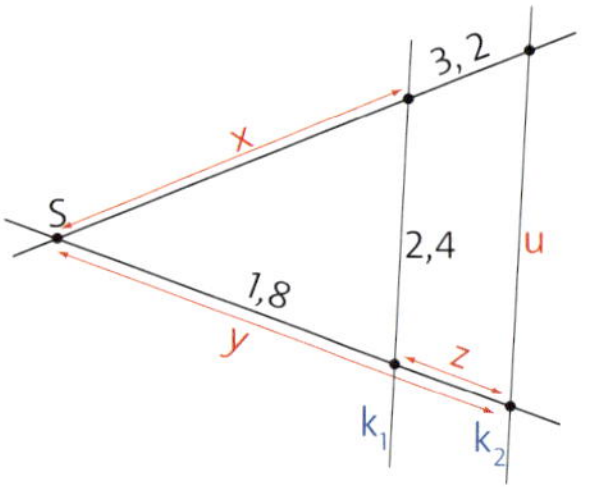

3 a) Lars stellt fest, dass die Tanne einen 16,88 m langen Schatten wirft. Er überlegt sich, dass er die Höhe h dieses Baumes berechnen kann, wenn er sich selbst bei einer Körpergröße von 1,65 m so hinstellt, dass sein eigener Schatten mit dem des Baumes endet.

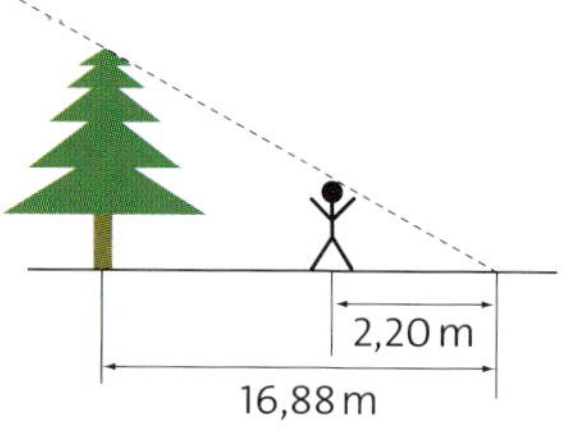

b) Zu einer anderen Uhrzeit beobachtet Lars, dass der Schatten des Baumes nur 9,13 m lang ist. Wie lang ist jetzt sein eigener Schatten?

4 Eine Lochbildkamera erzeugt auf dem transparenten Schirm, der sich 15 cm hinter der Kameraöffnung befindet, ein 6 cm großes und umgekehrtes Bild des 52 m entfernten Kirchturms. Wie hoch ist der Kirchturm? Anleitung: Zeige zunächst, dass auch in dieser Situation ein Strahlensatz zur Lösung führt!

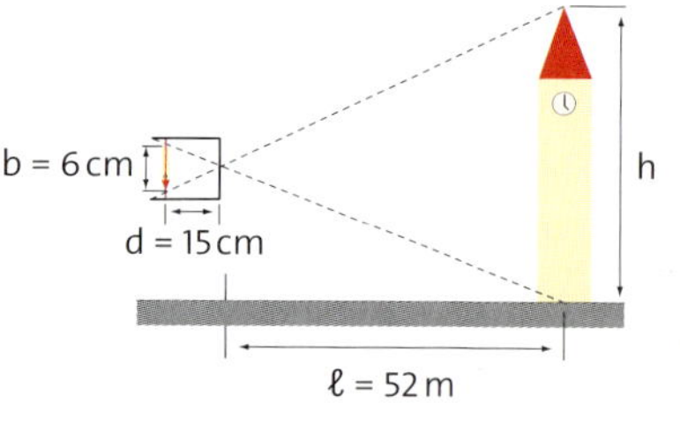

TEST 3 Zentrische Streckungen und Strahlensätze

1 Berechne die fehlenden Streckenlängen.

(1)

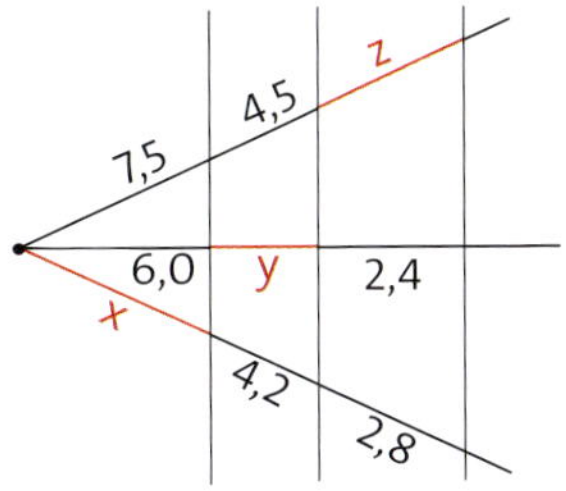

(2)

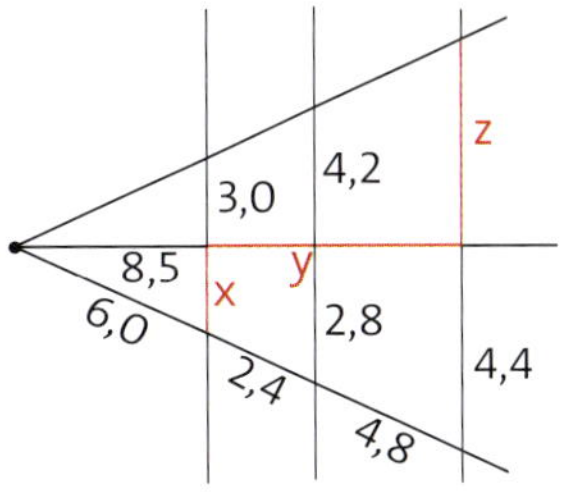

2 a) Die Strecke A*B* geht durch eine zentrische Streckung aus der Strecke AB hervor. Bestimme jeweils die Lage des Streckzentrums grafisch und berechne dann den Streckfaktor.

(1)

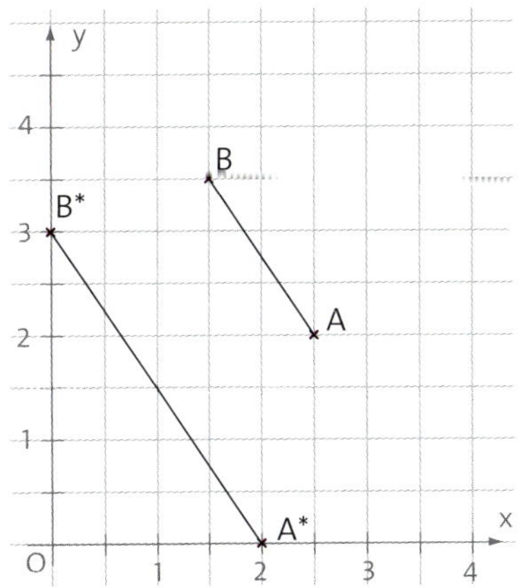

(2)

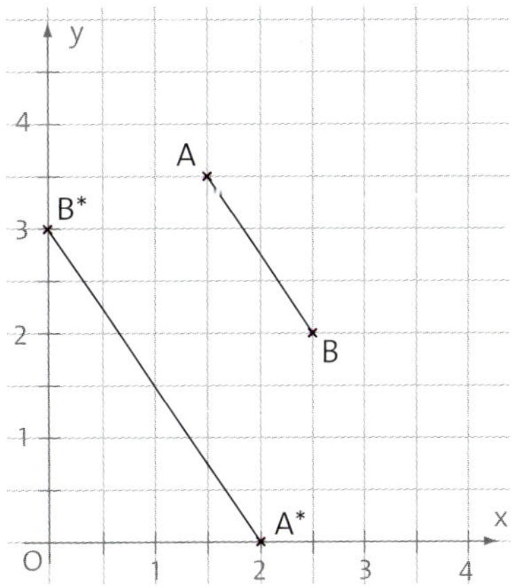

b) Was ändert sich bei den Lösungen zu Teil a), wenn A*B* als Originalstrecke und AB als Bildstrecke aufgefasst werden?

Lösungen zu Test 1

a) (1) Von S aus wird der Skalenstrahl s abgetragen und der Skalenpunkt 1 wird mit A bzw. B verbunden. Die Parallelen durch den Skalenpunkt 2 schneiden die beidseitigen Verlängerungen der Strecke AB in den Endpunkten A* und B* der Bildstrecke.

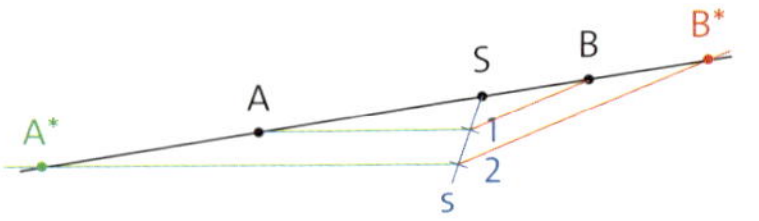

(2) Von S aus wird der Skalenstrahl s abgetragen und der Skalenpunkt 1 wird mit A, bzw. B verbunden. Die Parallelen durch den Skalenpunkt 2 schneiden die von S ausgehenden Strahlen durch A und B in A* und B*, den Endpunkten der Bildstrecke.

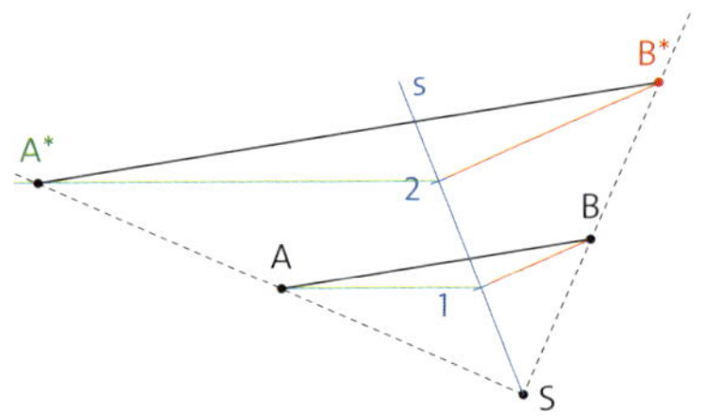

b) (1) Die Strecke AB wird über beide Endpunkte hinaus verlängert. Der Kreisbogen K_A um A vom Radius $r = \overline{AS}$ schneidet die Verlängerung im Punkt A*, sodass $\overline{A^*A} = \overline{AS}$ gilt. Ebenso führt der Kreisbogen K_B um B vom Radius $r = \overline{BS}$ auf B* mit $\overline{B^*B} = \overline{BS}$. Insgesamt wird die Länge $\overline{AB}$ verdoppelt, denn es gilt: $\overline{A^*B^*} = \overline{A^*S} + \overline{B^*S} = 2 \cdot \overline{AS} + 2 \cdot \overline{BS} = 2 \cdot (\overline{AS} + \overline{BS}) = 2 \cdot \overline{AB}$.

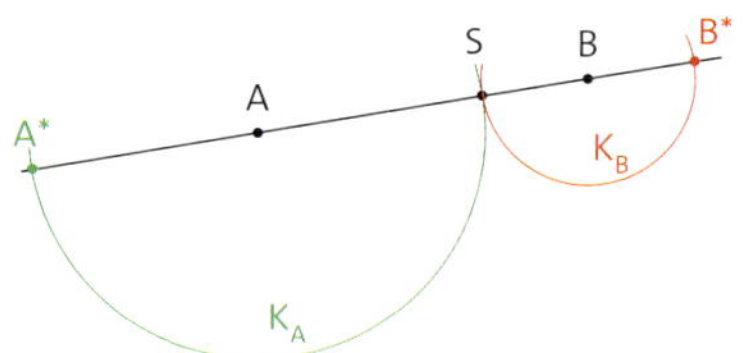

(2) Zeichne von S aus die Strahlen durch A und B. Die Kreise K_A um A vom Radius $r = \overline{AS}$ und K_B um B vom Radius $r = \overline{BS}$ schneiden diese Strahlen in den Punkten A* und B*, den Endpunkten der Bildstrecke. Die Verdopplung der Länge $\overline{AB}$ folgt jetzt aus dem 2. Strahlensatz, denn mit $\overline{A^*A} = \overline{AS}$ gilt:

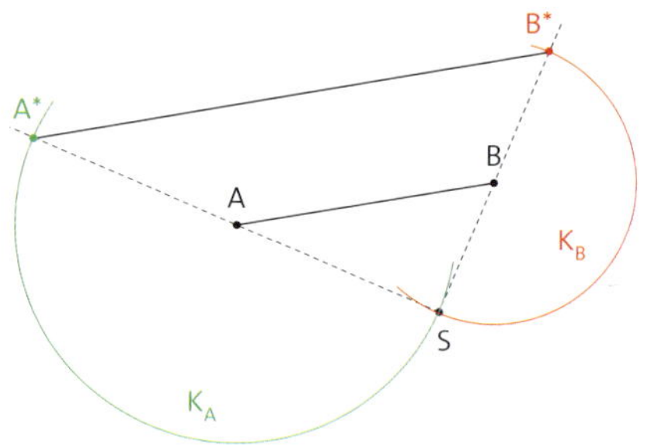

$$\frac{\overline{A^*B^*}}{\overline{AB}} = \frac{\overline{A^*S}}{\overline{AS}} \Leftrightarrow \frac{\overline{A^*B^*}}{\overline{AB}} = \frac{2\,\overline{AS}}{\overline{AS}} \Leftrightarrow \frac{\overline{A^*B^*}}{\overline{AB}} = 2 \Leftrightarrow \overline{A^*B^*} = 2 \cdot \overline{AB}$$

c) Nein! Für $k = 2$ bewirkt die zentrische Streckung eine Verdopplung aller Streckenlängen, die auch bequem mit Zirkel und Lineal durchgeführt werden kann. Für $k \neq 2$ ist jedoch das Verfahren nach Teilaufgabe a) durchzuführen.

Lösungen zu Test 2

1 Die Geraden k_1, k_2 und k_3 verlaufen genau dann parallel zueinander, wenn der 1. Strahlensatz erfüllt wird (Beispiel 6, Seite 126). Der 1. Strahlensatz führt auf:
$\frac{x+3}{3} = \frac{10+6}{6} \Leftrightarrow x+3 = \frac{3 \cdot 16}{6} \Leftrightarrow x = 5\,\text{cm}$ und $\frac{y}{6} = \frac{2}{3} \Leftrightarrow y = \frac{6 \cdot 2}{3} \Leftrightarrow y = 4\,\text{cm}$

2 a) $u = 4{,}0$ gegeben:

2. Strahlensatz: $\frac{4}{2{,}4} = \frac{y}{1{,}8} \Leftrightarrow y = \frac{1{,}8 \cdot 4}{2{,}4} = 3{,}0$; $z = y - 1{,}8 = 3{,}0 - 1{,}8 = 1{,}2$

1. Strahlensatz: $\frac{x+3{,}2}{x} = \frac{3}{1{,}8} \Leftrightarrow 1{,}8 \cdot (x+3{,}2) = 3x \Leftrightarrow 1{,}2x = 5{,}76 \Leftrightarrow x = 4{,}8$

b) $x = 3{,}6$ gegeben:

1. Strahlensatz: $\frac{3{,}6+3{,}2}{3{,}6} = \frac{y}{1{,}8} \Leftrightarrow y = \frac{1{,}8 \cdot 6{,}8}{3{,}6} = 3{,}4$; $z = y - 1{,}8 = 3{,}4 - 1{,}8 = 1{,}6$

2. Strahlensatz: $\frac{u}{2{,}4} = \frac{3{,}4}{1{,}8} \Leftrightarrow u = \frac{3{,}4 \cdot 2{,}4}{1{,}8} = 4{,}5\overline{3}$

c) $y = 5{,}4$ gegeben:

$z = y - 1{,}8 = 5{,}4 - 1{,}8 = 3{,}6$

2. Strahlensatz: $\frac{u}{2{,}4} = \frac{5{,}4}{1{,}8} \Leftrightarrow u = \frac{5{,}4 \cdot 2{,}4}{1{,}8} = 7{,}2$

1. Strahlensatz: $\frac{x+3{,}2}{x} = \frac{5{,}4}{1{,}8} \Leftrightarrow 1{,}8 \cdot (x+3{,}2) = 5{,}4x \Leftrightarrow 3{,}6x = 5{,}76 \Leftrightarrow x = 1{,}6$

3 a) Mit dem 2. Strahlensatz gilt: $\frac{h}{1{,}65\,\text{m}} = \frac{16{,}88\,\text{m}}{2{,}20\,\text{m}} \Leftrightarrow h = \frac{1{,}65\,\text{m} \cdot 16{,}88\,\text{m}}{2{,}20\,\text{m}} = 12{,}66\,\text{m}$

b) Mit dem 2. Strahlensatz gilt: $\frac{9{,}13\,\text{m}}{s} = \frac{12{,}66\,\text{m}}{1{,}65\,\text{m}} \Leftrightarrow s = \frac{9{,}13\,\text{m} \cdot 1{,}65\,\text{m}}{12{,}66\,\text{m}} = 1{,}19\,\text{m}$

4 Die Abstände d und ℓ können als Abschnitte auf dem waagerechten Hilfsstrahl (rot) gedeutet werden, durch den aber die Bildgröße b in die Teile b_1 und b_2, ebenso die Höhe h in die Teile h_1 und h_2 zerlegt wird. Die beiden grünen bzw. blauen Dreiecke sind ähnlich und mit

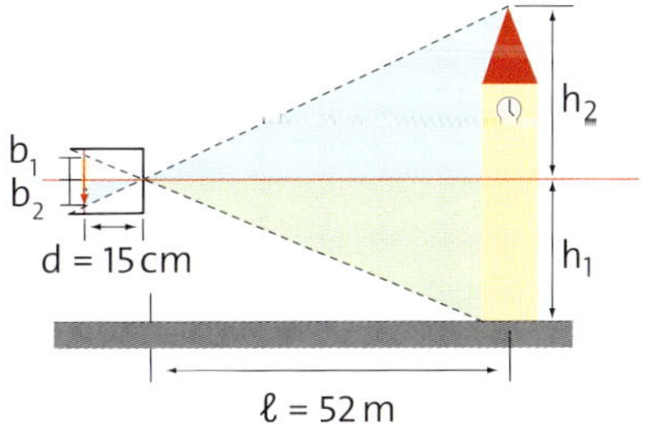

dem 2. Strahlensatz folgt $\frac{h_1}{b_1} = \frac{\ell}{d} \Leftrightarrow h_1 = \frac{\ell}{d} \cdot b_1$ (grün)
bzw. $\frac{h_2}{b_2} = \frac{\ell}{d} \Leftrightarrow h_2 = \frac{\ell}{d} \cdot b_2$ (blau). Die Addition beider Gleichungen liefert
$h_1 + h_2 = \frac{\ell}{d} \cdot b_1 + \frac{\ell}{d} \cdot b_2 = \frac{\ell}{d} \cdot (b_1 + b_2)$, und mit $h = h_1 + h_2$ und $b = b_1 + b_2$ folgt
$h = \frac{\ell}{d} \cdot b$, mit Daten also $h = \frac{52\,\text{m}}{0{,}15\,\text{m}} \cdot 0{,}06\,\text{m} = 20{,}8\,\text{m}$.

Lösungen zu Test 3

1 a) 1. Strahlensatz: $\frac{x+4,2}{x} = \frac{7,5+4,5}{7,5} \Leftrightarrow 7,5x + 31,5 = 12x \Leftrightarrow 4,5x = 31,5 \Leftrightarrow x = 7,0$

1. Strahlensatz: $\frac{6,0+y}{6,0} = \frac{7,5+4,5}{7,5} \Leftrightarrow 45 + 7,5y = 72 \Leftrightarrow 7,5y = 27 \Leftrightarrow y = 3,6$

1. Strahlensatz: $\frac{7,5+4,5+z}{7,5} = \frac{6,0+3,6+2,4}{6,0} \Leftrightarrow 72 + 6z = 90 \Leftrightarrow 6z = 18$

$\Leftrightarrow z = 3,0$

b) 2. Strahlensatz: $\frac{2,8}{x} = \frac{6,0+2,4}{6,0} \Leftrightarrow x = \frac{6,0 \cdot 2,8}{8,4} \Leftrightarrow x = 2,0$

2. Strahlensatz: $\frac{8,5+y}{8,5} = \frac{4,4}{2,0} \Leftrightarrow 8,5 + y = \frac{4,4 \cdot 8,5}{2,0} \Leftrightarrow y = 18,7 - 8,5 \Leftrightarrow y = 10,2$

2. Strahlensatz: $\frac{z}{3,0} = \frac{8,5+10,2}{8,5} \Leftrightarrow z = \frac{18,7 \cdot 3,0}{8,5} \Leftrightarrow z = 6,6$

2 a) (1)

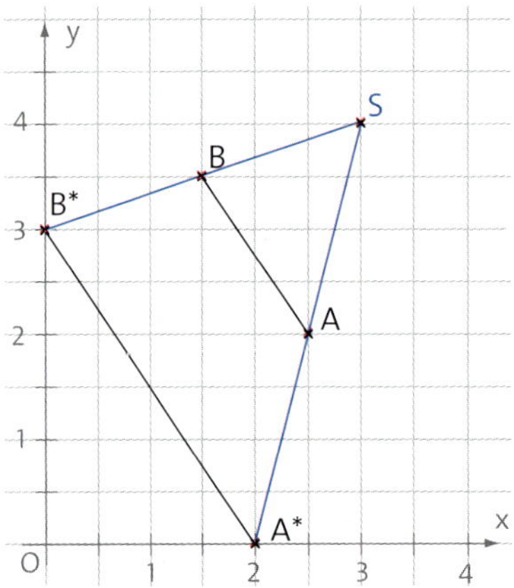

(2)

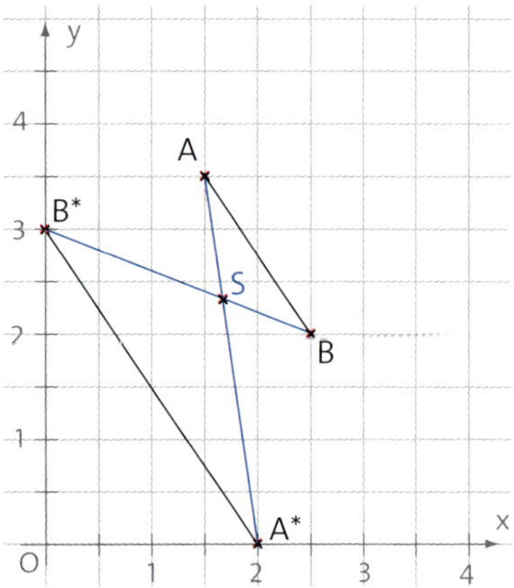

$S(3\,|\,4)$; $k = \frac{\overline{A^*B^*}}{\overline{AB}} \approx \frac{3,6}{1,8} = 2$

$S(3,3\,|\,4,7)$; $k = -\frac{\overline{A^*B^*}}{\overline{AB}} = -\frac{3,6}{1,8} = -2$

b) Die Lage der Streckzentren S bleibt unverändert:
(1) $k^* = \frac{1}{k} = \frac{1}{2}$; (2) $k^* = \frac{1}{k} = -\frac{1}{2}$.

1 Vierecke in der Ebene

Liegen von den **vier Punkten A,B,C und D einer Ebene** keine drei Punkte auf einer Geraden, so können sie als **Eckpunkte eines Vierecks** aufgefasst werden, das durch die **Viereckseiten** $a = \overline{AB}$, $b = \overline{BC}$, $c = \overline{CD}$ und $d = \overline{DA}$ vervollständigt wird. Je nach Lage der **Diagonalen** $e = \overline{AC}$ und $f = \overline{BD}$ zum Viereck unterscheidet man:

Ebene Vierecke

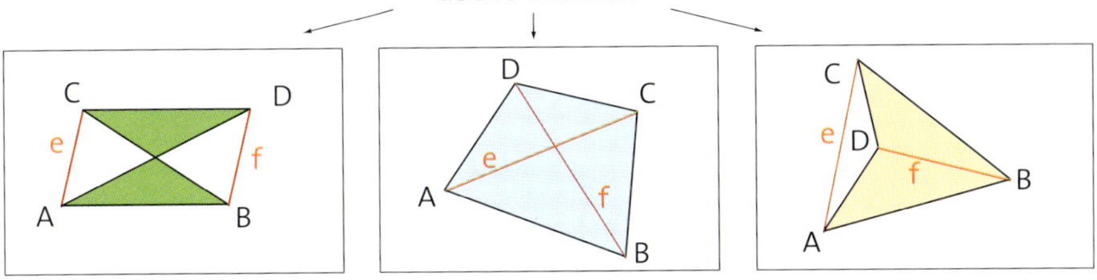

überschlagenes Viereck **konvexes Viereck** **konkaves Viereck**

In diesem Kapitel sollen nur die konvexen Vierecke, also diejenigen Vierecke, die von beiden Diagonalen durchquert werden, näher betrachtet werden.

2 Die hierarchische Ordnung konvexer Vierecke

Die nebenstehende Abbildung ordnet die verschiedenen Arten konvexer Vierecke so an, dass von oben nach unten die Regelmäßigkeit (Symmetrie) der Figuren zunimmt. Gleichzeitig zeigen die Pfeile an, welche Vierecke durch Spezialisierung aus einem übergeordneten, allgemeineren Vierecken gewonnen werden können. Dieses Ordnungsschema erlaubt es, jedes Viereck durch Angabe seines Stammvierecks und die Art der Spezialisierung zu definieren.

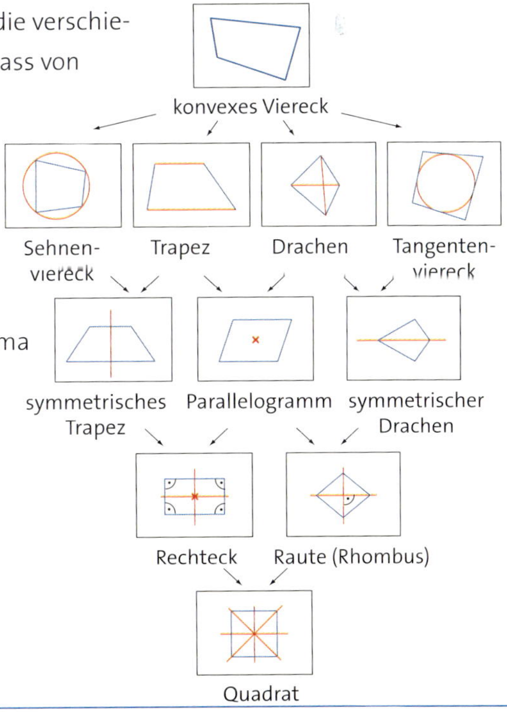

Beispiel 1:

1. Ein Quadrat ist ein Rechteck mit vier gleichlangen Seiten – oder:
2. Ein Quadrat ist eine Raute mit vier rechten Innenwinkeln.

3 Spezielle Vierecke und ihre Eigenschaften

In jedem Viereck beträgt die **Summe der vier Innenwinkel stets 360°**, und der **Umfang ergibt sich zu $u = a + b + c + d$**. Darüberhinaus werden nachfolgend diejenigen Eigenschaften aufgeführt, die nur den speziellen Viereckstypen zukommen:

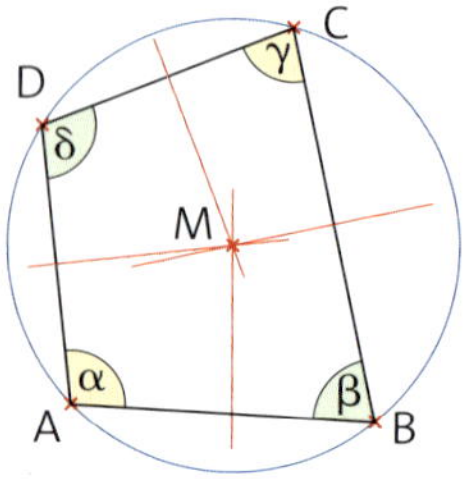

- Ein **Sehnenviereck** besitzt einen Umkreis, auf dem die vier Eckpunkte liegen.
- Die vier Mittelsenkrechten schneiden sich im Mittelpunkt des Umkreises.
- Gegenüberliegende Winkel ergänzen sich zu 180°, also $\alpha + \gamma = 180°$ und $\beta + \delta = 180°$.

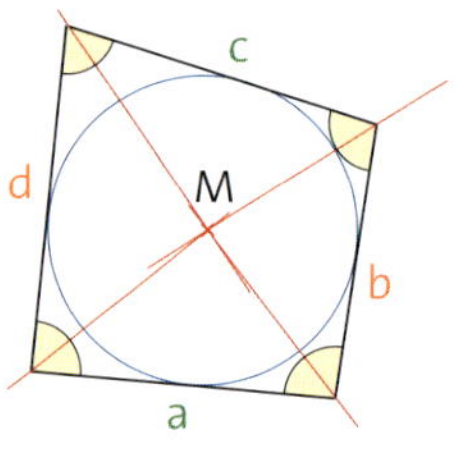

- Ein **Tangentenviereck** besitzt einen Inkreis, der von den vier Seiten berührt wird.
- Die vier Winkelhalbierenden schneiden sich im Mittelpunkt des Inkreises.
- Die Summe der Längen gegenüberliegender Seiten ist gleich, also $a + c = b + d$.

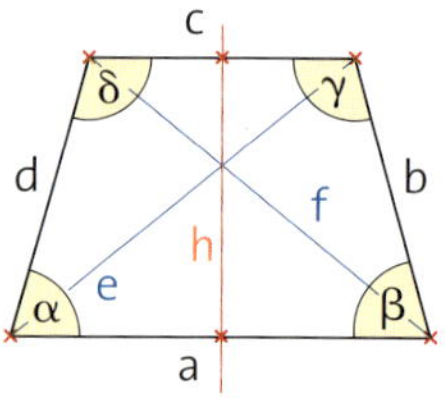

- In einem **Trapez** ist ein Paar gegenüberliegender Seiten, hier a und c, parallel.
- Die Winkel an den Schenkeln b und d, ergänzen sich zu 180°, also $\alpha + \delta = \beta + \gamma = 180°$.
- Flächeninhalt: $A = \frac{a + c}{2} \cdot h$
- Im **symmetrischen Trapez** ist die Mittelsenkrechte der parallelen Seiten Symmetrieachse und folglich gilt dort: $d = b$, $e = f$, $\alpha = \beta$ und $\gamma = \delta$.

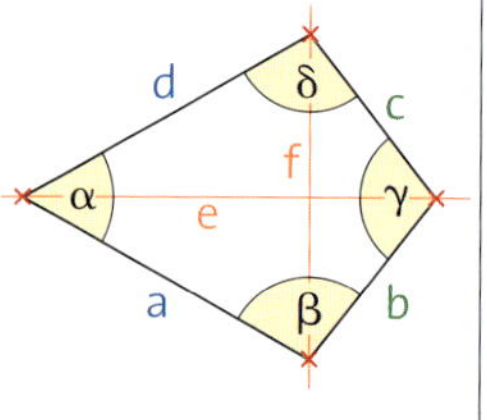

- In einem **Drachen** wird eine der Diagonalen, hier f, durch die andere halbiert.
- Im **symmetrischen Drachen** ist die halbierende Diagonale, hier e, auch Symmetrieachse. Folglich gilt dort: $a = d$, $b = c$ und $\beta = \delta$.
- Im symmetrischen Drachen wird f senkrecht von e geschnitten und α und γ werden von e halbiert. Hier beträgt der Flächeninhalt: $A = \frac{e \cdot f}{2}$ und der Umfang: $u = 2(a + b)$.

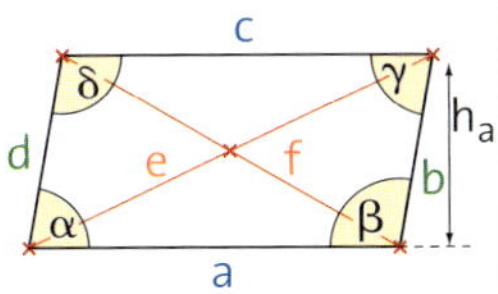

- In einem **Parallelogramm** schneiden sich die beiden Diagonalen im Symmetriezentrum. Folglich gilt $a = c$, $b = d$ und $\alpha = \gamma$, $\beta = \delta$.
- Benachbarte Winkel ergänzen sich zu 180°, also: $\alpha + \beta = \beta + \gamma = \gamma + \delta = \delta + \alpha = 180°$.
- Die Diagonalen halbieren sich gegenseitig.
- Flächeninhalt: $A = a \cdot h_a$ bzw. $A = b \cdot h_b$; Umfang: $u = 2 \cdot (a + b)$

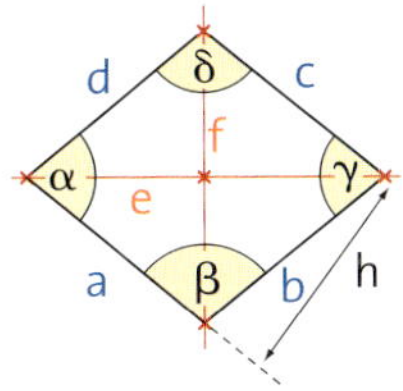

- Bei einer **Raute** sind beide Diagonalen Symmetrieachsen und schneiden sich im Symmetriezentrum. Folglich gilt: $a = b = c = d$ und $\alpha = \gamma$, $\beta = \delta$.
- Die Diagonalen halbieren sich gegenseitig, e halbiert α und γ, f halbiert β und δ.
- Eine Raute vereint die Eigenschaften des Parallelogramms und des symmetrischen Drachens.
- Flächeninhalt: $A = a \cdot h$; Umfang: $u = 4 \cdot a$

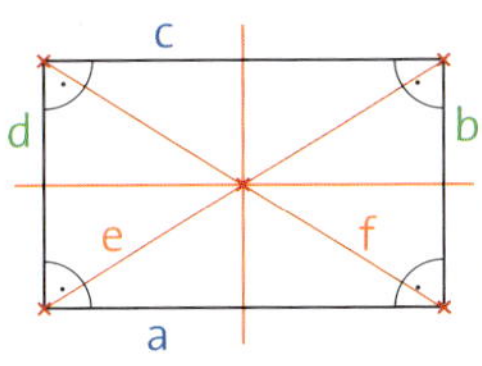

- Bei einem **Rechteck** sind die Mittelsenkrechten zu den beiden Paaren paralleler Seiten a, c und b, d Symmetrieachsen und schneiden sich im Symmetriezentrum. Es gilt: $a = c$, $b = d$ und $\alpha = \beta = \gamma = \delta = 90°$.
- Die Diagonalen halbieren sich gegenseitig.
- Ein Rechteck vereint die Eigenschaften des Parallelogramms und des symmetrischen Trapezes.
- Flächeninhalt: $A = a \cdot b$; Umfang: $u = 2 \cdot (a + b)$

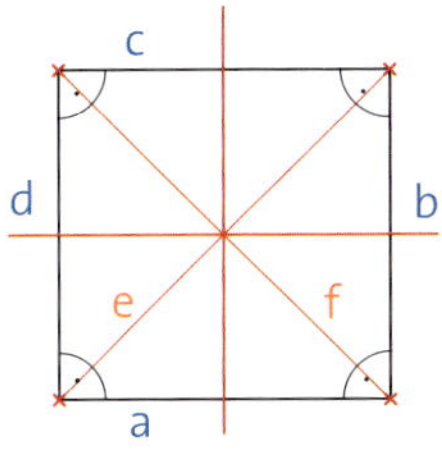

- Bei einem **Quadrat** sind sowohl die beiden Diagonalen als auch die beiden Mittelsenkrechten zu den beiden Paaren paralleler Seiten a, c und b, d Symmetrieachsen und schneiden sich im Symmetriezentrum.
- Die Diagonalen stehen senkrecht aufeinender und halbieren sich gegenseitig.
- Ein Quadrat vereint die Eigenschaften des Rechtecks und der Raute: $a = b = c = d$ und $\alpha = \beta = \gamma = \delta = 90°$
- Flächeninhalt: $A = a^2$; Umfang: $u = 4 \cdot a$

4 Die Konstruktion von Vierecken

Jedes konvexe Viereck kann durch jede seiner beiden Diogonalen in zwei Dreiecke zerlegt werden. Dadurch lässt sich die Frage nach der **Konstruierbarkeit eines Vierecks** auf die Konstruierbarkeitsproblematik für die beiden Teildreiecke zurückführen, und die kann mithilfe der Kongruenzsätze für Dreiecke (→ Seiten 111 bis 113) beantwortet werden. Diese Überlegungen sollten stets zu Beginn einer jeden Konstruktionsaufgabe anhand einer **Planfigur** angestellt werden.

Beispiel 2: Führen die Angaben $a = 8\,\text{cm}$, $b = 5\,\text{cm}$, $c = 4\,\text{cm}$, $e = 7\,\text{cm}$ und $\gamma = 125°$ auf ein Viereck?

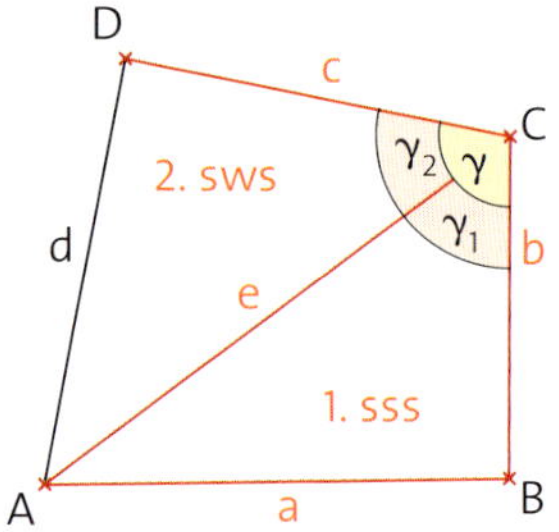

Die Angaben zum Teildreieck ABC erfüllen den Kongruenzsatz sss und auch die Dreiecksungleichung (→ Seite 111, Nr. 3). Mit γ_1 ist auch der Winkel $\gamma_2 = \gamma - \gamma_1$ bekannt und damit erfüllen die Angaben zum Teildreieck ACD den Kongruenzsatz sws (→ Seite 112, Nr. 4).
Insgesamt kann somit das Viereck ABCD eindeutig konstruiert werden. Auch hier werden die eigentlichen Konstruktionsschritte stets durch eine Beschreibung dieser Schritte (→ Seite 113, Nr. 6) ergänzt.

Beispiel 3: (Fortsetzung von Beispiel 2)
Zu den Angaben aus Beispiel 2 soll ein Viereck konstruiert werden.

1. Zeichne die Strecke $a = \overline{AB} = 8\,\text{cm}$.
2. Die Kreisbögen K_A um A vom Radius $r = e = 7\,\text{cm}$ und K_B um B vom Radius $r = b = 5\,\text{cm}$ schneiden sich im Punkt C.
3. Trage den freien Schenkel s in C unter dem Winkel $\gamma = 125°$ gegen die Seite b ab.
4. Der Kreisbogen K_C um C vom Radius $r = c = 4\,\text{cm}$ schneidet s im Punkt D.

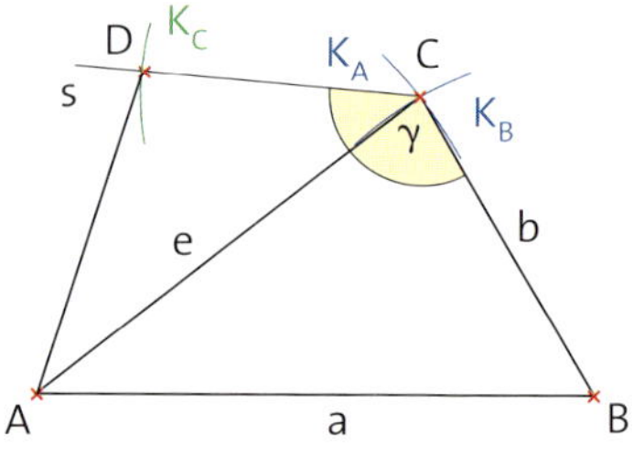

Die Kongruenzsätze zeigen, dass sich die Konstruierbarkeit von Dreiecken stets auf drei geeignete Angaben gründet. Vierecke erfordern daher unter Berücksichtigung der Diagonale als gemeinsamer Seite $2 \cdot 3 - 1 = 5$ geeignete Angaben (vergleiche Beispiel 2). Jedoch führen die Symetrieeigenschaften spezieller Vierecke dazu, dass man auch mit weniger Angaben auskommt. So erfordert z. B. ein Quadrat nur eine einzige Angabe.

TEST 1 Rechtecke, Rauten und Parallelogramme

1 Ergänze die Leerstellen sinnvoll.

a) Ein Quadrat ist ein Rechteck mit .

b) Ein Quadrat ist eine Raute mit .

c) Ein Rechteck ist mit vier rechten Innenwinkeln.

d) Eine Raute ist mit vier gleich langen Seiten.

2 Weise zunächst die eindeutige Konstruierbarkeit nach, führe dann die Konstruktion durch und beschreibe die wesentlichen Konstruktionsschritte.

a) Ein Quadrat hat die Seitenlänge $a = 5{,}5\,cm$.

b) Ein Rechteck hat die Seitenlänge $a = 7\,cm$ und die Diagonale $e = 8\,cm$.

c) Ein Parallelogramm hat die Seitenlänge $a = 6{,}5\,cm$ und die Diagonalen $e = 8\,cm$ und $f = 7\,cm$.

3 a) Vier gleiche Rechtecke werden entlang der gestrichelten Linien zu einer ringförmigen Figur zusammengerückt. In welchem Längenverhältnis müssen die Seiten a und b stehen, wenn sich der gesamte Umfang der vier Rechtecke beim Zusammenrücken um 20 % verkleinert?

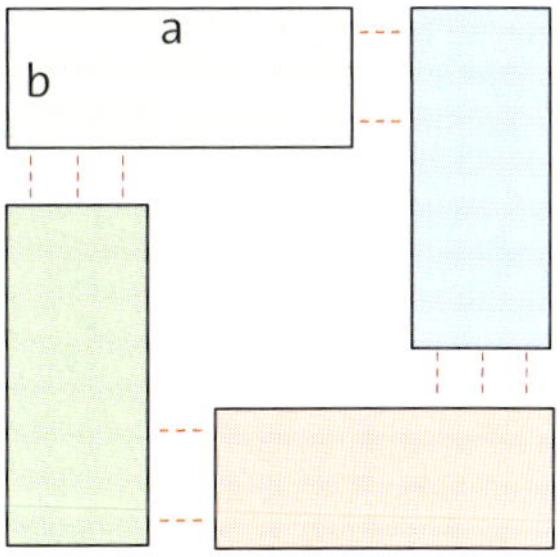

b) Fünf Rauten der Kantenlänge a lassen sich entlang der gestrichelten Linien nahtlos zusammenrücken. Wie groß ist der Innenwinkel α? Um wie viel Prozent wird der Gesamtumfang der Figuren beim Zusammenrücken reduziert?

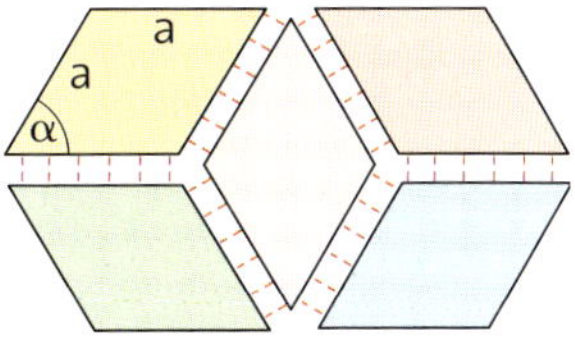

4 Begründe mithilfe der Kongruenzsätze, dass sich die Diagonalen in einem Parallelogramm stets gegenseitig halbieren.

TEST 2 Parallelogramme, Trapeze und Drachen

1 Ergänze die Leerstellen sinnvoll.

a) Sind bei einem Trapez die beiden parallelen Seiten gleich lang, so liegt ein vor.

b) Tritt bei einem eine Symmetrieachse auf, so sind die beiden gleich lang.

c) Im symmetrischen Drachen wird die eine Diagonale von der anderen und .

d) In einem sind gegenüberliegende Winkel gleich groß, und nebeneinander liegende Winkel ergänzen sich zu 180°.

2 a) Von einem Parallelogramm kennt man die Seite $b = 4\,cm$, die Höhe $h_a = 1{,}6\,cm$ und den Flächeninhalt $A = 4{,}8\,cm^2$.
Bestimme die Größen a, c, d, h_b und u.

b) Von einem symmetrischen Trapez kennt man die Seite $b = 5\,cm$, die Höhe $h_a = 4\,cm$, den Innenwinkel $\alpha = 53{,}1°$ und den Flächeninhalt $A = 24\,cm^2$.
Bestimme die Größen β, γ, δ und u.

3 Weise zunächst die eindeutige Konstruierbarkeit nach, führe dann die Konstruktion durch und beschreibe die wesentlichen Konstruktionsschritte.

a) Ein symmetrischer Drachen hat die Seitenlängen $a = 7\,cm$ und $b = 5\,cm$ und die Diagonale $e = 9\,cm$.

b) Ein Trapez hat die Seitenlängen $a = 8\,cm$, $c = 2{,}5\,cm$, $d = 3{,}5\,cm$ und die Diagonale $f = 7\,cm$.

4 Weise die Flächeninhaltformel $A = \frac{a+c}{2} \cdot h$ für Trapeze nach, indem du

a) zuerst die Kongruenz der gleichfarbig markierten Dreiecke nachweist und anschließend

b) die Länge der Mittellinie zu $m = \frac{a+c}{2}$ bestätigst.

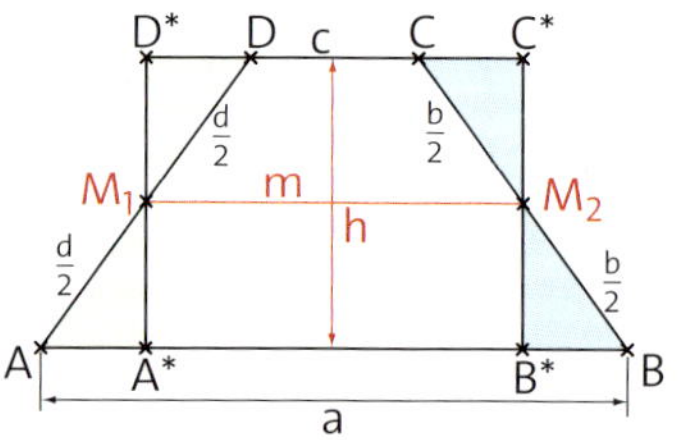

TEST 3 Sehnen- und Tangentenvierecke

1 Entscheide, ob folgende Aussagen wahr (w) oder falsch (f) sind. w f

a) Ein Trapez ist stets auch ein Sehnenviereck. ☐ ☐

b) Ist ein Parallelogramm ein Tangentenviereck, so liegt eine Raute vor. ☐ ☐

c) Ein symmetrischer Drachen ist stets auch ein Tangentenviereck. ☐ ☐

d) Es gibt kein Viereck, das gleichzeitig Sehnen- und Tangentenviereck ist. ☐ ☐

2 a) Sind $\alpha = 78°$, $\beta = 102°$, $\gamma = 95°$ und $\delta = 85°$ die Innenwinkel eines Sehnenvierecks?

b) Ergänze die folgenden Innenwinkel eines Sehnenvierecks:

$\alpha = 72°$, $\beta =$ ______ ; $\gamma =$ ______ ; $\delta = 87°$

3 a) Zeige mithilfe einer Zeichnung, dass sich bei einem Sehnenviereck stets die vier Mittelsenkrechten der Viereckseiten im Mittelpunkt des Umkreises treffen. Anleitung: Zeige, dass sich jedes Sehnenviereck in vier gleichschenklige Dreiecke zerlegen lässt.

b) Von einem symmetrischen Trapez sind die Größen $a = 8\,\text{cm}$, $d = 4\,\text{cm}$ und $\alpha = 65°$ bekannt. Nutze zur Konstruktion seine Eigenschaft als Sehnenviereck.

4 Ergänze die folgenden Seitenlängen eines Tangentenvierecks:

a) $a = 4{,}2\,\text{cm}$; $b = 5{,}6\,\text{cm}$; $c = 7{,}1\,\text{cm}$; $d =$ ______

b) $b = c = 12{,}8\,\text{dm}$; $d = 1{,}5\,b$; $a =$ ______

5 a) Zeige mithilfe einer Zeichnung, dass sich bei einem Tangentenviereck die vier Winkelhalbierenden der Innenwinkel stets im Mittelpunkt des Inkreises treffen. Anleitung: Zeige, dass sich jedes Tangentenviereck in vier symmetrische Drachen zerlegen lässt.

b) Von einem symmetrischen Drachen sind die Größen $c = 5{,}5\,\text{cm}$, $d = 7{,}5\,\text{cm}$ und $\delta = 140°$ bekannt. Konstruiere diese Figur und bestimme auch ihren Inkreis.

Lösungen zu Test 1

1
a) Ein Quadrat ist ein Rechteck mit vier gleich langen Seiten.
b) Ein Quadrat ist eine Raute mit vier rechten Innenwinkeln.
c) Ein Rechteck ist ein Parallelogramm mit vier rechten Innenwinkeln.
d) Eine Raute ist ein Parallelogramm mit vier gleich langen Seiten.

2
a) Die Planfigur zeigt, dass für die beiden Teildreiecke ABC und CDA jeweils der Kongruenzsatz sws gilt. Damit ist auch das Quadrat ABCD eindeutig konstruierbar.

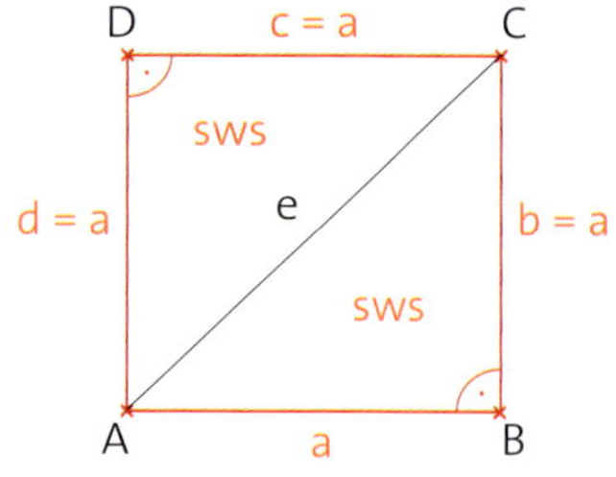

1. Zeichne die Strecke $a = \overline{AB} = 5{,}5\,\text{cm}$ und verlängere $\overline{AB}$ über B hinaus zum Strahl s_1.
2. Die Kreisbögen K_B um B schneiden s_1 in den Punkten P und Q, die von B denselben Abstand haben.
3. Die Kreisbögen K_P um P und K_Q um Q vom gleichen Radius schneiden sich in den Punkten R und S, durch die der Strahl s_2 lotrecht zu $\overline{AB}$ durch B verläuft.
4. Der Kreisbogen K^*_B um B vom Radius $r = a = 5{,}5\,\text{cm}$ schneidet s_2 im Eckpunkt C.
5. Die Kreisbögen K_A um A und K_C um C vom Radius $r = a = 5{,}5\,\text{cm}$ schneiden sich im Eckpunkt D.

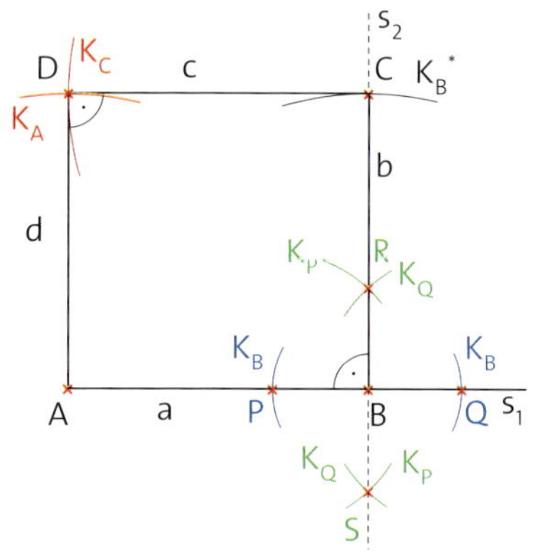

b) Die Planfigur zeigt, dass für beide Teildreiecke ABC und CDA jeweils der Kongruenzsatz Ssw gilt. Damit ist auch das Rechteck ABCD eindeutig konstruierbar.

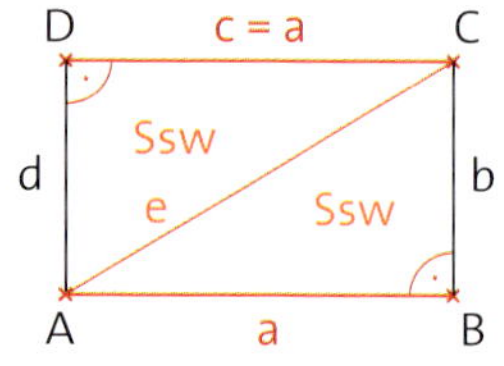

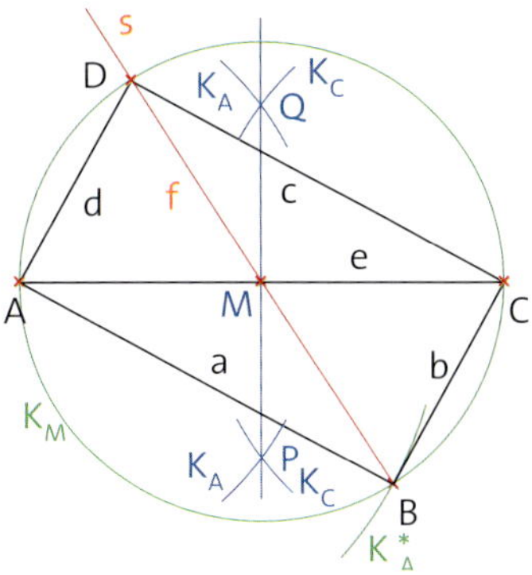

1. Zeichne die Strecke $e = \overline{AC} = 8\,\text{cm}$.
2. Die Kreisbögen K_A um A und K_C um C vom gleichen Radius schneiden sich in den Punkten P und Q, durch die die Mittelsenkrechte zur Strecke $\overline{AC}$ verläuft und $\overline{AC}$ im Punkt M schneidet.
3. M ist auch der Mittelpunkt des Thaleskreises K_M um M vom Radius $r = \frac{e}{2} = 4\,\text{cm}$.
4. Der Kreisbogen K_A^* um A vom Radius $r = a = 7\,\text{cm}$ schneidet den Thaleskreis K_M im Eckpunkt B des gesuchten Rechtecks.
5. Zeichne von B aus den Strahl s durch M. s schneidet K_M im Eckpunkt D.

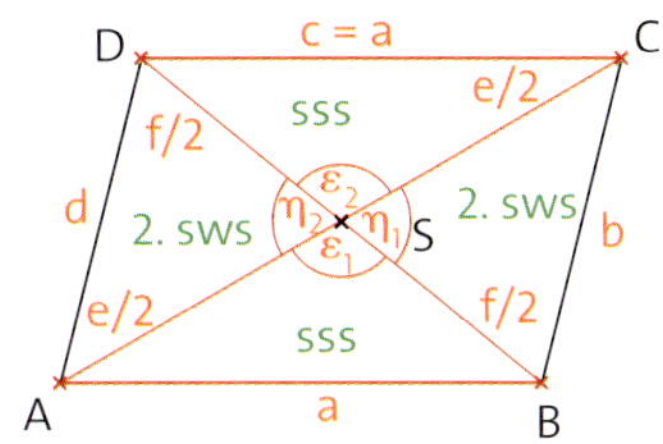

c) Die Planfigur zeigt, dass zunächst die Teildreiecke ABS und CDS durch den Kongruenzsatz sss bestimmt sind. Sobald man den Winkel $\varepsilon_1 = \sphericalangle(ASB)$ kennt, sind auch die Nebenwinkel $\eta_1 = \eta_2 = 180° - \varepsilon_1$ bekannt, sodass jetzt auch die Teildreiecke ASD und CSB durch den Kongruenzsatz sws bestimmt sind.

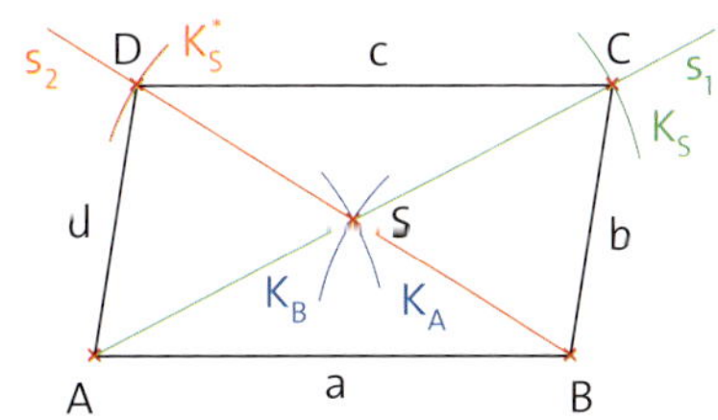

1. Zeichne die Strecke $a = \overline{AB} = 6{,}5\,\text{cm}$.
2. Die beiden Diagonalen eines Parallelogramms halbieren sich gegenseitig. Die Kreisbögen K_A um A vom Radius $r = \frac{e}{2} = 4\,\text{cm}$ und K_B um B vom Radius $r = \frac{f}{2} = 3{,}5\,\text{cm}$ schneiden sich im Punkt S.
3. Zeichne von A aus den Strahl s_1 durch S. Der Kreisbogen K_S um S vom Radius $r = \frac{e}{2} = 4\,\text{cm}$ schneidet s_1 im Eckpunkt C des gesuchten Parallelogramms.
4. Zeichne von B aus den Strahl s_2 durch S. Der Kreisbogen K^*_S um S vom Radius $r = \frac{f}{2} = 3{,}5\,\text{cm}$ schneidet s_2 im Eckpunkt D des Parallelogramms.

3 a) Vor dem Zusammenrücken beträgt der Umfang: $u_1 = 4 \cdot (2a + 2b) = 8a + 8b$

Durch das Zusammenrücken gehen acht Seiten der Länge b (rot) verloren und man rechnet: $u_2 = 4 \cdot (a + b) + 4 \cdot (a - b) = 8a$

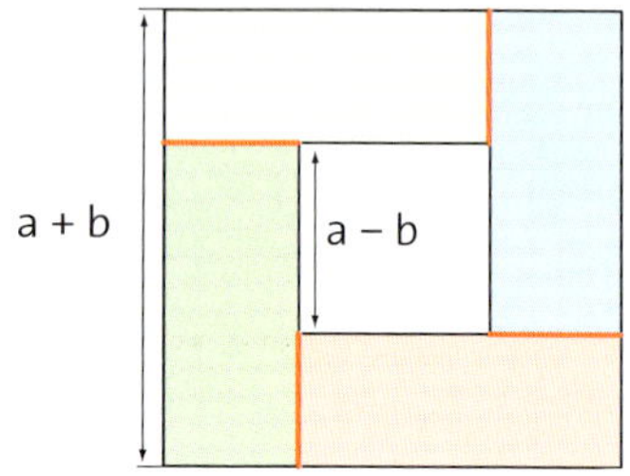

Wenn sich der Umfang um 20 % verkleinert, ist das Umfangsverhältnis:

$$\frac{u_2}{u_1} = \frac{1 - 0{,}2}{1} \Leftrightarrow \frac{8a}{8a + 8b} = 0{,}8$$

$$8a = 6{,}4a + 6{,}4b \quad | - 6{,}4a$$

$$\Leftrightarrow \quad 1{,}6a = 6{,}4b \quad |:1{,}6$$

$$\Leftrightarrow \quad a = 4 \cdot b$$

$$\Leftrightarrow \quad a : b = 4 : 1$$

b) Offensichtlich gilt: $3\beta = 360° \Leftrightarrow \beta = 120°$ und die für Rauten gültige Innenwinkelbeziehung $\alpha + \beta = 180°$ führt auf $\alpha = 180° - \beta = 60°$.

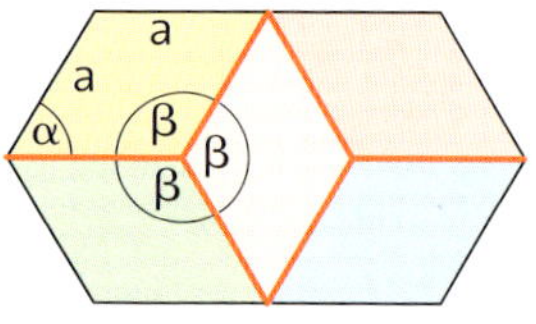

Vor dem Zusammenrücken beträgt der Umfang: $u_1 = 5 \cdot 4a = 20a$, danach: $u_2 = 8a$.

Das entspricht einer prozentualen Abnahme von

$$p = \frac{u_1 - u_2}{u_1} \cdot 100\,\% = \frac{20a - 8a}{20a} \cdot 100\,\% = \frac{12a}{20a} \cdot 100\,\% = 60\,\%.$$

4 Zeige, dass die beiden Teildreiecke ABS und CDS eines Parallelogramms stets kongruent sind:

1. Für die gegenüberliegenden Seiten a und c eines Parallelogramms gilt stets c = a.
2. α_1 und α_2 sind Wechselwinkel an den parallelen Seiten a und c, daher gilt $\alpha_1 = \alpha_2$.

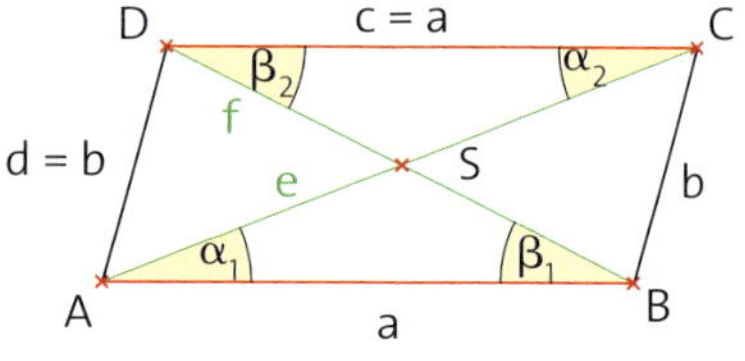

3. Ebenso gilt $\beta_1 = \beta_2$. Aus dem Kongruenzsatz wsw folgt insbesondere die Gleichheit der Strecken $\overline{AS} = \overline{SC} = \frac{e}{2}$ und $\overline{BS} = \overline{SD} = \frac{f}{2}$, was zu zeigen war.

Lösungen zu Test 2

1 a) Sind bei einem Trapez die beiden Schenkel gleich lang, so liegt ein symmetrisches Trapez vor.

b) Tritt bei einem Trapez eine Symmetrieachse auf, so sind die beiden Schenkel gleich lang.

c) Im symmetrischen Drachen wird die eine Diagonale von der anderen halbiert und senkrecht geschnitten.

d) In einem Parallelogramm sind gegenüberliegende Winkel gleich groß, und nebeneinanderliegende Winkel ergänzen sich zu 180°.

2 a) Seite d: $d = b = 4\,\text{cm}$; Seite a wird mit der Flächenformel berechnet:
$A = a \cdot h_a \Leftrightarrow a = \frac{A}{h_a} = \frac{4{,}8\,\text{cm}^2}{1{,}6\,\text{cm}} = 3\,\text{cm}$

Seite c: $c = a = 3\,\text{cm}$; Umfang u: $u = 2 \cdot (a + b) = 2 \cdot (3\,\text{cm} + 4\,\text{cm}) = 14\,\text{cm}$

b) Winkel β: $\beta = \alpha = 53{,}1°$; Winkel γ: $\gamma = 180° - \alpha = 180° - 53{,}1° = 126{,}9°$
Winkel δ: $\delta = \gamma = 126{,}9°$; Umfang u: $u = a + c + 2b = a + c + 2 \cdot 5\,\text{cm}$
a + c wird mit der Flächenformel berechnet:
$A = \frac{a+c}{2} \cdot h_a \Leftrightarrow a + c = \frac{2A}{h_a} \Leftrightarrow a + c = \frac{2 \cdot 24\,\text{cm}^2}{4\,\text{cm}} = 12\,\text{cm}.$
Damit folgt $u = 12\,\text{cm} + 2 \cdot 5\,\text{cm} = 22\,\text{cm}$

3 a) Die Planfigur zeigt, dass die beiden Teildreiecke ABC und CDA gleichermaßen durch den Kongruenzsatz sss bestimmt sind. Damit ist auch der symmetrische Drachen ABCD eindeutig konstruierbar.

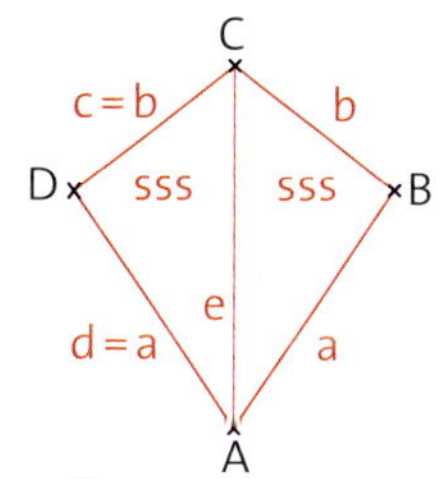

1. Zeichne die Strecke $e = \overline{AC} = 9\,\text{cm}$.
2. Zeichne den Kreisbogen K_A um A mit dem Radius $r = a = 7\,\text{cm}$.
3. Zeichne den Kreisbogen K_C um C mit dem Radius $r = b = 5\,\text{cm}$. K_C schneidet K_A in den gesuchten Eckpunkten B und D.

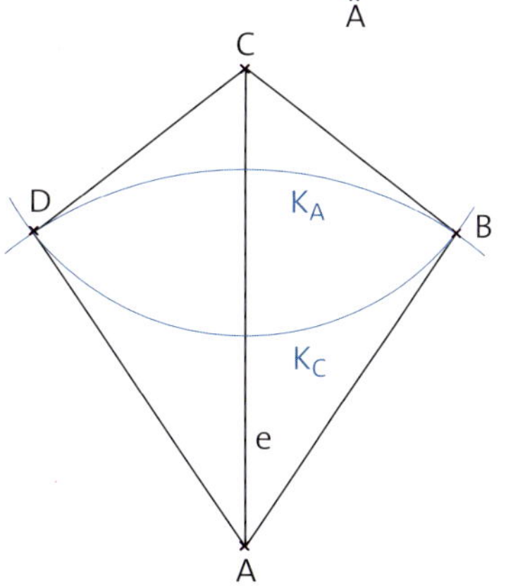

b) Die Planfigur zeigt, dass das Teildreieck ABD durch den Kongruenzsatz sss bestimmt ist. Damit ist auch der Winkel β_1 und der maßgleiche Wechselwinkel $\delta_1 = \beta_1$, der an der zu a parallelen Seite c liegt, bekannt. Das zweite Teildreieck BCD wird somit durch den Kongruenzsatz sws bestimmt.

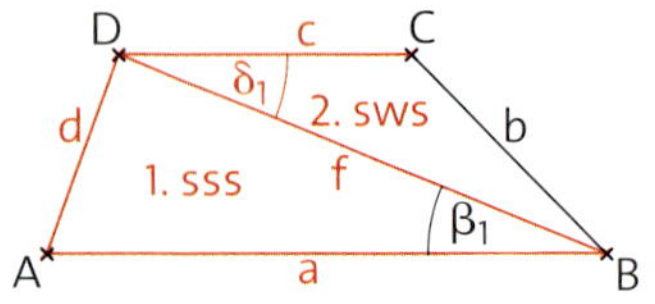

1. Zeichne die Seite $a = \overline{AB} = 8\,cm$.
2. Die Kreisbögen K_A um A mit dem Radius $r = d = 3{,}5\,cm$ und K_B um B mit dem Radius $r = f = 7\,cm$ schneiden sich im Eckpunkt D.

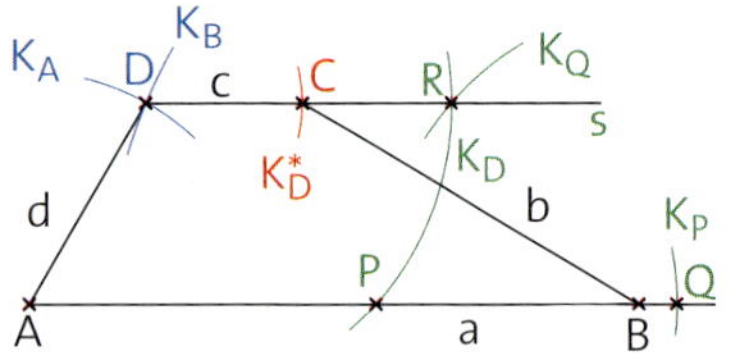

3. Die Kreisbögen K_D um D, K_P um P und K_Q um Q haben den gleichen Radius. K_D und K_P schneiden die verlängerte Seite a in den Punkten P und Q. K_Q schneidet K_D im Punkt R, durch den von D aus der Strahl s parallel zu a verläuft.
4. Der Kreisbogen K_D^* um D vom Radius $r = c = 2{,}5\,cm$ schneidet s im Eckpunkt C.

4 a) Die Dreiecke AA^*M_1 und DD^*M_1 sind kongruent (wsw) weil gilt:

1. $\sphericalangle(AM_1A^*) = \sphericalangle(DM_1D^*)$ Scheitelwinkel
2. $\sphericalangle(A^*AM_1) = \sphericalangle(D^*DM_1)$ Wechselwinkel an den Parallelen a und c
3. $\overline{AM_1} = \overline{M_1D}$, denn M_1 ist Mittelpunkt der Strecke $\overline{AD}$.

Daher sind die Dreiecke AA^*M_1 und DD^*M_1 auch flächengleich, ebenso die kongruenten Dreicke BB^*M_2 und CC^*M_2. Folglich hat das Trapez ABCD denselben Flächeninhalt wie das Rechteck $A^*B^*C^*D^*$, nämlich $A = m \cdot h$.

b) Im Rechteck $A^*B^*C^*D^*$ halbiert M_1 die Strecke $\overline{A^*D^*}$ und M_2 die Strecke $\overline{B^*C^*}$. Folglich verläuft die Verbindungsstrecke $m = \overline{M_1M_2}$ parallel zu a und c. Wenn man nun den Schenkel AD des Trapezes ABCD parallel so verschiebt, dass der verschobene Punkt D' auf c fällt und dadurch alle waagerechten Strecken um die Länge C kürzt, so folgt mit dem **2. Strahlensatz:**

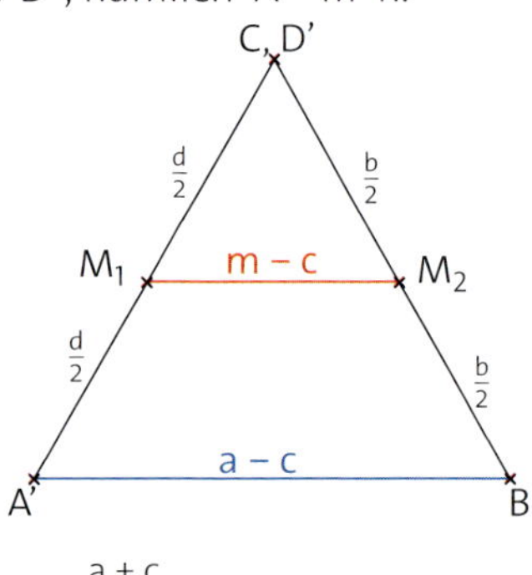

$\frac{a-c}{m-c} = \frac{d}{d/2} \Leftrightarrow a - c = 2m - 2c \Leftrightarrow a + c = 2m \Leftrightarrow m = \frac{a+c}{2}$.

Der Flächeninhalt eines Trapezes beträgt dann $A = \frac{a+c}{2} \cdot h$.

Lösungen zu Test 3

1 Vergleiche hierzu auch mit → Seite 110, Nr. 2

a) falsch: Nur symmetrische Trapeze sind auch Sehnenvierecke.

b) wahr

c) wahr

d) falsch: Quadrate sind zugleich Sehnen- und Tangentenvierecke.

2 a) Nein! – Gegenüberliegende Winkel müssten sich zu 180° ergänzen, aber es gilt: $\alpha + \gamma = 173° \neq 180°$ und $\beta + \delta = 187° \neq 180°$.

b) $\beta = 180° - \delta = 93°$; $\gamma = 180° - \alpha = 108°$.

3 a) Wenn man die Eckpunkte A, B, C und D eines Sehnenvierecks mit dem Mittelpunkt M des Umkreises verbindet, dann sieht man, dass sich ein Sehnenviereck stets aus vier gleichschenkligen Dreiecken, z. B. ABM, zusammensetzt. Jedes dieser vier Dreiecke besitzt eine Symmetrieachse, die durch M verläuft und zugleich Mittelsenkrechte zur Basis, d. h. zu einer Viereckseite, ist.

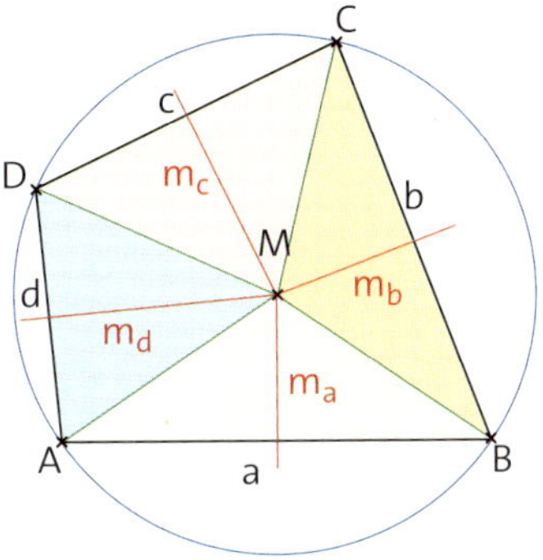

b) 1. Zeichne die Strecke $a = \overline{AB} = 8\,\text{cm}$.

2. Trage in A den freien Schenkel s unter $\alpha = 65°$ gegen a ab. Der Kreisbogen K_A um A vom Radius $r = d = 4\,\text{cm}$ schneidet s im Eckpunkt D.

3. Errichte auf $\overline{AB}$ die Mittelsenkrechte m_a, die durch die Punkte P und Q läuft, ebenso die Mittelsenkrechte m_d auf $\overline{AD}$ durch R und S. m_a und m_d schneiden sich im Mittelpunkt M des Umkreises K_M.

4. Der Kreisbogen K_B um B vom Radius $r = b = d = 4\,\text{cm}$ schneidet K_M im Eckpunkt C.

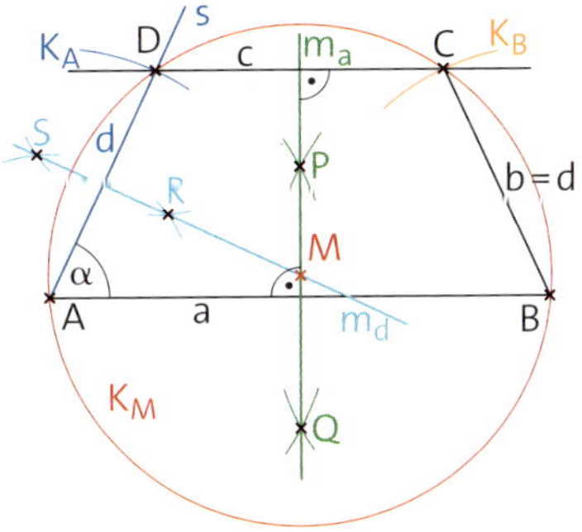

4 a) $d = (a + c) - b = 11{,}3\,cm - 5{,}6\,cm = 5{,}7\,cm$

b) $d = 1{,}5 \cdot b = 19{,}2\,cm$; $a = (b + d) - c = (12{,}8\,cm + 19{,}2\,cm) - 12{,}8\,cm = 19{,}2\,cm$

5 a) Vom Eckpunkt D aus verlaufen die zwei Tangentialstrecken c und d an den Inkreis K_M. Die Berührpunkte T_a und T_c, so zeigt es der Kreisbogen K_D um D, haben dieselbe Entfernung von D und zusammen mit den beiden Berührradien $\overline{MT_C}$ und $\overline{MT_d}$ entsteht so der symmetrische Drachen DT_dMT_c, dessen Winkelhalbierende w_δ auch seine Symmetrieachse ist. Diese Überlegungen gelten ebenso für die Eckpunkte A, B und C, sodass sich ein Tangentenviereck stets aus vier symmetrische Drachen zusammensetzt, deren Winkelhalbierende alle durch den Mittelpunkt M des Inkreises verlaufen.

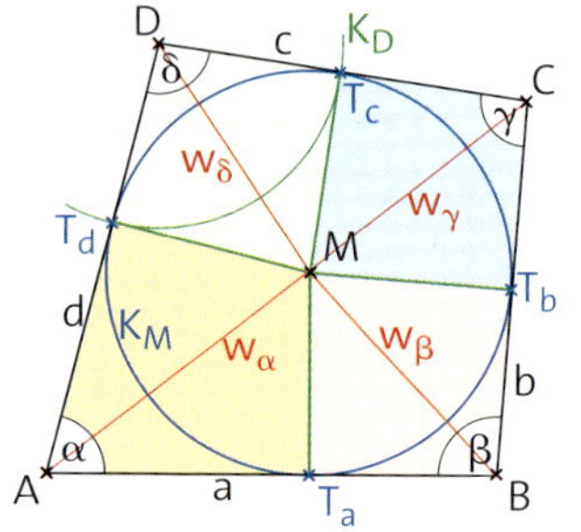

b) 1. Zeichne die Strecke $c = \overline{CD} = 5{,}5\,cm$.

2. Trage in D den freien Schenkel s unter dem Winkel $\delta = 140°$ an c ab. Der Kreisbogen K_D um D vom Radius $r = d = 7{,}5\,cm$ schneidet s im Eckpunkt A.

3. Der Kreisbogen K_A um A vom Radius $r = a = d = 7{,}5\,cm$ schneidet den Kreisbogen K_C um C vom Radius $r = b = c = 5{,}5\,cm$ im Eckpunkt B.

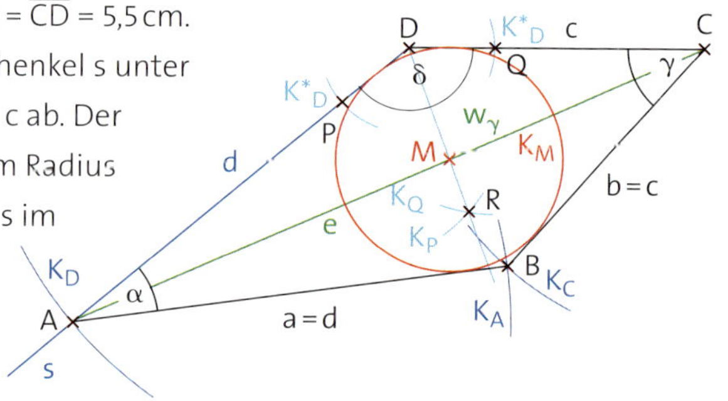

Konstruktion des Inkreises:

1. Die Diagonale $e = \overline{AC}$ ist Symmetrieachse des symmetrischen Drachens ABCD und halbiert somit auch die Winkel α und γ.
2. Winkelhalbierende von δ: Der Kreis K^*_D um D schneidet d im Punkt P und c im Punkt Q. Die Kreisbögen K_P um P und K_Q um Q vom gleichen Radius schneiden sich im Punkt R, durch den von D aus die Winkelhalbierende w_δ verläuft.
3. w_δ schneidet e im Mittelpunkt M des Inkreises K_M. Der Abstand von M zu einer Seite des Dreiecks ist der Radius des Inkreises.

14 Räumliche Geometrie WISSEN

1 Was bietet die räumliche Geometrie?

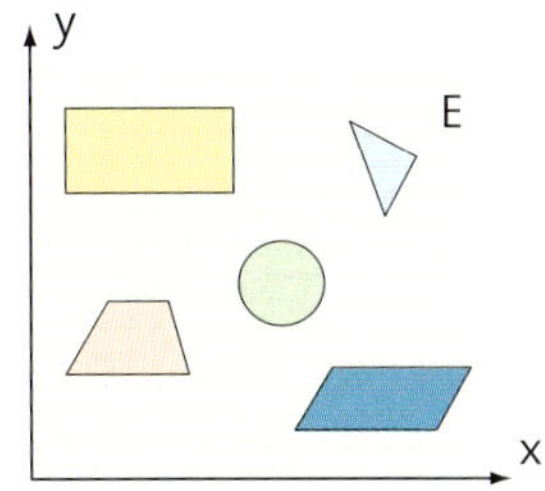

Bisher wurden nur solche geometrische Figuren (Dreiecke, Vierecke, ...) betrachtet, die in einer Ebene E liegen und sich deshalb bequem zweidimensional, z. B. auf einer Heftseite (Papierebene) darstellen lassen. Beim Übergang zum dreidimensionalen Raum treten jedoch weitere geometrische Figuren auf, die selbst dreidimensional sind und deshalb auch als **Körper** bezeichnet werden. Aus der Vielzahl möglicher Körper sollen hier nur diejenigen betrachtet werden, die sich infolge ihrer Einfachheit und Regelmäßigkeit leicht und mit den verfügbaren Rechentechniken untersuchen lassen. Hierzu zählen die **(geraden) Prismen und Zylinder**, sowie die **Pyramiden und Kegel**. Nur erwähnt werden die **schiefen Prismen und Zylinder**. Die **Kugel** beispielsweise kann hier noch nicht näher analysiert werden. Die Abbildung vermittelt bereits einen ersten Eindruck davon, wie man **Körper in der (Papier-)Ebene darstellen** kann, ohne dass der räumliche Eindruck und ihre räumlichen Informationen verlorengehen. Diesem Problem wird jetzt zuerst nachgegangen.

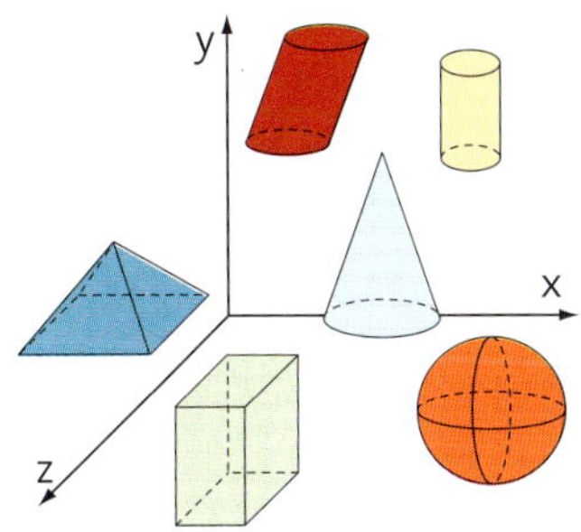

2 Projektive Darstellungen – Schrägbild

Eine **Kavalierprojektion** führt zu einem **Schrägbild** des abgebildeten Körpers. Dabei werden alle zur Projektionsebene parallelen Körperflächen unverzerrt und originalgetreu abgebildet. Die **Breite (Tiefe)** des Körpers erscheint jedoch unter dem Winkel α und um einen Faktor k $(0 < k < 1)$ **verkürzt**.
Üblicherweise wählt man, wenn nichts anderes vorgegeben wird, den Winkel $\alpha = 45°$ bei einem Verkürzungsfaktor um $k = \frac{1}{2}$.

Auf der CD findest du einen ausführlichen Überblick über die verschiedenen Arten projektiver Darstellungen, mit deren Hilfe Körper in einer Ebene dargestellt werden können! Auch die **Zweitafelprojektion**, die beim technischen Zeichen oft wichtig ist, ist dort ausführlich dargestellt: 14_projektionen.pdf

Beispiel 1: Zeichne das Schrägbild eines Quaders der Breite b mit den Kantenlängen a = 2 cm, b = 3 cm und c = 2,5 cm.
Alle Längen a und Höhen c werden mit den unveränderten Vorgaben a = 2 cm und c = 2,5 cm gezeichnet, jedoch wird die Breite b unter 45° und mit der Hälfte der Vorgabe, also $\frac{1}{2}$b = 1,5 cm, abgetragen.

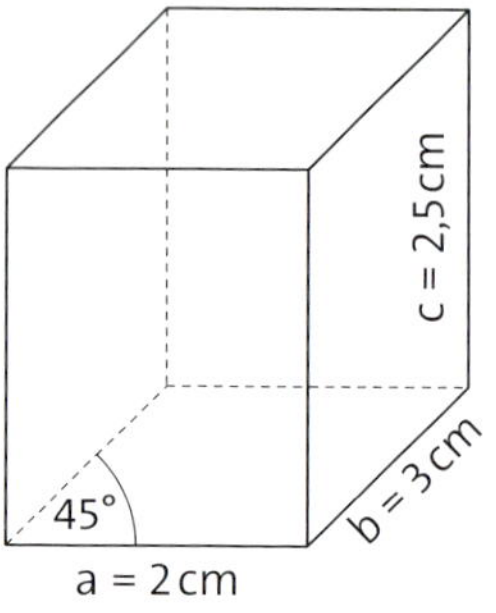

Beim **Zeichnen auf Karopapier** gibt es für die Verkürzung der Tiefe (Breite) mehrere Darstellungsmöglichkeiten:

Achte darauf, welche Darstellungsmethode angewendet werden soll!

1. Möglichkeit: Man zeichnet für jeden Zentimeter (≙ 2 Kästchen) der Breite eine Kästchendiagonale.
2. Möglichkeit: Man zeichnet die Tiefe (Breite) zunächst auf die Hälfte verkürzt an, und verkürzt oder verlängert dann zum nächsten Gitterpunkt.

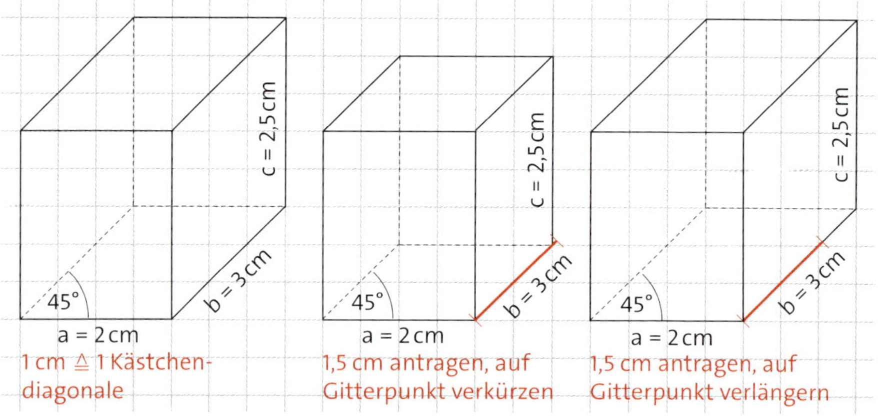

3 Gerade Prismen und Zylinder

Gerade Prismen setzen sich aus einer n-eckigen Grundfläche, einer hierzu kongruenten und parallelen Deckfläche und einer Mantelfläche, die aus n Rechtecken besteht, zusammen. Beim **geraden Zylinder** sind die Grund- und Deckfläche kongruente und parallele Kreise und die kreisförmig gekrümmte Mantelfläche ergibt beim Abrollen ein Rechteck.

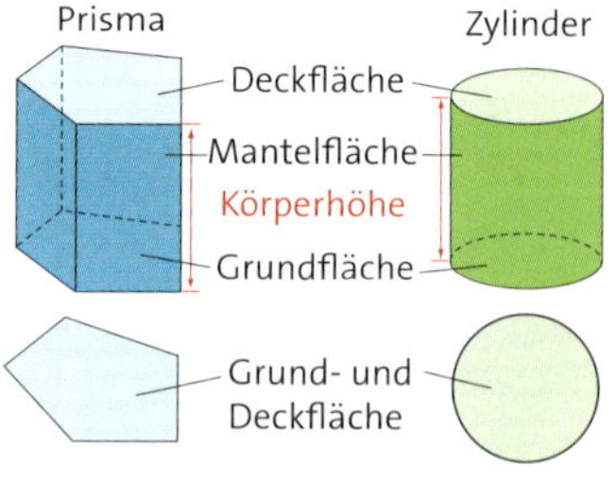

14 Räumliche Geometrie WISSEN

Grundfläche Flächeninhalt A_G	Körper Volumen V	Netzfigur Mantelfläche A_M; Oberfläche A_O
Dreieck 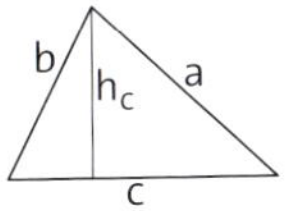 $A_G = \frac{1}{2}\cdot c\cdot h_c$	Dreieckprisma 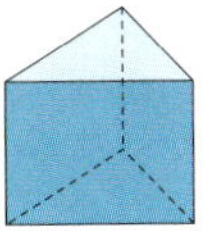 $V = \frac{1}{2}\cdot c\cdot h_c\cdot h_K$	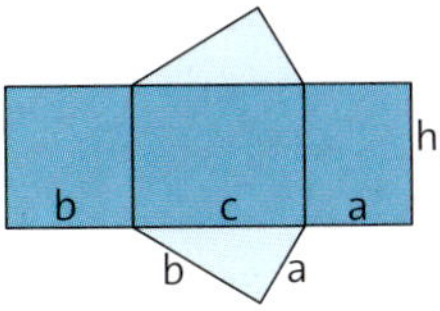 $A_M = (a+b+c)\cdot h_K$; $A_O = c\cdot h_c + (a+b+c)\cdot h_K$
Quadrat 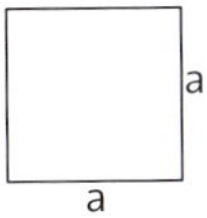 $A_G = a^2$	quadratische Säule 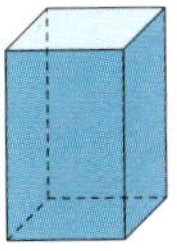 $V = a^2\cdot h_K$	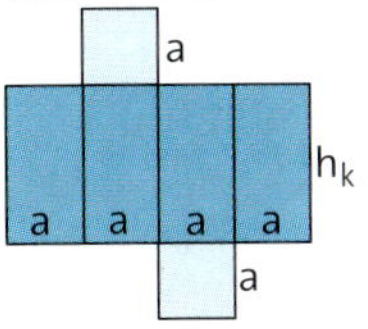 $A_M = 4\cdot a\cdot h_K$; $A_O = 2\cdot a^2 + 4\cdot a\cdot h_K$
Rechteck 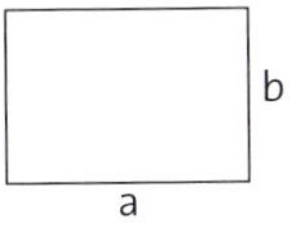 $A_G = a\cdot b$	Quader 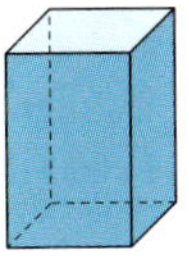 $V = a\cdot b\cdot h_K$	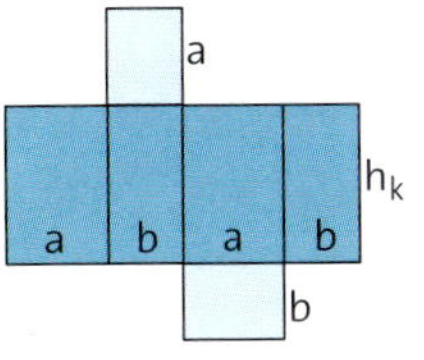 $A_M = 2\cdot(a+b)\cdot h_K$; $A_O = 2\cdot a\cdot b + 2\cdot(a+b)\cdot h_K$
Kreis 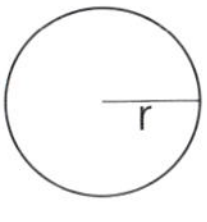 $A_G = \pi\cdot r^2$	Zylinder  $V = \pi\cdot r^2\cdot h_K$	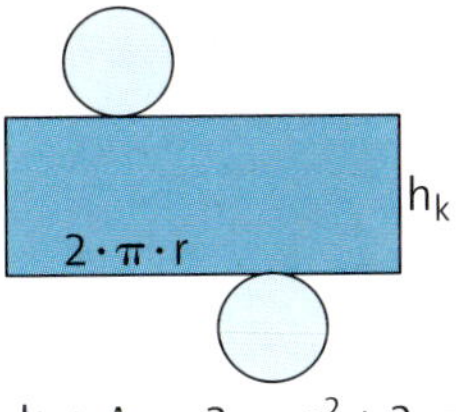 $A_M = 2\cdot\pi\cdot r\cdot h_K$; $A_O = 2\cdot\pi\cdot r^2 + 2\cdot\pi\cdot r\cdot h_K$

Beispiel 2: Bestimme für einen Würfel der Kantenlänge $a = 5\,cm$ das Volumen, die Mantel- und die Oberfläche.

Wenn man einen **Würfel als eine spezielle quadratische Säule** der Höhe $h_K = a$ auffasst, dann folgt: $V = a^3 = (5\,cm)^3 = 125\,cm^3$;

$A_M = 4\,a^2 = 4\cdot(5\,cm)^2 = 100\,cm^2$; $A_O = 2\,a^2 + 4\,a^2 = 6\,a^2 = 6\cdot(5\,cm)^2 = 150\,cm^2$

> Für alle säulenförmigen Körper gilt:
> Volumen (V) = Grundfläche (A_G) · Körperhöhe(h_K)
> Oberfläche(A_O) = 2 · Grundfläche (A_G) + Mantelfläche(A_M)

4 Gerade Pyramiden und Kegel

Bei einer **(geraden) Pyramide** treffen sich alle Seitenkanten der Figur in der Spitze, die senkrecht über dem Schwerpunkt S der Grundfläche liegt. Dabei werden dreieckige Seitenflächen gebildet. Auch beim **(geraden) Kegel** treffen sich alle Seitenlinien in der Spitze, senkrecht über dem Mittelpunkt des Grundkreises.

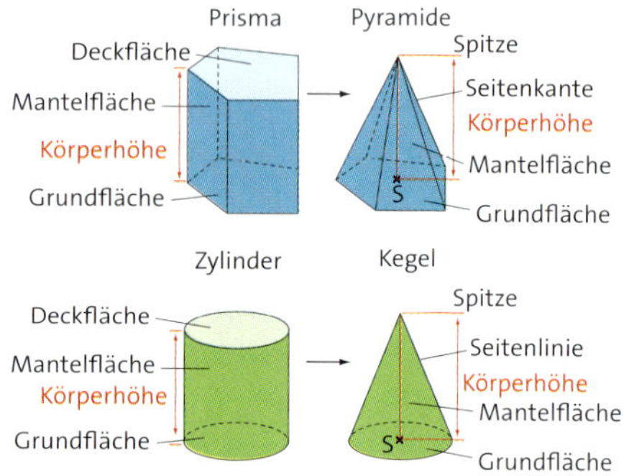

Grundfläche Flächeninhalt A_G	Körper Volumen V	Netzfigur Mantelfläche A_M; Oberfläche A_O
Rechteck 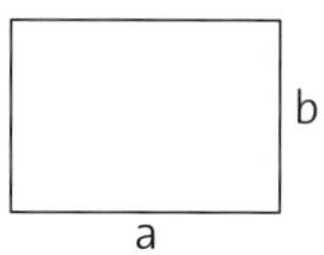 $A_G = a \cdot b$	rechteckige Pyramide 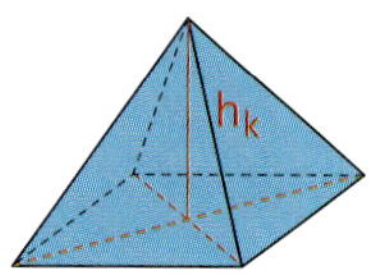 $V = \frac{1}{3} \cdot a \cdot b \cdot h_K$	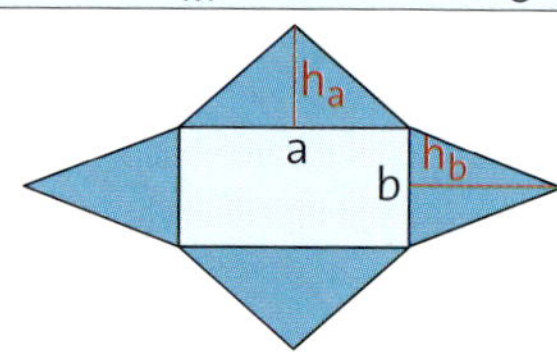 $A_M = a \cdot h_a + b \cdot h_b$; $A_O = a \cdot b + a \cdot h_a + b \cdot h_b$
Kreis 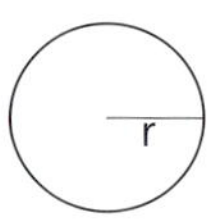 $A_G = \pi \cdot r^2$	Kegel 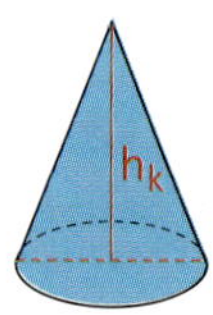 $V = \frac{1}{3} \cdot \pi \cdot r^2 \cdot h_K$	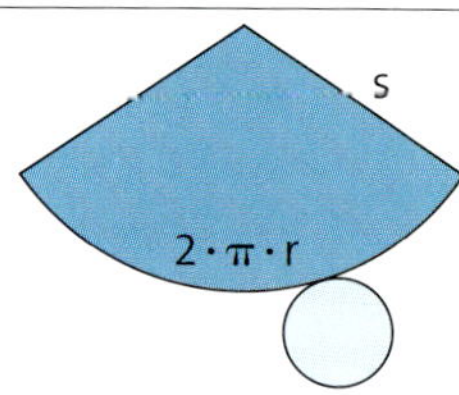 $A_M = \pi \cdot r \cdot s$; $A_O = \pi \cdot r^2 + \pi \cdot r \cdot s$

Beispiel 3: Bei einer **quadratischen Pyramide** der Kantenlänge $a = 6\,cm$ beträgt die Körperhöhe $h_k = 4cm$ und die Höhe der Seitenflächen $h_s = 5\,cm$. Wenn man eine quadratische Pyramide als eine spezielle rechteckige Pyramide mit $a = b$ auffasst, so folgt ...

... für das Volumen: $V = \frac{1}{3} \cdot a^2 \cdot h_k = \frac{1}{3} \cdot (6\,cm)^2 \cdot 4\,cm = 48\,cm^3$

... für die Mantelfläche: $A_M = 4 \cdot \left(\frac{1}{2} \cdot a \cdot h_S\right) = 2 \cdot a \cdot h_S = 2 \cdot 6\,cm \cdot 5\,cm = 60\,cm^2$

... für die Oberfläche: $A_O = a^2 + 2 \cdot a \cdot h_s = (6\,cm)^2 + 60\,cm^2 = 96\,cm^2$

> Für alle spitz zulaufenden Körper beträgt das Volumen nur $\frac{1}{3}$ des Volumens, das der entsprechende säulenförmige Körper gleicher Grundfläche und gleicher Höhe besitzt. Bei der Oberflächenberechnung entfällt die Deckfläche.
> Volumen (V) = $\frac{1}{3}$ Grundfläche (A_G) · Körperhöhe (h_K);
> Oberfläche (A_O) = Grundfläche (A_G) + Mantelfläche (A_M)

TEST 1 Schrägbilder

1 Welche Körper werden dargestellt? Wie nennt man diese Art der Darstellung? Bestimme die Kantenmaße, den Rauminhalt und die Oberfläche.

$\alpha = 45°$ $k = \frac{1}{2}$	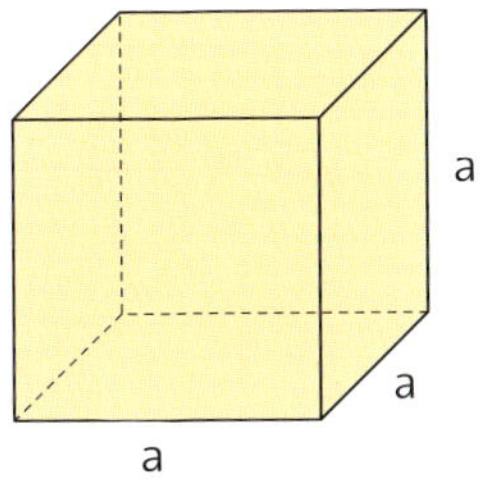	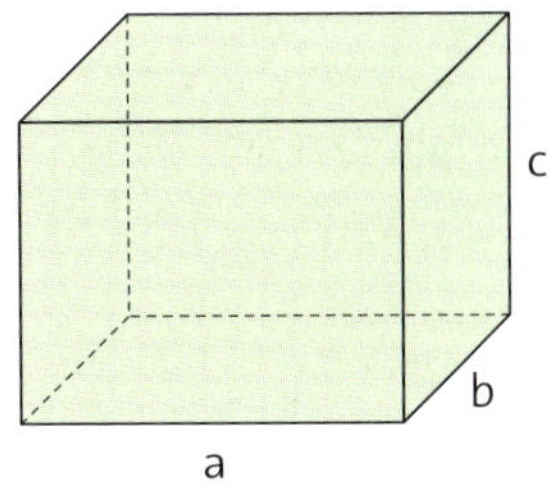
Körper:		
Kantenmaße:		
Rauminhalt:		
Oberfläche:		

2 a) Ein Quader hat die Kantenmaße $a = 2\,\text{cm}$, $b = 1\,\text{cm}$ und $c = 2\,\text{cm}$.
Zeichne drei mögliche Schrägbilder dieses Körpers.
Verwende als Verkürzungsfaktor für 1 cm Seitenlänge eine Kästchendiagonale.

b) Beschreibe, wie du beim Zeichnen vorgegangen bist.

TEST 2 Gerade Prismen und Zylinder

1 Berechne die fehlenden Angaben.

Körper	Angaben zur Grundfläche	Körperhöhe (h_K)	Volumen (V)	Oberfläche (A_O)	Mantelfläche (A_M)
Dreieckprisma	a = 3 cm, b = 4 cm c = 5 cm, $\gamma = 90°$	8 cm			
Quader	a = 5,5 cm, b = 7,5 cm		330 cm³		
Würfel					196 cm²
Zylinder		$h_K = r$		18,1 dm²	

2 Aus drei gleichgroßen Holzplättchen (10 cm x 6 cm x 4 cm) sollen die Buchstaben des Wortes „ALT" ausgesägt werden.

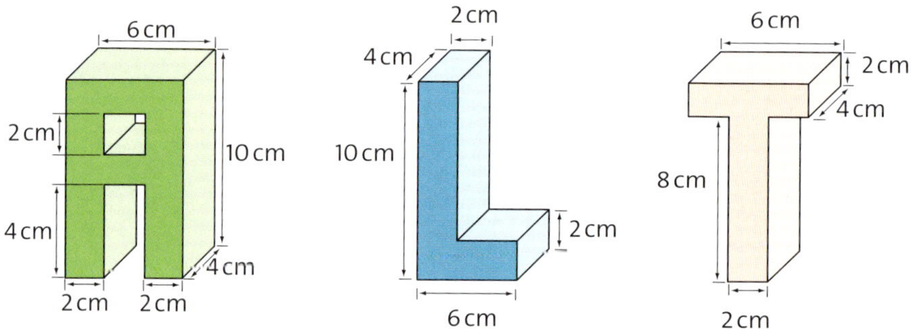

a) Bestimme für jeden der Buchstaben das Volumen.
Wie viel Prozent Abfall entsteht jeweils durch das Aussägen?

b) Die Buchstaben sollen mit einem schlagfesten Farblack überzogen werden, von dem 1 g pro 10 cm² Fläche benötigt wird. Reicht ein Töpfchen mit 50 g aus?

3 Die Prämie für eine Gebäudeversicherung richtet sich nach dem umbauten Raum. Für bewohnten Raum werden 0,80 €/m³ angesetzt, für nicht bewohnten Raum 0,40 €/m³.

a) In dem abgebildeten Haus wird nur das Erdgeschoss bewohnt.

b) Um wie viel steigt die Prämie durch den Ausbau des Dachgeschosses, wenn die Zwischendecke dort eine Höhe von 2,2 m hat?

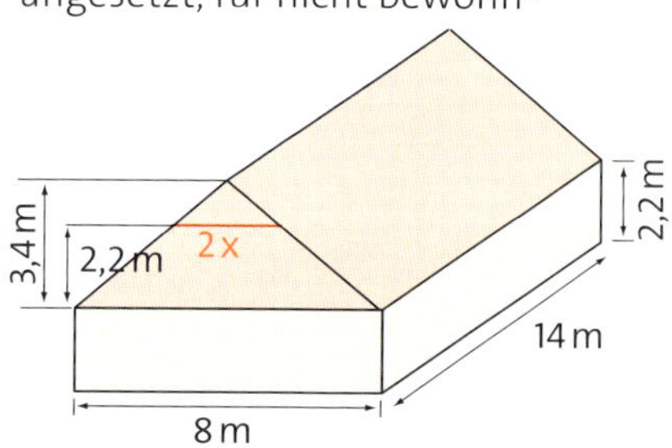

4 Bestimme den Rauminhalt folgender Körper:

a)

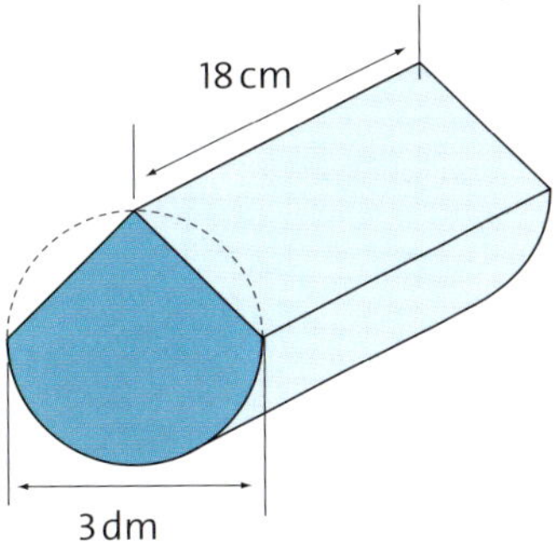

b)

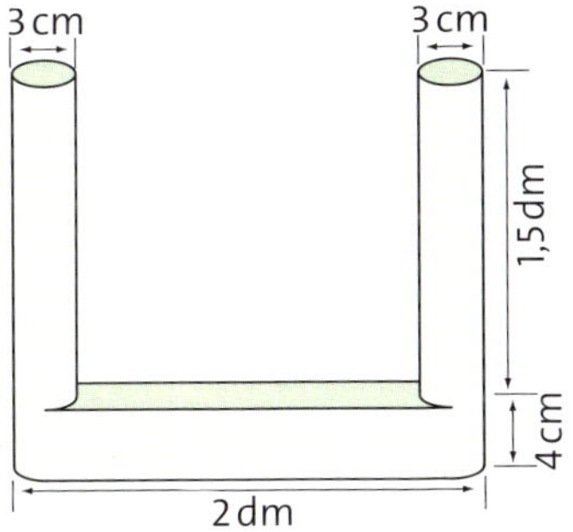

5 Eine quadratische Säule hat eine feste Oberfläche von 96 cm².

a) Zeige, dass sich die Körperhöhe h_K mithilfe der Kantenlänge a der Grundfläche so ausdrücken lässt: $h_K = \frac{24\,\text{cm}^2}{a} - \frac{1}{2}a$.

b) Berechne die fehlenden Angaben in folgender Tabelle:

a (cm)	1	2	3	4	5	6
h_K (cm)						
V (cm³)						

c) Trage die Tabellenwerte aus Teil b) in das nebenstehende a-V-Diagramm ein. Was fällt dir auf? Formuliere deine Beobachtung als allgemeine Aussage (Vermutung).

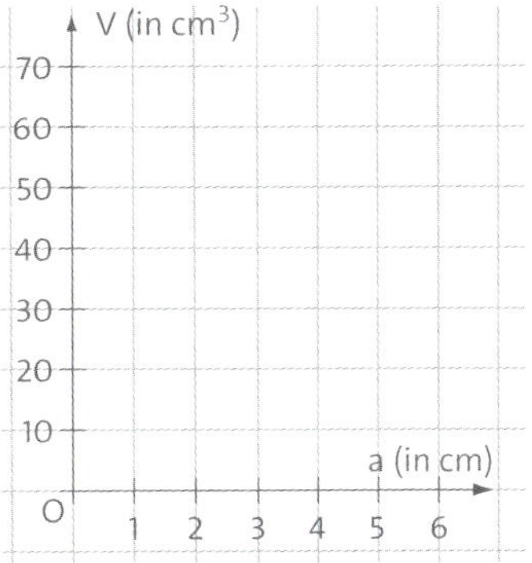

TEST 3 Gerade Pyramiden und Kegel

1 a) Wie nennt man den abgebildeten Körper?

b) Bestimme den Rauminhalt dieses Körpers.

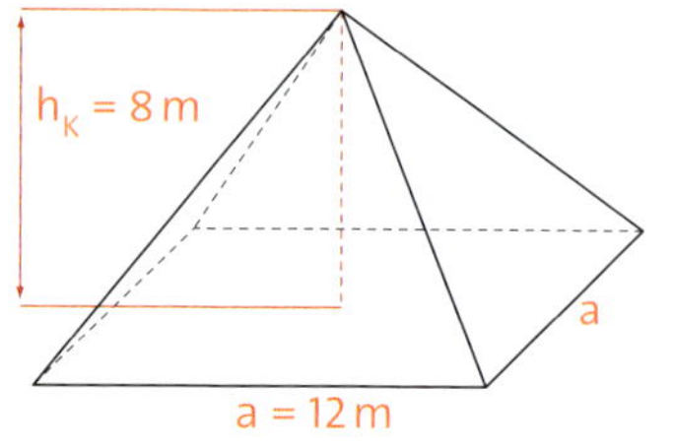

c) Bestimme zunächst durch Rechnung oder durch Konstruktion die Seitenhöhe h_a und berechne dann die Mantel- und die Oberfläche dieses Körpers.

2 a) Wie nennt man den Körper, der die abgebildete Mantelfläche besitzt?

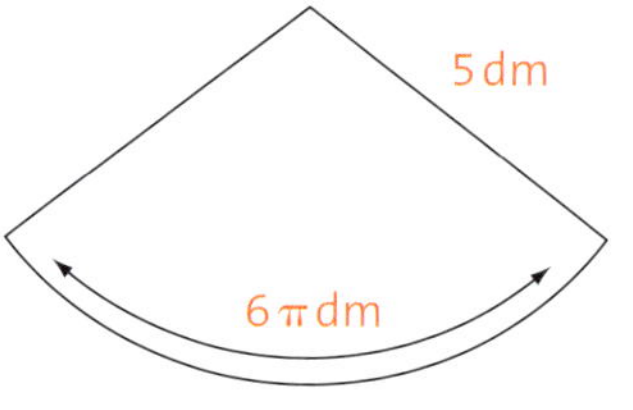

b) Leite zunächst die Formel zur Berechnung der Mantelfläche her. Berechne dann die Mantel- und die Oberfläche dieses Körpers.

c) Bestimme zunächst durch Rechnung oder durch Konstruktion die Körperhöhe h_K dieses Körpers und berechne dann sein Volumen.

3 Die Dachspitze eines Kirchturms hat die Form einer quadratischen Pyramide. Sie wird mit Ziegeln neu eingedeckt (165 €/m^2) und entlang den Basisseiten mit einer umlaufenden Regenrinne versehen (72 €/m). Bestimme die Länge der Basisseiten und die Höhe der Seitenflächen, wenn die gesamten Baukosten 19 548 € betragen und die Höhe einer Seitenfläche 1,5-mal so lang ist wie die Basisseite.

TEST 4 Räumliche Geometrie

1 Bestimme den Rauminhalt und die Oberfläche.

a)

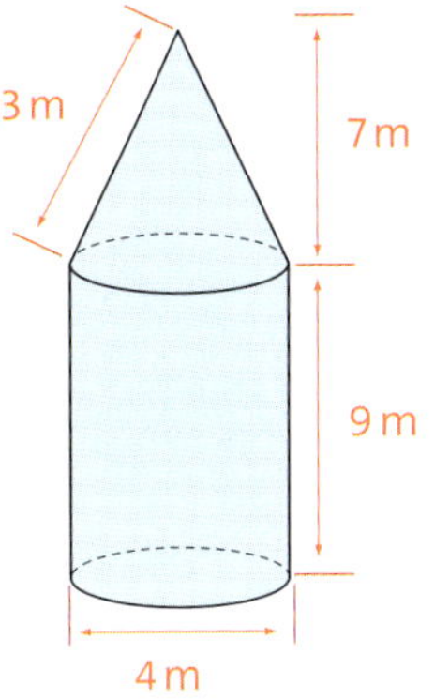

b)

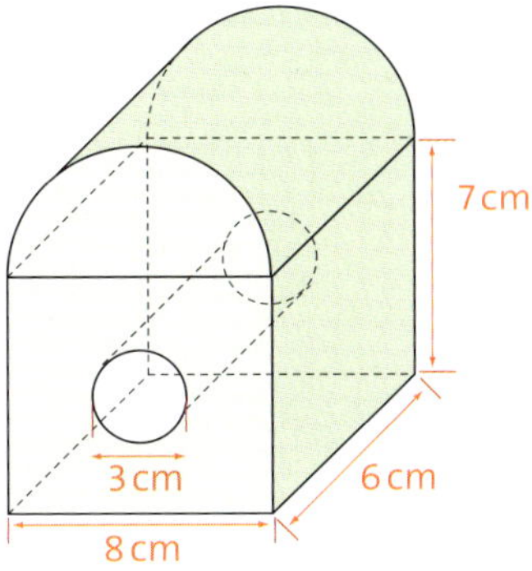

2 Ein Dreieckprisma hat ein Volumen von 192 cm³. Eine Höhe der Grundfläche ist 1,5-mal so lang wie die zugehörende Dreieckseite, die ihrerseits einem Viertel der Körperhöhe entspricht. Bestimme die Längen dieser drei Seiten.

3 Das abgebildete Glas soll in Hotels und Gaststätten zum Ausschank von Sekt verwendet werden.

a) Weise zunächst durch eine Konstruktion nach, dass die Seitenlinie $s = 6{,}7\,cm$ lang ist.

b) In welchem Abstand vom Glasrand muss der Eichstrich angebracht werden, um Portionen von 0,1 ℓ abfüllen zu können?

c) Ein Wirt hat sich angewöhnt, den Inhalt einer Sektflasche, das sind 0,75 ℓ, auf acht Gläser zu verteilen. Warum wird dieser Schwindel kaum bemerkt?

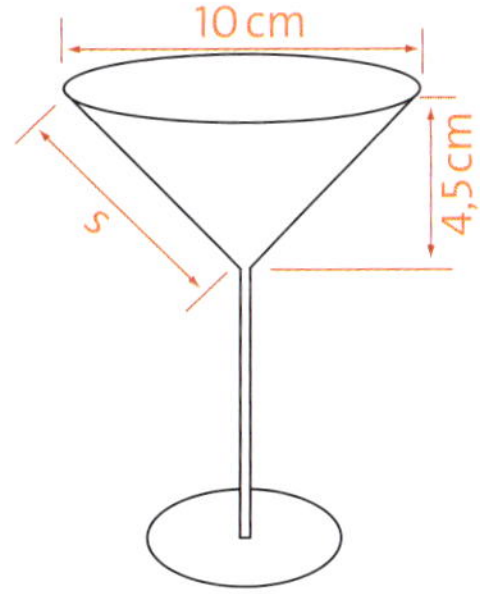

Lösungen zu Test 1

1

Körper:	Würfel	Quader / quadratische Säule
Kantenmaße:	$a = 2\,cm$	$a = 2{,}5\,cm;\ b = 2\,cm;\ c = 2\,cm$
Rauminhalt:	$V = a^3 = (2\,cm)^3 = 8\,cm^3$	$V = a \cdot b \cdot c = 2{,}5\,cm \cdot 2\,cm \cdot 2 \cdot cm = 10\,cm^3$
Oberfläche:	$O = 6a^2 = 6 \cdot (2\,cm)^2$ $= 24\,cm^2$	$O = 2 \cdot (ab + ac + bc)$ $= 2 \cdot (2{,}5\,cm \cdot 2\,cm + 2{,}5\,cm \cdot 2\,cm$ $+ 2\,cm \cdot 2\,cm) = 28\,cm^2$

2 a)

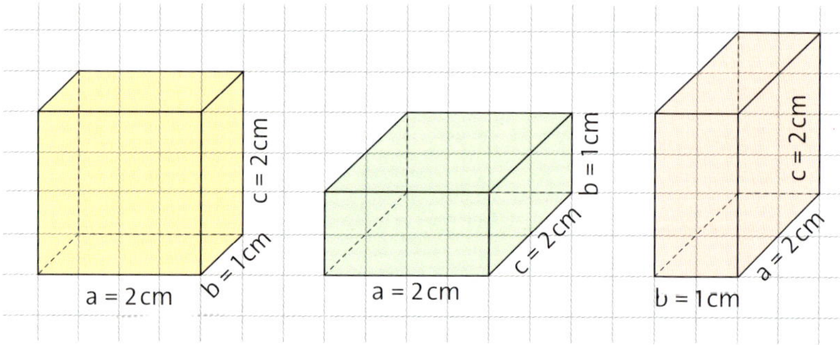

b) 1. Man zeichnet die Vorderfläche, z. B. das Rechteck mit den Kanten a und c, unverzerrt und mit den gegebenen Maßen.
2. An jede der vier Ecken der Vorderfläche trägt man die Breite (Tiefe) unter 45° gegen eine waagerechte Bezugslinie an. Für jeden cm der Tiefe verwendet man die Länge *einer* Kästchendiagonale.
3. Man verbindet die freien Enden der Breiten zur Rückfläche, die ebenso unverzerrt wie die Vorderfläche erscheint. Zuerst zeichnet man die sichtbaren Kanten, dann die verdeckten Kanten gestrichelt.

Lösungen zu Test 2

1

Körper	Angaben zur Grundfläche	Körperhöhe (h_K)	Volumen (V)	Oberfläche (A_O)	Mantelfläche (A_M)
Dreieckprisma	a = 3 cm, b = 4 cm c = 5 cm, γ = 90°	8 cm	48 cm³	108 cm²	96 cm²
Quader	a = 5,5 cm, b = 7,5 cm	8 cm	330 cm³	290,5 cm²	208 cm²
Würfel	a = 7 cm	7 cm	343 cm³	294 cm²	196 cm²
Zylinder	r = 1,2 dm	$h_K = r$	5,43 dm³	18,1 dm²	9,05 dm²

Dreieckprisma: a und b schließen den rechten Winkel γ ein, daher ist b auch Höhe zur Seite a.

$V = \frac{1}{2} \cdot a \cdot b \cdot h_K = 48\,cm^3$; $A_M = (a + b + c) \cdot h_K = 96\,cm^2$;

$A_O = A_M + 2 \cdot \left(\frac{1}{2} \cdot a \cdot b\right) = 108\,cm^2$

Quader: $V = a \cdot b \cdot h_K \Leftrightarrow h_K = \frac{V}{a \cdot b} = 8\,cm$; $A_M = 2 \cdot (a + b) \cdot h_K = 208\,cm^2$;

$A_O = A_M + 2 \cdot a \cdot b = 290{,}5\,cm^2$

Würfel: $A_M = 4 \cdot a^2 \Rightarrow a = \sqrt{\frac{A_M}{4}} = 7\,cm$; $h_K = a = 7\,cm$; $V = a^3 = 343\,cm^3$;

$A_O = 6 \cdot a^2 = 294\,cm^2$

Zylinder: Setze stets $h_K = r$ ein:

$A_O = 2\pi \cdot r^2 + 2\pi \cdot r \cdot h_K \Rightarrow A_O = 4\pi \cdot r^2 \Rightarrow r = \sqrt{\frac{A_O}{4\pi}} = 1{,}2\,dm$; $V = \pi \cdot r^2 \cdot h_K$

$\Rightarrow V = \pi \cdot r^3 = 5{,}43\,dm^3$; $A_M = 2\pi \cdot r^2 \cdot h_K \Rightarrow A_M = 2\pi \cdot r^2 = 9{,}05\,dm^2$

2 a) Jedes Holzplättchen hat das Volumen $V = 10\,cm \cdot 6\,cm \cdot 4\,cm = 240\,cm^3$.
Hiervon zieht man die Rauminhalte der ausgesägten Körper ab.
p % ist der prozentuale Abfall.

$V_A = 240\,cm^3 - (2\,cm \cdot 4\,cm \cdot 4\,cm + 2\,cm \cdot 2\,cm \cdot 4\,cm) = 192\,cm^3$;

$p_A\,\% = \frac{240 - 192}{240} \cdot 100\,\% = 20\,\%$

$V_L = 240\,cm^3 - 4\,cm \cdot 8\,cm \cdot 4\,cm = 112\,cm^3$; $p_L\,\% = \frac{240 - 112}{240} \cdot 100\,\% = 53{,}3\,\%$

$V_T = 240\,cm^3 - 2 \cdot 2\,cm \cdot 8\,cm \cdot 4\,cm = 112\,cm^3$; $p_T\,\% = 53{,}3\,\%$

b) Man berechnet zunächst die Oberflächen der Buchstaben:

$A_{OA} = 2 \cdot (6\,cm \cdot 10\,cm - 2\,cm \cdot 4\,cm - 2\,cm \cdot 2\,cm) + 2 \cdot 10\,cm \cdot 4\,cm + 6\,cm \cdot 4\,cm$
$+ 2 \cdot 2\,cm \cdot 4\,cm + 2 \cdot 4cm \cdot 4\,cm + 2\,cm \cdot 4\,cm + 4 \cdot 2\,cm \cdot 4\,cm = 288\,cm^2$

$A_{OL} = 2 \cdot (10\,cm \cdot 2\,cm + 4\,cm \cdot 2\,cm) + 10\,cm \cdot 4\,cm + 2\,cm \cdot 4\,cm + 8\,cm \cdot 4\,cm$
$+ 4\,cm \cdot 4\,cm + 2\,cm \cdot 4\,cm + 6\,cm \cdot 4\,cm = 184\,cm^2$

$A_{OT} = A_{OL} = 184\,cm^2$ (Hinweis: Wandle das „L“ in ein „T“ um!)

Die Gesamtfläche $A_{ges} = A_{OA} + A_{OL} + A_{OT} = 656\,cm^2$ erfordert 65,6 g Lack.
Das 50-g-Töpfchen reicht nicht aus.

3 a) Bestimme zunächst die Rauminhalte von Erd- und Dachgeschoss:

$V_E = 8\,m \cdot 14\,m \cdot 2{,}8\,m = 313{,}6\,m^3$; $V_D = \frac{1}{2} \cdot 8\,m \cdot 3{,}4\,m \cdot 14\,m = 190{,}4\,m^3$

Die Prämie beträgt: $p_1 = 313{,}6\,m^3 \cdot 0{,}8\,\frac{€}{m^3} + 190{,}4\,m^3 \cdot 0{,}4\,\frac{€}{m^3} = 327{,}04\,€$

b) Mit dem 2. Strahlensatz folgt: $\frac{x}{4\,m} = \frac{3{,}4\,m - 2{,}2\,m}{3{,}4\,m} \Leftrightarrow x = 1{,}41\,m$ und damit die Breite der Zwischendecke zu $2x = 2{,}82\,m$. Für das Dachgeschoss berechnet man nun den ...

... Rauminhalt des bewohnten Teils:

$V_{D1} = \frac{8\,m + 2{,}82\,m}{2} \cdot 2{,}2\,m \cdot 14\,m = 166{,}63\,m^3$

... Rauminhalt des unbewohnten Teils:

$V_{D2} = \frac{1}{2} \cdot 2{,}82\,m \cdot (3{,}4\,m - 2{,}2\,m) \cdot 14\,m = 23{,}69\,m^3$

Die Prämie beträgt:

$p_2 = (313{,}6\,m^3 + 166{,}6\,m^3) \cdot 0{,}8\,\frac{€}{m^3} + 23{,}7\,m^3 \cdot 0{,}4 = 393{,}64\,€$.

Sie ist um $p_2 - p_1 = 393{,}64\,€ - 327{,}04\,€ = 66{,}60\,€$ angestiegen.

4 a) Der Körper setzt sich aus zwei Prismen mit halbkreisförmiger, bzw. dreieckiger Grundfläche zusammen.

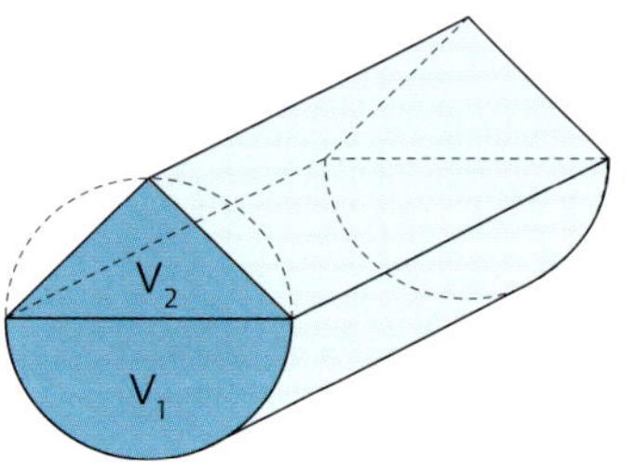

Für die Rauminhalte folgt:

$V_1 = \frac{1}{2} \cdot \pi \cdot (1{,}5\,dm)^2 \cdot 1{,}8\,dm = 6{,}36\,dm^3$

$V_2 = \frac{1}{2} \cdot 3\,dm \cdot 1{,}5\,dm \cdot 1{,}8\,dm = 4{,}05\,dm^3$

$V_{ges} = V_1 + V_2 = 10{,}41\,dm^3$

b) Der Körper setzt sich aus einem Quader (V_1), zwei angesetzten Halbzylindern ($2 \cdot V_2$) und zwei aufgesetzten Zylindern ($2 \cdot V_3$) zusammen. Für die Rauminhalte folgt:

$V_1 = (20\,cm - 3\,cm) \cdot 3\,cm \cdot 4\,cm = 204\,cm^3$

$V_2 = \frac{1}{2}\pi \cdot (1{,}5\,cm)^2 \cdot 4\,cm = 14{,}14\,cm^3$

$V_3 = \pi \cdot (1{,}5\,cm)^2 \cdot 15\,cm = 106{,}03\,cm^3$

$V_{ges} = V_1 + 2 \cdot V_2 + 2 \cdot V_3 = 444{,}3\,cm^3$

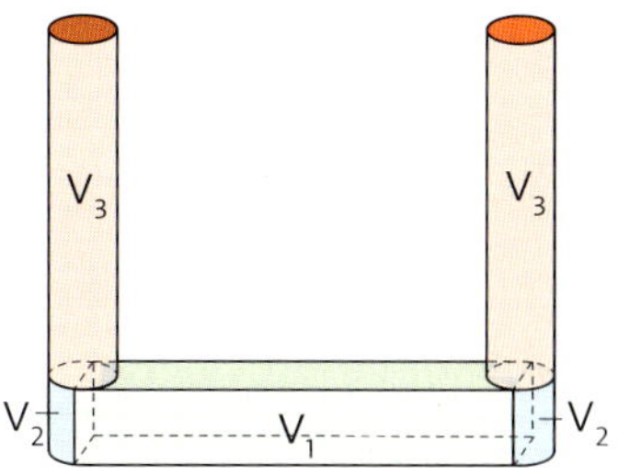

5 a) Es gilt: $A_O = 2 \cdot a^2 + 4 \cdot a \cdot h_K = 96\,cm^2 \quad | -2a^2$

$\Leftrightarrow \quad 4 \cdot a \cdot h_K = 96\,cm^2 - 2 \cdot a^2 \quad | :4a$

$\Leftrightarrow \quad h_K = \frac{24\,cm^2}{a} - \frac{1}{2} \cdot a$

b) Bestimme zunächst mithilfe der in Teilaufgabe a) hergeleiteten Formel für jeden Wert der Kantenlänge a die zugehörende Körperhöhe h_K. Anschließend kannst du das Volumen der quadratischen Säule zu $V = a^2 \cdot h_K$ berechnen.

a (cm)	1	2	3	4	5	6
h_K (cm)	23,5	11,0	6,5	4,0	2,3	1,0
V (cm^3)	23,5	44,0	58,5	64,0	57,5	36,0

c) Im Diagramm wird das Volumen V als Funktion der Kantenlänge a dargestellt. Offensichtlich wird V für $a = 4\,cm$ maximal, d. h. gerade dann, wenn auch die Körperhöhe $h_K = 4\,cm = a$ diesem Wert entspricht.
Aussage (Vermutung): Bei fester Oberfläche wird das Volumen einer quadratischen Säule gerade dann maximal, wenn ein Würfel vorliegt.

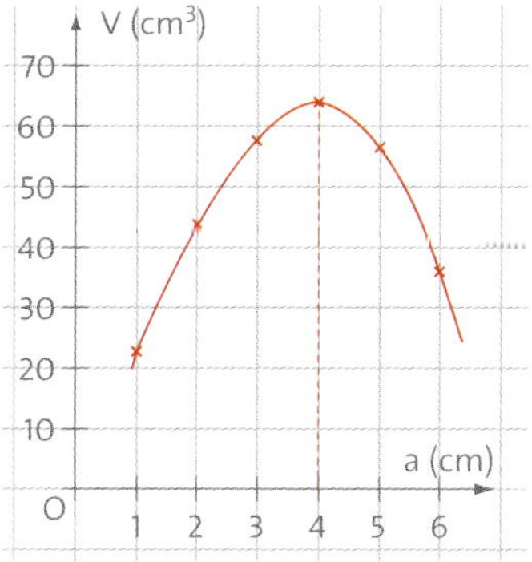

Lösungen zu Test 3

1 a) Quadratische Pyramide.

b) $V = \frac{1}{3} \cdot a^2 \cdot h_K = \frac{1}{3} \cdot (12\,m)^2 \cdot 8\,m = 384\,m^3$.

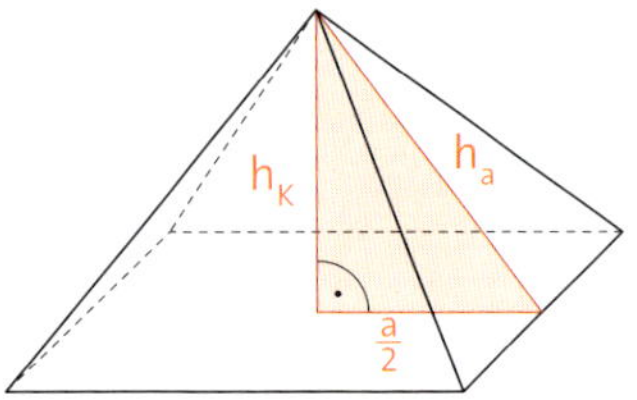

c) Das markierte Dreieck ist rechtwinklig, sodass du die Seitenhöhe h_a mithilfe des Satzes von Pythagoras berechnen kannst:
$h_a^2 = \left(\frac{a}{2}\right)^2 + h_K^2 \Rightarrow h_a = \sqrt{(6\,m)^2 + (8\,m)^2} = 10\,m$.

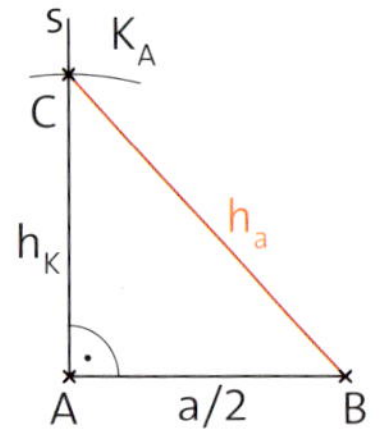

Du kannst h_a auch konstruktiv ermitteln, denn die bekannten Strecken $\frac{a}{2} = 6\,m \triangleq 6\,cm$, $h_K = 8\,m \triangleq 8\,cm$ und der von ihnen eingeschlossene rechte Winkel erfüllen den Kongruenzsatz sws (→ Seite 112, Nr.4).
Führe folgende Konstruktionsschritte aus:

1. Zeichne die Strecke $\overline{AB} = \frac{a}{2} \triangleq 6\,cm$.
2. Trage den freien Schenkel s in A unter 90° an $\overline{AB}$ ab.
3. Der Kreisbogen K_A um A vom Radius $r = h_K \triangleq 8\,cm$ schneidet s im Punkt C.
4. Die gesuchte Seitenhöhe h_a verbindet die Punkte B und C und hat die Länge $h_a = 10\,cm \triangleq 10\,m$ (abmessen).

Mantelfläche: $A_M = 4 \cdot \left(\frac{1}{2} \cdot a \cdot h_a\right) = 2 \cdot a \cdot h_a = 2 \cdot 12\,m \cdot 10\,m = 240\,m^2$

Oberfläche: $A_O = A_M + a^2 = 240\,m^2 + (12\,m)^2 = 384\,m^2$.

2 a) Kegel.

b) Die Mantelfläche ist ein Ausschnitt (Sektor) des großen Kreises vom Radius $s = 5\,dm$. A_M verhält sich zur Fläche A dieses Kreises wie die Bogenlänge $b = 6\pi\,dm$ zum Umfang $b = 2\pi s = 10\pi\,dm$ dieses Kreises, also $\frac{A_M}{\pi s^2} = \frac{2\pi r}{2\pi s} \Rightarrow A_M = \pi \cdot r \cdot s$.
Der Bogen $b = 6\pi$ ist der Umfang des Kegelkreises. Es gilt also: $6\pi = 2\pi \cdot r \Rightarrow r = 3\,dm$

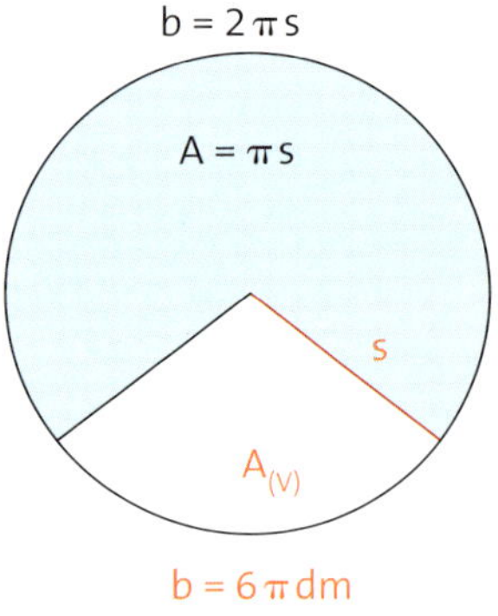

Mantelfläche:
$A_M = \pi \cdot r \cdot s = \pi \cdot 3\,dm \cdot 5\,dm = 47{,}1\,dm^2$

Oberfläche:
$A_O = A_M + \pi \cdot r^2 = 47{,}1\,dm^2 + \pi \cdot (3\,dm)^2 = 75{,}4\,dm^2$.

c) Das markierte Dreieck ist rechtwinklig, sodass du die Körperhöhe h_K mithilfe des Satzes von Pythagoras berechnen kannst:

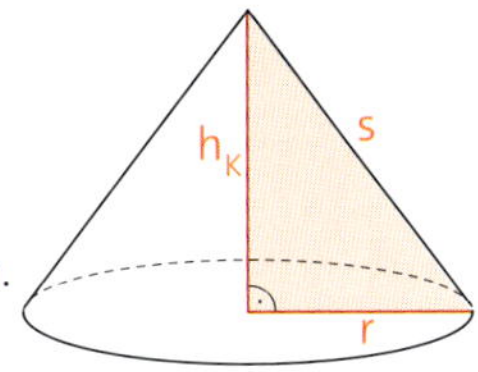

$h_K^2 + r^2 = s^2 \Rightarrow h_K = \sqrt{s^2 - r^2} = \sqrt{(5\,\text{dm})^2 - (3\,\text{dm})^2} = 4\,\text{dm}$.

Falls dir dieser Satz noch nicht zur Verfügung steht, so kannst du h_K auch konstruktiv ermitteln, denn die bekannten Strecken $r = 3\,\text{dm} \triangleq 3\,\text{cm}$ und $s = 5\,\text{dm} \triangleq 5\,\text{cm}$, sowie der rechte Winkel erfüllen den Kongruenzsatz Ssw (→ Seite 112, Nr. 5).

Führe folgende Konstruktionsschritte aus:

1. Zeichne die Strecke $\overline{AB} = r \triangleq 3\,\text{cm}$.
2. Trage den freien Schenkel s^* in A unter 90° an $\overline{AB}$ ab.
3. Der Kreisbogen K_B um B vom Radius $r = s \triangleq 5\,\text{cm}$ schneidet s^* im Punkt C.
4. Die gesuchte Strecke ist $h_K = \overline{AC} \triangleq 4\,\text{cm}$.

Volumen: $V = \frac{1}{3}\pi \cdot r^2 \cdot h_K = \frac{1}{3}\pi \cdot (3\,\text{dm})^2 \cdot 4\,\text{dm} = 37{,}7\,\text{dm}^3$.

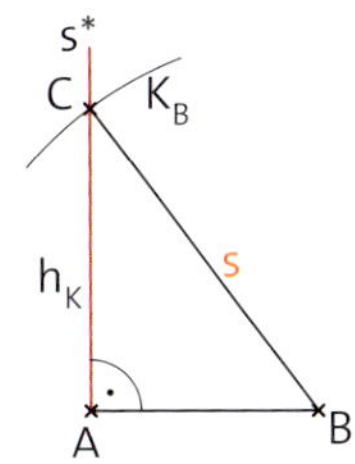

3 $x \triangleq$ Länge der Basisseite; $y \triangleq$ Höhe der Seitenfläche;

Mit $y = 1{,}5x$ folgt: Kosten der Regenrinne: $4 \cdot x\,(\text{m}) \cdot 72\,\frac{€}{\text{m}} = 288 \cdot x\,(€)$

Kosten des Dachdeckens: $4 \cdot \left(\frac{1}{2} \cdot x\,(\text{m}) \cdot y\,(\text{m})\right) \cdot 165\,\frac{€}{\text{m}^2} = 495 \cdot x^2\,(€)$

Gesamtkosten:

$495x^2\,(€) + 288x\,(€) = 19\,548\,€;\ D = \mathbb{R}^{\geq 0}$

$495x^2\,(€) + 288x\,(€) = 19\,548\,€ \quad |-19\,548 \quad |:495$

$\Leftrightarrow x^2 + 0{,}582x - 39{,}49 = 0$

$x_{1,2} = -0{,}291 \pm \sqrt{0{,}085 + 39{,}49};\ x_{1,2} = -0{,}291 \pm 6{,}291$

$x_1 = -0{,}291 - 6{,}291 = -6{,}582 \notin D;$

$x_2 = -0{,}291 + 6{,}291 = 6 \in D$

Lösung: $x = 6\,\text{m}$ und $y = 1{,}5 \cdot 6\,\text{m} = 9\,\text{m}$

Lösungen zu Test 4

1 a) Volumen: $V_{Zylinder} = \pi \cdot (2\,m)^2 \cdot 9\,m = 113{,}1\,m^3$;
$V_{Kegel} = \frac{1}{3}\pi \cdot (2\,m)^2 \cdot 7\,m = 29{,}3\,m^3$; $V_{gesamt} = V_{Zylinder} + V_{Kegel} = 142{,}4\,m^3$
Oberfläche:
$A_O = \pi \cdot (2\,m)^2 + 2\pi \cdot 2\,m \cdot 9\,m + \pi \cdot 2\,m \cdot 7{,}3\,m = 4\pi\,m^2 + 36\pi\,m^2 + 14{,}6\pi\,m^2$
$= 54{,}6\,\pi\,m^2 = 171{,}5\,m^2$

b) Volumen: $V_{Quader} = 8\,cm \cdot 6\,cm \cdot 7\,cm = 336\,cm^3$
$V_{Halbzylinder} = \frac{1}{2}\pi \cdot (4\,cm)^2 \cdot 6\,cm = 150{,}8\,cm^3$;
$V_{Zylinder} = \pi \cdot (1{,}5\,cm)^2 \cdot 6\,cm = 42{,}4\,cm^3$
$V_{gesamt} = V_{Quader} + V_{Halbzylinder} - V_{Zylinder} = 444{,}4\,cm^2$
Oberfläche:
$A_O = 8\,cm \cdot 6\,cm + 2 \cdot 7\,cm \cdot 6\,cm + 2 \cdot (8\,cm \cdot 7\,cm - \pi \cdot (1{,}5\,cm)^2) + \pi \cdot (4\,cm)^2$
$+ \pi \cdot 4\,cm \cdot 6\,cm + 2\pi \cdot 1{,}5\,cm \cdot 6\,cm$
$= 48\,cm^2 + 84\,cm^2 + 97{,}9\,cm^2 + 50{,}3\,cm^2 + 75{,}4\,cm^2 + 56{,}5\,cm^2 = 412{,}1\,cm^2$

2 $x \triangleq$ Dreieckseite; $1{,}5x \triangleq$ Dreieckshöhe; $4x \triangleq$ Körperhöhe
$\frac{1}{2}a \cdot h_a \cdot h_k = V \Rightarrow \frac{1}{2} \cdot x \cdot 1{,}5x \cdot 4x = 192\,cm^3 \Leftrightarrow 3x^3 = 192\,cm^3 \Leftrightarrow x = \sqrt[3]{\frac{192\,cm^3}{3}} = 4\,cm$
Dreieckseite: $x = 4\,cm$; Dreieckshöhe: $1{,}5x = 6\,cm$; Körperhöhe: $4x = 16\,cm$.

3 a) Führe entsprechend dem Kongruenzsatz sws (→ Seite 112) die folgenden Konstruktionsschritte aus:

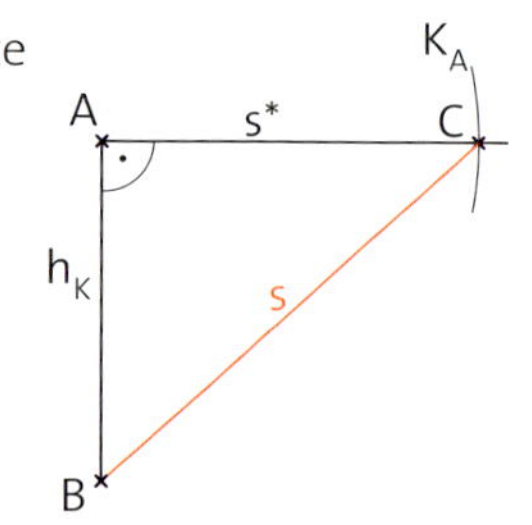

1. Zeichne die Strecke $\overline{AB} = h_K = 4{,}5\,cm$.
2. Trage den freien Schenkel s^* in A an h_K unter 90° ab.
3. Der Kreisbogen K_A um A vom Radius $r = 5\,cm$ schneidet s^* im Punkt C.
4. Die Strecke $\overline{BC}$ entspricht der gesuchten Seitenlinie und hat die Länge $s = \overline{BC} = 6{,}7\,cm$ (ausmessen).

Mit dem Satz des Pythagoras kannst du s auch so berechnen:
$s^2 = h_K^2 + r^2 \Rightarrow s = \sqrt{(4{,}5\,cm^2 + (5\,cm)^2} = 6{,}7\,cm$

b) Mit den Bezeichnungen der nebenstehenden Abbildung führt der 2. Strahlensatz (→ Seite 126, Nr. 5) auf die folgende Beziehung für das bis zur Höhe h_K^* gefüllte Glas:

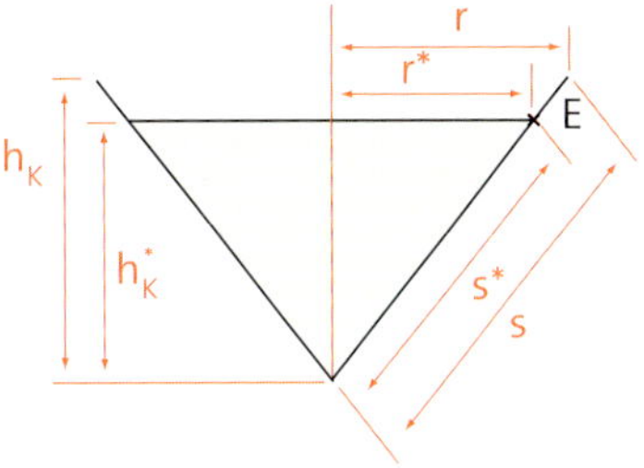

$\frac{h_K^*}{h_K} = \frac{r^*}{r} \Rightarrow h_K^* = \frac{h_K}{r} \cdot r^* = \frac{4{,}5\,\text{cm}}{5\,\text{cm}} \cdot r^* = 0{,}9\,r^*$

bzw. $r^* = \frac{h_K^*}{0{,}9}$.

Aus dem gegebenen Füllvolumen folgt nun zunächst die Füllhöhe:

$V = \frac{1}{3}\pi \cdot r^{*2} \cdot h_K^* = \frac{1}{3}\pi \cdot \left(\frac{h_K^*}{0{,}9}\right)^2 \cdot h_K^* = \frac{\pi}{3 \cdot 0{,}81} \cdot h_K^{*3}$

$\Leftrightarrow h_K^* = \sqrt[3]{\frac{2{,}43 \cdot V}{\pi}} = \sqrt[3]{\frac{2{,}43 \cdot 100\,\text{cm}^3}{\pi}} = 4{,}26\,\text{cm}$

Mit dem 1. Strahlensatz (→ Seite 125, Nr. 4) ergibt sich nun die Länge der bis zur Eichmarke E reichenden Seitenlinie s* zu:

$\frac{s^*}{s} = \frac{h_K^*}{h_K} \Rightarrow s^* = \frac{h_K^*}{h_K} \cdot s \Rightarrow s^* = \frac{4{,}26\,\text{cm}}{4{,}5\,\text{cm}} \cdot 6{,}7\,\text{cm} = 6{,}34\,\text{cm}$

Die Eichmarke E muss also $s - s^* = 6{,}7\,\text{cm} - 6{,}3\,\text{cm} = 0{,}4\,\text{cm}$ unter dem Glasrand angebracht werden.

c) Wenn der Flascheninhalt von $0{,}75\,\ell = 750\,\text{cm}^3$ auf 8 Gläser verteilt wird, dann enthält jedes Glas nur $750\,\text{cm}^3 : 8 = 93{,}75\,\text{cm}^3$ Sekt. Dem entspricht eine Füllhöhe von: $h_K^{**} = \sqrt[3]{\frac{2{,}43 \cdot 93{,}75\,\text{cm}^3}{\pi}} = 4{,}17\,\text{cm}$ und wiederum folgt mit dem 1. Strahlensatz die Länge der entsprechenden Seitenlinie zu:

$s^{**} = \frac{4{,}17\,\text{cm}}{4{,}5\,\text{cm}} \cdot 6{,}7\,\text{cm} = 6{,}21\,\text{cm}$, das sind nur

$s^* - s^{**} = 6{,}34\,\text{cm} - 6{,}21\,\text{cm} = 0{,}13\,\text{cm}$ (1,3 mm) unterhalb der Eichmarke, was bei Schaumbildung und „Sektlaune“ kaum bemerkt werden dürfte!

15 Zufall und Wahrscheinlichkeit

1 Beschreibung von Zufallsexperimenten

Beispiel 1: Du kannst einen Würfel beliebig oft werfen, ohne jemals voraussagen zu können, ob bei einem Wurf die Augenzahl 1, 2, 3, 4, 5 oder 6 erscheint.

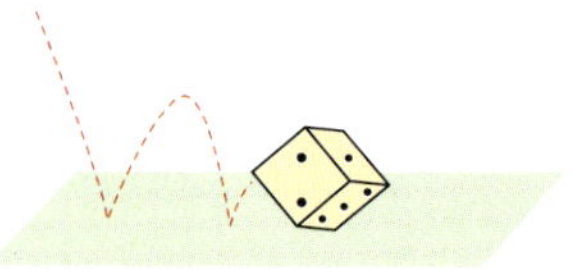

Jeder Vorgang, der sich unter festgelegten Bedingungen beliebig oft wiederholen lässt, ohne dass vorausgesagt werden kann, welches der möglichen **Ergebnisse** (auch: **Ausgänge**, **Elementarereignisse**) $E_1, E_2, \ldots, E_n$ eintreten wird, wird als **Zufallsexperiment** bezeichnet. Alle möglichen Ergebnisse eines Zufallsexperimentes werden zur **Ergebnismenge** (auch: **Ereignismenge**, **Ereignisraum**) Ω vereinigt, die Anzahl ihrer Elemente wird als ihre **Mächtigkeit**, **in Zeichen** $|\Omega|$, bezeichnet.

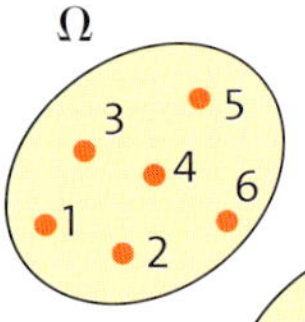

Beispiel 2: (Fortsetzung von Beispiel 1)
Zufallsexperiment: Werfen eines Würfels
mögliche Ergebnisse: $E_1 = \{1\}$, $E_2 = \{2\}$, $E_3 = \{3\}$, $E_4 = \{4\}$,
$E_5 = \{5\}$, $E_6 = \{6\}$
Ergebnismenge: $\Omega = \{1; 2; 3; 4; 5; 6\} = E_1 \cup E_2 \cup E_3 \cup E_4 \cup E_5 \cup E_6$
Mächtigkeit der Ergebnismenge: $|\Omega| = 6$

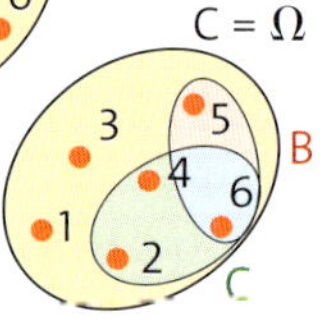

Jede Kombination von Ergebnissen (Elementarereignissen) stellt ein **Ereignis** dar und lässt sich formal als Teilmenge der Ergebnismenge Ω auffassen. Entsprechend wird mit $|A|$ die Mächtigkeit eines Ereignisses A bezeichnet, d. h. die Anzahl der durch A zusammengefassten Elemetarereignisse.

Beispiel 3: (Fortsetzung von Beispiel 2)
Beim Werfen eines Würfels kann man sich z. B. für folgende Ereignisse interessieren: Die geworfene Zahl ist ...
A: ... eine gerade Zahl, d. h. $A = \{2; 4; 6\} = \{2\} \cup \{4\} \cup \{6\}$; $|A| = 3$
B: ... größer als 4, d. h. $B = \{5; 6\} = \{5\} \cup \{6\}$; $|B| = 2$
C: ... Teiler von 60, d. h. $C = \Omega$; $|C| = 6$

2 Laplace-Experimente

Ein Zufallsexperiment, bei dem die n ($n \in \mathbb{N}$) Ergebnisse $E_1, E_2, ..., E_n$ möglich sind und alle mit gleicher Chance (Wahrscheinlichkeit) auftreten, wird dem französischen Mathematiker P. S. de Laplace zu Ehren als **Laplace-Experiment** bezeichnet. Jedes Ergebnis besitzt dieselbe Wahrscheinlichkeit
$p(E_1) = p(E_2) = ...p(E_n) = \frac{1}{n}$.

Beispiel 4: Das Werfen eines Würfels stellt ein Laplace-Experiment dar, denn jede der sechs möglichen Augenzahlen tritt infolge der Symmetrie des Würfels mit derselben Wahrscheinlichkeit $p(1) = p(2) = ... = p(6) = \frac{1}{6}$ auf.

Für ein beliebiges Ereignis A eines Laplace-Experimentes gilt die

Laplace-Formel: $p(A) = \frac{\text{Anzahl der günstigen Ergebnisse}}{\text{Anzahl der möglichen Ergebnisse}} = \frac{|A|}{|\Omega|}$

Beispiel 5: (Fortsetzung von Beispiel 3)

Für die Ereignisse aus Beispiel 3 kannst du nun mithilfe der Laplace-Formel die Wahrscheinlichkeiten bestimmen:

$$p(A) = \frac{\text{Anzahl der geraden Augenzahlen}}{\text{Anzahl der möglichen Augenzahlen}} = \frac{|\{2; 4; 6\}|}{|\{1; 2; 3; 4; 5; 6\}|} = \frac{3}{6} = \frac{1}{2}$$

$$p(B) = \frac{\text{Anzahl der Augenzahlen} > 4}{\text{Anzahl der möglichen Augenzahlen}} = \frac{|\{5; 6\}|}{|\{1; 2; 3; 4; 5; 6\}|} = \frac{2}{6} = \frac{1}{3}$$

$$p(C) = \frac{\text{Anzahl der Augenzahlen, die Teiler von 60 sind}}{\text{Anzahl der möglichen Augenzahlen}} = \frac{|\{1; 2; 3; 4, 5; 6\}|}{|\{1; 2; 3; 4; 5; 6|\}} = \frac{6}{6} = 1$$

Trotz der **beiden engen Voraussetzungen,** nämlich **1. die Gleichwahrscheinlichkeit aller Ergebnisse** und **2. die Abzählbarkeit aller Ergebnisse** besitzt die Laplace-Formel eine große Anwendungsbreite. Selbst in zahlreichen Fällen, in denen eine der beiden Voraussetzungen nicht direkt erfüllt wird, lässt sich dieses Defizit durch einen „Kunstgriff" beheben, so wie es auch das folgende Beispiel zeigt.

Beispiel 6: Die Steinplatten einer Terasse zeigen das abgebildete Muster. Es beginnt zu regnen und Timo überlegt sich, mit welcher Wahrscheinlichkeit ein (punktförmiger) Regentropfen wohl auf den dunklen, bzw. den hellen Teil der Platte trifft. Zwar kann jeder Punkt der Platte mit derselben Wahrscheinlichkeit getroffen werden, jedoch setzt sich die Plattenfläche

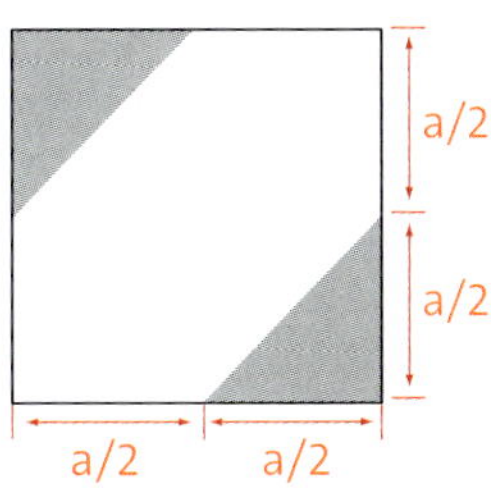

aus nicht mehr abzählbar unendlich vielen Punkten zusammen. Offensichtlich kann aber ersatzweise mit den entsprechenden Flächeninhalten gerechnet werden. Zunächst bestimmt Timo also folgende Flächenmaße:
Gesamtfläche: $A_g = a^2$; dunkle Fläche: $A_d = \left(\frac{a}{2}\right)^2 = \frac{1}{4}a^2$;
helle Fläche: $A_h = a^2 - \frac{1}{4}a^2 = \frac{3}{4}a^2$
und wendet dann die Laplace-Formel sinngemäß an:

$$p(A_d) = \frac{\text{Flächeninhalt der dunklen Fläche}}{\text{Flächeninhalt der Gesamtfläche}} = \frac{\frac{1}{4}a^2}{a^2} = \frac{1}{4};\; p(A_h) = \frac{\frac{3}{4}a^2}{a^2} = \frac{3}{4}$$

3 Gegenwahrscheinlichkeiten

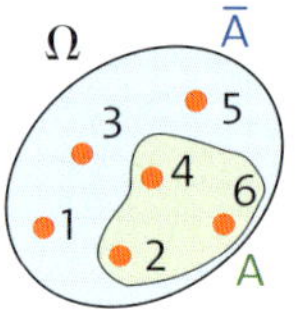

Verneint man ein Ereignis A, so resultiert das **Gegenereignis $\overline{A}$**, das formal durch die Restmenge $\overline{A} = \Omega \setminus A$ dargestellt wird. Das folgende Beispiel zeigt auf, wie du die **Gegenwahrscheinlichkeit** $p(\overline{A})$ besonders einfach bestimmen kannst, wenn du bereits die Wahrscheinlichkeit p (A) des Ereignisses A kennst.

Beispiel 7: (Fortsetzung der Beispiele 3 und 5)
Für das Ereignis A aus Beispiel 3 bedeutet das Gegenereignis $\overline{A}$, dass die Augenzahl **nicht** gerade, d. h. ungerade ist, und mit der Restmenge
$\overline{A} = V \setminus A = \{1; \mathbf{2}; 3; \mathbf{4}; 5; \mathbf{6}\} \setminus \{\mathbf{2; 4; 6}\} = \{1; 3; 5\}$ liefert die Laplace-Formel:

$$p(A) = \frac{|\{1; 3; 5\}|}{|\{1; 2; 3; 4; 5; 6\}|} = \frac{3}{6} = \frac{1}{2}.$$

Andererseits gilt die Gleichung $|\overline{A}| = |\Omega \setminus A| = |\Omega| - |A|$ und nach Division durch $|\Omega|$ folgt $\frac{|\overline{A}|}{|\Omega|} = \frac{|\Omega|}{|\Omega|} - \frac{|A|}{|\Omega|} \Leftrightarrow \mathbf{p(\overline{A}) = 1 - p(A)}$, sodass schon die bereits bekannte Wahrscheinlichkeit $p(A) = \frac{1}{2}$ (vgl. Beispiel 5, Seite XX) auf die Gegenwahrscheinlichkeit $p(\overline{A}) = 1 - p(A) = 1 - \frac{1}{2} = \frac{1}{2}$ führt.

Tritt ein Ereignis bei jeder Durchführung eines Zufallsexperimentes ein, so wird es als das **sichere Ereignis S** bezeichnet, und es besitzt die Wahrscheinlichkeit **$p(S) = 1$**.
Im Gegensatz hierzu tritt das **unmögliche Ereignis $U = \overline{S}$** niemals auf und besitzt deshalb stets die Wahrscheinlichkeit $\mathbf{p(U)} = p(\overline{S}) = 1 - p(S) = 1 - 1 = \mathbf{0}$.
Beispiel 8: (Fortsetzung der Beispiele 3 und 5)
Jede Augenzahl eines Würfels ist ein Teiler von 60, daher ist $C = \Omega$ (vgl. Beispiel 3) mit $p(C) = 1$ (vgl. Beispiel 5) das sichere Ereignis beim Würfeln. Das Gegenereignis $\overline{C}$ von C steht für diejenigen Augenzahlen, die kein Teiler

von 60 sind. Jedoch ist $\overline{C} = \varnothing$ mit $p(\overline{C}) = 0$ das unmögliche Ereignis. Offensichtlich stecken die Mächtigkeiten des unmöglichen Ereignisses U und des sicheren Ereignisses S den Bereich ab, in dem die Mächtigkeit jedes beliebigen Ereignisses A liegen kann: $|U| \leq |A| \leq |S|$.
Für jede Wahrscheinlichkeit p (A) gilt deshalb grundsätzlich die Abschätzung:

$$\frac{|U|}{|\Omega|} \leq \frac{|A|}{|\Omega|} \leq \frac{|S|}{|\Omega|} \Leftrightarrow \mathbf{0 < p(A) > 1}$$

4 Die Summenregel für zwei Ereignisse

Zwei Ereignisse A und B können durch ein **„oder"** verbunden werden, um dadurch das neue Ereignis $A \cup B$ (A **„vereinigt"** B) zu bilden. Das folgende Beispiel zeigt, wie sich die entsprechende Wahrscheinlichkeit $p(A \cup B)$ mithilfe der bereits bekannten Wahrscheinlichkeiten p (A) und p (B) berechnen lässt.

Beispiel 9: (Fortsetzung von Beispiel 3 und 5)

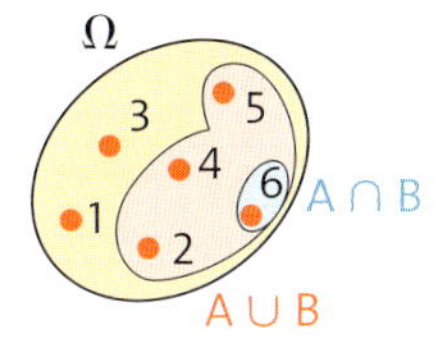

Für die Ereignisse A und B aus Beispiel 3 bedeutet das Ereignis „$A \cup B$", dass die Augenzahl gerade (A) **oder** größer als 4 (B) ist. Man bildet die Vereinigungsmenge $A \cup B = \{2; 4; 6\} \cup \{5; 6\} = \{2; 4; 5; 6\}$ und mit der Laplace-Formel folgt: $p(A \cup B) = \frac{|A \cup B|}{|\Omega|} = \frac{|\{2; 4; 5; 6\}|}{|\{1; 2; 3; 4; 5; 6\}|} = \frac{4}{6} = \frac{2}{3}$.

Andererseits, so zeigt die Abbildung, erfüllen die Mächtigkeiten die Gleichung $|A \cup B| = |A| + |B| - |A \cap B| = 3 + 2 - 1 = 4$, wobei der Term $|A \cap B|$ die Doppelzählung der in A und B enthaltenen Zahl 6 korrigiert. Nach Division durch $|\Omega|$ folgt. $\frac{|A \cup B|}{|\Omega|} = \frac{|A|}{|\Omega|} + \frac{|B|}{|\Omega|} - \frac{|A \cap B|}{|\Omega|}$

$\Leftrightarrow$ **$p(A \cup B) = p(A) + p(B) - p(A \cap B)$ (Summenregel)**

Man kann also auch so rechnen: $p(A \cup B) = \frac{1}{2} + \frac{1}{3} - \frac{1}{6} = \frac{3 + 2 - 1}{6} = \frac{2}{3}$.

Zwei Ereignisse A und B, die keine gemeinsamen Ergebnisse beinhalten, besitzen die **leere Schnittmenge $A \cap B = \{\ \}$** und werden als **unvereinbar** bezeichnet, andernfalls als **vereinbar**. Für zwei unvereinbare Ereignisse gilt die **vereinfachte Summenregel: $p(A \cup B) = p(A) + p(B)$ falls $A \cap B = \{\ \}$**.

Beispiel 10: Jede Ergebnismenge setzt sich aus unvereinbaren Ergebnissen zusammen: $\Omega = E_1 \cup E_2 \cup ... \cup E_n$, daher gilt stets
$p(\Omega) = 1 = p(E_1) + p(E_2) + ... + p(E_n)$.

TEST 1 Beschreibung von Zufallsexperimenten

1 Gegeben sind die drei Ergebnismengen $\Omega_2 = \{1; 2\}$, $\Omega_3 = \{1; 2; 3\}$ und $\Omega_4 = \{1; 2; 3; 4\}$.

a) Gib zu jeder Ergebnismenge ein passendes Zufallsexperiment an.

Ω_2

Ω_3

Ω_4

b) Fülle zu jeder Ergebnismenge die zugehörende Tabellenzeile aus und gib auch in jedem Tabellenfeld die Anzahl der dort notierten Ereignisse an.

Ereignis	ohne Ergebnis	mit einem Ergebnis	mit zwei Ergebnissen	mit drei Ergebnissen	mit vier Ergebnissen
Ω_2					
Ω_3					
Ω_4					

c) Übertrage die Anzahlen der Ereignisse aus den Tabellenfeldern in das untenstehende Schema und ergänze auch die leeren Felder.

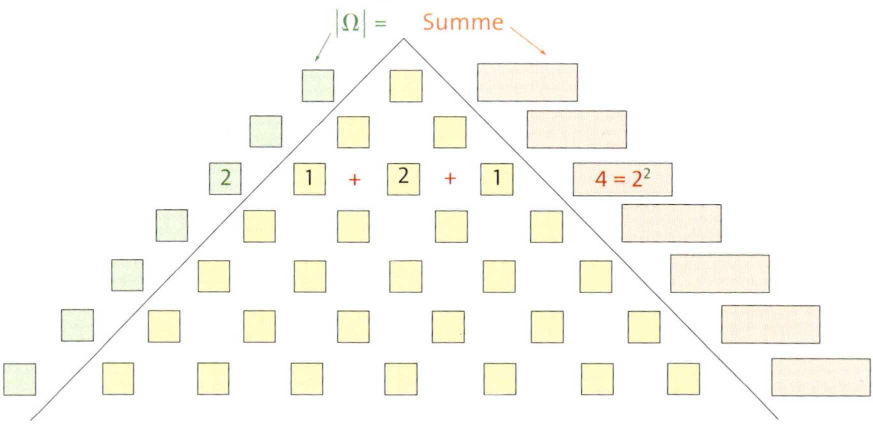

d) Wie viele Ereignisse mit 0, 1, ...,6 Ergebnissen können bei einem normalen Spielwürfel auftreten? Wie viele Ereignisse sind es insgesamt?

TEST 2 Einfache Laplace-Experimente

1 a) Wann wird ein Zufallsexperiment als Laplace-Experiment bezeichnet?

b) Nenne vier verschiedene Laplace-Experimente.

2 a) Wie lautet die Laplace-Formel zur Berechnung von Wahrscheinlichkeiten?

b) Mit welcher Wahrscheinlichkeit wird mit einem fairen Würfel eine Augenzahl geworfen, die …

1. … eine Primzahl ist (A)?
2. … durch 3 teilbar ist (B)?
3. … eine Quadratzahl ist (C)?
4. … ein Teiler von 24 ist (D)?
5. … ein Teiler von 23 ist (E)?
6. … schon beim letzten Wurf erschien (F)?

3 Ein Skatspiel enthält von jeder Spielfarbe (Karo ♦, Herz ♥, Pik ♠, Kreuz ♣) jeweils acht Spielkarten: 7, 8, 9, 10; **B**ube, **D**ame, **K**önig (= Bildkarten); **A**s. Notiere folgende Ereignisse als Menge und berechne die Wahrscheinlichkeit dafür, dass eine beliebig gezogene Karte …

1. … das Kreuz-As ist (A)
2. … ein As ist (B)
3. … eine Herz-Karte ist (C)
4. … eine schwarze Karte ist (D)
5. … eine Bildkarte ist (E)
6. … eine rote Bildkarte ist (F)

Lösungen zu Test 1

1 a) Ω_2: Werfen einer Münze. Das Ergebnis Wappen wird als 1 gewertet, das Ergebnis Zahl als 2 (oder umgekehrt).

Ω_3: Werfen eines Würfels, bei dem jeweils 2 Würfelflächen die Augenzahlen 1, 2 und 3 zeigen

Ω_4: Werfen eines Tetraederwürfels (Tetraeder = Vierflächner).

b)

Ereignis	ohne Ergebnis	mit einem Ergebnis	mit zwei Ergebnissen	mit drei Ergebnissen	mit vier Ergebnissen
Ω_2	{ } 1	{1}; {2} 2	{1; 2} 1		
Ω_3	{ } 1	{1}; {2}; {3} 3	{1; 2}; {1; 3}; {2; 3} 3	{1; 2; 3} 1	
Ω_4	{ } 1	{1}; {2}; {3}; {4} 4	{1; 2}; {1; 3}; {1; 4}; {2; 3}; {2; 4}; {3; 4} 6	{1; 2; 3}; {1; 2; 4}; {1; 3; 4}; {2; 3; 4} 4	{1; 2; 3; 4} 1

c) Die untenstehende Figur ist als das **Pascal'sche Dreieck** bekannt. Jede Zahl dieses Dreiecks ergibt sich als Summe der beiden nächstliegenden Zahlen aus der darüberliegenden Zeile. Während ganz links die Mächtigkeiten n der Ergebnismenge Vn (grün) stehen, liest man ganz rechts die Anzahl aller möglichen Ereignisse $2h|V_n|$ (rot) ab, die sich auch als Summe aller Zahlen der entsprechenden Zeile ergibt.

d) Ergänze das Pascal'sche Dreiecks aus Teil c) um eine weitere Zeile:
1 Ereignis ohne Ergebnis (= unmögliches Ereignis);
6 Ereignisse mit einem Ergebnis; 15 Ereignisse mit zwei Ergebnissen;
20 Ereignisse mit drei Ergebnissen;
15 Ereignisse mit vier Ergebnissen;
6 Ereignisse mit fünf Ergebnissen;
1 Ereignis mit sechs Ergebnissen (= sicheres Ereignis);
insgesamt 64 Ereignisse

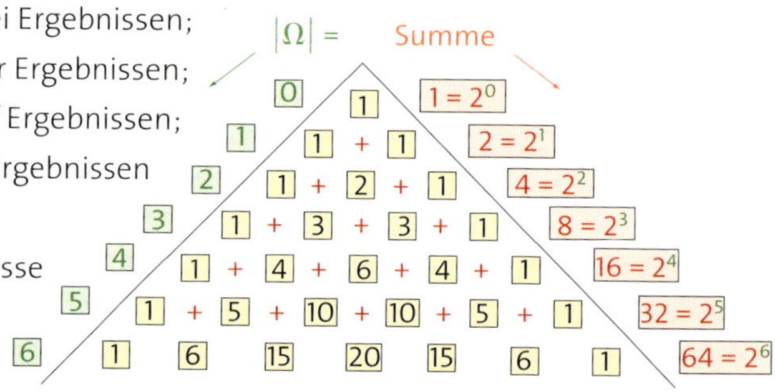

Lösungen zu Test 2

1 a) Bei einem Laplace-Experiment müssen alle Ergebnisse dieselbe Wahrscheinlichkeit besitzen.

b) Das Werfen eines fairen Würfels. Das Werfen einer Münze. Das Ziehen einer Lottozahl. Das Ziehen einer Skat-Spielkarte.

2 a) Wahrscheinlichkeit für das Ereignis A:

b) 1. $p(A) = \frac{|\{2; 3; 5\}|}{|\{1; 2; 3; 4; 5; 6\}|} = \frac{3}{6} = \frac{1}{2}$ 2. $p(B) = \frac{|\{3; 6\}|}{|\{1; 2; 3; 4; 5; 6\}|} = \frac{2}{6} = \frac{1}{3}$

3. $p(C) = \frac{|\{1; 4\}|}{|\{1; 2; 3; 4; 5; 6\}|} = \frac{2}{6} = \frac{1}{3}$ 4. $p(D) = \frac{|\{1; 2; 3; 4; 6\}|}{|\{1; 2; 3; 4; 5; 6\}|} = \frac{5}{6}$

5. $p(E) = \frac{|\{1\}|}{|\{1; 2; 3; 4; 5; 6\}|} = \frac{1}{6}$ 6. $p(F) = \frac{|\{\text{Zahl des letzten Wurfes}\}|}{|\{1; 2; 3; 4; 5; 6\}|} = \frac{1}{6}$

3 1. A = {♣A}; $p(A) = \frac{1}{32}$

2. B = {♦A; ♥A; ♠A, ♣A}; $p(B) = \frac{4}{32} = \frac{1}{8}$

3. C = {♥7; ♥8; ♥9 ; ♥10; ♥B; ♥D; ♥K; ♥A}; $p(C) = \frac{8}{32} = \frac{1}{4}$

4. D = {♠7; ♠8; ♠9; ♠10; ♠B; ♠D; ♠K; ♠A;
♣7; ♣8; ♣9; ♣10; ♣B; ♣D; ♣K; ♣A}; $p(D) = \frac{16}{32} = \frac{1}{2}$

5. E = {♦B; ♦D; ♦K; ♥B; ♥D; ♥K; ♠B; ♠D; ♠K; ♣B; ♣D; ♣K}; $p(E) = \frac{12}{32} = \frac{3}{8}$

6. F = {♦B; ♦D; ♦K; ♥B; ♥D; ♥K}; $p(F) = \frac{6}{32} = \frac{3}{16}$

16 Mehrstufige Zufallsexperimente

WISSEN

1 Beschreibung mehrstufiger Zufallsexperimente

Werden mehrere Zufallsexperimente gleichzeitig oder auch hintereinander ausgeführt, so bilden sie zusammen ein **mehrstufiges Zufallsexperiment**.

Beispiel 1:

a) Wenn du einen Würfel und eine Münze gleichzeitig oder auch nacheinander wirfst, so liegt ein zweistufiges Zufallsexperiment vor.

b) Du wirst nach drei englischen Vokabeln gefragt, die du richtig (r) oder falsch (f) übersetzen kannst. Hier handelt es sich um ein dreistufiges Zufallsexperiment.

Fasst man die auf jeder Stufe erzielten Teilergebnisse zu **geordneten Ergebnis-Tuppeln ($E_1, E_2, \ldots, E_n$)** zusammen, so bilden sie die **Ergebnisse des n-stufigen Zufallsexperimentes**. Die Menge aller möglichen Ergebnisse ist dann die **Ergebnismenge Ω_n des n-stufigen Zufallsexperimentes**, jede ihrer Teilmengen ist ein **Ereignis**.

Beispiel 2: (Fortsetzung von Beispiel 1)

a) In folgender Tabelle werden alle möglichen Ergebnisse des zweistufigen Zufallsexperimentes aus Beispiel 1 a) als **Ergebnis-Duppel** (= 2-Tuppel) notiert. Die Gesamtheit dieser Duppel bildet die Ergebnismenge $\Omega_2 = \{(1; W), \ldots (6; Z)\}$.

1. Würfel (→) 2. Münze (↓)	1	2	3	4	5	6
W	(1; W)	(2; W)	(3; W)	(4; W)	(5; W)	(6; W)
Z	(1; Z)	(2; Z)	(3; Z)	(4; Z)	(5; Z)	(6; Z)

Das Ereignis A „gerade Augenzahl und Wappen" ist die Teilmenge aller Ergebnisse, die in der Tabelle blau notiert wurden:
$A = \{(2; W), (4; W), (6; W)\} \subseteq \Omega_2$.

b) Das Zufallsexperiment aus Beispiel 1 b) führt auf **Ergebnis-Trippel** (= 3-Tuppel), die in folgender Ergebnismenge zusammengefasst werden:
$\Omega_3 = \{(r; r; r); (r; r; f), (r; f; r), (r; f; f), (f; r; r), (f; r; f), (f; f; r), (f; f; f)\}$
Das Ereignis B „höchstens eine falsche Antwort" ist die Teilmenge aller zuvor blau notierten Ergebnisse: $B = \{(r; r; r), (r; r; f), (r; f; r), (f; r; r)\} \subseteq \Omega_3$.

2 Baumdiagramme

Mehrstufige Zufallsexperimente lassen sich durch **Baumdiagramme** veranschaulichen. Jeder Knotenpunkt stellt ein mögliches Ergebnis für das Teilexperiment der entsprechenden Stufe dar. Von ihnen aus verzweigen die **Teilpfade**, die zu den möglichen Ergebnissen der nächsten Stufe gehören. Hier notiert man die **Teilwahrscheinlichkeiten** (**Einzelwahrscheinlichkeiten**), und an jedem Endpunkt eines Gesamtpfades steht das zugehörende Ergebnis-Tuppel, evtl. auch die zugehörende **Pfadwahrscheinlichkeit** (**Ergebniswahrscheinlichkeit**).

Beispiel 3: (Fortsetzung der Beispiele 1 und 2)

a) Auf der ersten Stufe „würfeln" kann jedes der sechs Ergebnisse 1, ..., 6 mit der Teilwahrscheinlichkeit $p_1 = \frac{1}{6}$ auftreten. Auf der zweiten Stufe „Münze werfen" besitzen die beiden Ergebnisse W(appen) und Z(ahl) die gleiche Teilwahrscheinlichkeit $p_2 = \frac{1}{2}$. Am Ende eines jeden Pfades steht das zugehörende Ergebnis-Duppel.

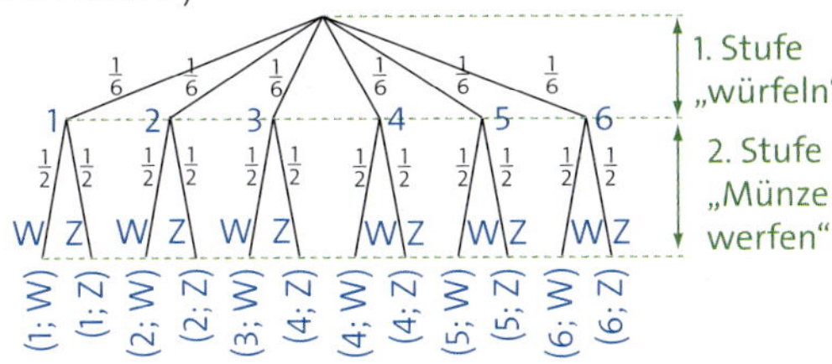

b) Für das Zufallsexperiment aus Beispiel 1 b) wird angenommen, dass du jede abgefragte Vokabel mit der Einzelwahrscheinlichkeit $p = \frac{4}{5}$ richtig übersetzen kannst. Im Gegensatz zu Beispiel a) werden hier von jedem Knotenpunkt aus die einzelnen Teilpfade mit verschiedenen Teilwahrscheinlichkeiten beschritten. Grundsätzlich gilt aber in jedem beliebigen Baumdiagramm stets die folgende **Verzweigungsregel:** Für alle Teilpfade, die von einem Knotenpunkt ausgehen, ergibt die Summe der zugehörenden Einzelwahrscheinlichkeiten stets 1.

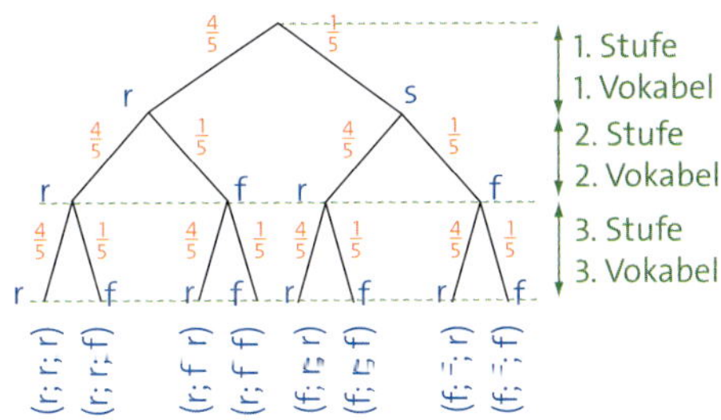

Beispiel 4: (Fortsetzung von Beispiel 3)

Zur Bestätigung der Verzweigungsregel rechnet man auf ...

a) ... der ersten Stufe: $\frac{1}{6} + \frac{1}{6} + \frac{1}{6} + \frac{1}{6} + \frac{1}{6} + \frac{1}{6} = 1$, der zweiten Stufe: $\frac{1}{2} + \frac{1}{2} = 1$

b) ... jeder der drei Stufen: $\frac{4}{5} + \frac{1}{5} = 1$.

3 Berechnung von Wahrscheinlichkeiten

An jedem Endpunkt eines Baumdiagramms steht dasjenige **Ergebnis** des mehrstufigen Zufallsexperimentes, das dem vollständigen Pfad bis zu diesem Endpunkt entspricht. Dabei setzt sich jeder vollständige Pfad aus dem 1. Teilpfad und dem 2. Teilpfad und ... und dem n-ten Teilpfad zusammen. Das Verbindungswort „und" zeigt hier an, dass sich die (Gesamt-)Wahrscheinlichkeit für das Ergebnis mithilfe folgender Regel aus allen entlang des Pfades auftretenden Teilwahrscheinlichkeiten berechnen lässt:

Produktregel (1. Pfadregel): Bei mehrstufigen Zufallsexperimenten entspricht die **Wahrscheinlichkeit eines Ergebnisses** dem Produkt aller Einzelwahrscheinlichkeiten entlang des zugehörenden Pfades.

Beispiel 5: (Fortsetzung von Beispiel 3)

Zu a): $p(1; W) = p(1) \cdot p(W) = \frac{1}{6} \cdot \frac{1}{2} = \frac{1}{12}$; ...; $p(6; Z) = p(6) \cdot p(Z) = \frac{1}{6} \cdot \frac{1}{2} = \frac{1}{12}$

Zu b): $p(r; r; r) = p(r) \cdot p(r) \cdot p(r) = \frac{4}{5} \cdot \frac{4}{5} \cdot \frac{4}{5} = \frac{64}{125}$;

$p(r; r; f) = p(r) \cdot p(r) \cdot p(f) = \frac{4}{5} \cdot \frac{4}{5} \cdot \frac{1}{5} = \frac{16}{125}$; ...

Ein **Ereignis A** eines mehrstufigen Zufallsexperimentes kann mehrere Ergebnisse umfassen, also: $A = \{E_1; E_2; ... ; E_k\} \subseteq \Omega_n$. Somit tritt A genau dann ein, wenn E_1 eintritt oder wenn E_2 eintritt oder ... oder wenn E_k eintritt. Das Verbindungswort „oder" zeigt hier an, dass sich die Wahrscheinlichkeit von A mithilfe folgender Regel aus allen zu A gehörenden Pfadwahrscheinlichkeiten ergibt:

Summenregel (2. Pfadregel): Bei mehrstufigen Zufallsexperimenten entspricht die **Wahrscheinlichkeit eines Ereignisses** der Summe aller zugehörenden Ergebnis-Wahrscheinlichkeiten, das ist die Summe aller entsprechenden Pfad-Wahrscheinlichkeiten.

Hinweis: Vergleiche diese Regel auch mit der vereinfachten Summenregel aus → Seite 167, Nr. 4.

Beispiel 6: (Fortsetzung der Beispiele 2, 3 und 5)

a) Das Ereignis A aus Beispiel 2 a) besitzt die folgende Wahrscheinlichkeit:
$p(A) = p(2; W) + p(4; W) + p(6; W) = \frac{1}{6} \cdot \frac{1}{2} + \frac{1}{6} \cdot \frac{1}{2} + \frac{1}{6} \cdot \frac{1}{2} = \frac{1}{12} + \frac{1}{12} + \frac{1}{12} = \frac{3}{12} = \frac{1}{4}$

b) Das Ereignis B aus Beispiel 2 b) besitzt die folgende Wahrscheinlichkeit:
$p(B) = p(r; r; r) + p(r; r; f) + p(r; f; r) + p(f; r; r)$
$= \frac{4}{5} \cdot \frac{4}{5} \cdot \frac{4}{5} + \frac{4}{5} \cdot \frac{4}{5} \cdot \frac{1}{5} + \frac{4}{5} \cdot \frac{1}{5} \cdot \frac{4}{5} + \frac{1}{5} \cdot \frac{4}{5} \cdot \frac{4}{5} = \frac{64}{125} + \frac{16}{125} + \frac{16}{125} + \frac{16}{125} = \frac{112}{125}$

4 Ziehen mit Zurücklegen

Beispiel 7: Ein Topf (**Urne**) enthält 4 gelbe und 6 rote Kugeln. Eine erste Kugel wird „blind" gezogen und wieder zurückgelegt, bevor ein zweites Mal „blind" gezogen wird. Mit welcher Wahrscheinlichkeit sind beide Kugeln a) gelb, b) rot?

a) $p(g; g) = p_1(g) \cdot p_2(g) = \frac{4}{10} \cdot \frac{4}{10} = \frac{16}{100} = \frac{4}{25}$ b) $p(r, r) = p_1(r) \cdot p_2(r) = \frac{6}{10} \cdot \frac{6}{10} = \frac{36}{100} = \frac{9}{25}$

Das Urnenmodell **„Ziehen mit Zurücklegen"** steht beispielhaft für alle mehrstufigen Zufallsexperimente, bei denen die Einzelwahrscheinlichkeiten für ein bestimmtes Teilergebnis (z. B. gelb) von Stufe zu Stufe unverändert bleiben ($p_1(g) = p_2(g) = \ldots$). Dass es dabei weniger auf das „Ziehen" und „Zurücklegen" ankommt, zeigt das folgende Beispiel.

Beispiel 8: Diese Experimente gehören zum Modell „Ziehen mit Zurücklegen":

a) Ein Würfel wird so oft geworfen, bis erstmals die Augenzahl 6 erscheint.

b) Ein Zahlenschloss mit vier Zifferringen soll durch Probieren geöffnet werden.

Mehrstufige Zufallsexperimente, die sich dem „Ziehen mit Zurücklegen" zuordnen lassen, können beliebig viele Stufen aufweisen.

5 Ziehen ohne Zurücklegen

Beispiel 9: (Fortsetzung von Beispiel 7)

Im Zufallsexperiment von Beispiel 7 wird jetzt die erste gezogene Kugel nicht mehr vor dem zweiten Zug zurückgelegt. Die Fragestellung bleibt unverändert.

a) $p(g; g) = p_1(g) \cdot p_2(g) = \frac{4}{10} \cdot \frac{3}{9} = \frac{12}{90} = \frac{2}{15}$ b) $p(r; r) = p_1(r) \cdot p_2(r) = \frac{6}{10} \cdot \frac{5}{9} = \frac{30}{90} = \frac{1}{3}$

Das Urnenmodell **„Ziehen ohne Zurücklegen"** steht beispielhaft für alle mehrstufigen Zufallsexperimente, bei denen sich die Einzelwahrscheinlichkeiten für ein bestimmtes Teilergebnis von Stufe zu Stufe systematisch ändern (z. B. $p_1(g) \neq p_2(g) \neq \ldots$).

Beispiel 10: Auch hierbei geht es um das „Ziehen ohne Zurücklegen":

a) Aus einer Tüte mit 10 weißen, 6 gelben und 4 roten Gummibärchen darfst du solange „blind" ziehen und essen, bis das erste rote Gummibärchen erscheint.

b) Beim Lottospiel „6 aus 49" werden aus einer Urne mit 49 nummerierten Kugeln sechs Gewinnkugeln gezogen. Bereits gezogene Kugel können nicht noch einmal gezogen werden.

Mehrstufige Zufallsexperimente, die sich dem „Ziehen ohne Zurücklegen" zuordnen lassen, können höchstens so viele Stufen aufweisen, wie es der Anzahl der Kugeln im Modell entspricht.

TEST 1 Beschreibung mehrstufiger Zufallsexperimente

1 Fülle die Leerstellen sinnvoll aus.

Ergebnis-Trippel ▪ Teilergebnis ▪ dreistufigen ▪ Ergebnismenge ▪ Pfad ▪ Ergebnis-Duppel ▪ geordnete Ergebnis-Tuppel ▪ Teilwahrscheinlichkeit ▪ Teilmengen

a) Als Ergebnisse mehrstufiger Zufallsexperimente notiert man ______________. Bei zweistufigen Experimenten sind es ______________, bei dreistufigen Experimenten ______________.

b) Bei einem ______________ Zufallsexperiment setzt sich jeder ______________ aus drei Teilpfaden zusammen. An jedem Teilpfad notiert man die zugehörende ______________, an seinem Ende steht das ______________.

c) Die Zusammenfassung aller Ergebnisse bezeichnet man als ______________, jede ihrer ______________ wird ein Ereignis genannt.

2 a) Ein Tetraederwürfel wird zweimal hintereinander geworfen. Notiere alle möglichen Ergebnisse dieses Zufallsexperimentes in der Tabelle.

1. Wurf (→)/2. Wurf (↓)	1	2	3	4
1				
2				
3				
4				

Hinweis: Ein Tetraeder ist ein regelmäßiger Vierflächner.

b) Guido sagt: „Ich habe zwei gleiche Tetraederwürfel und kann diese auch gleichzeitig werfen, statt mit einem der Würfel zweimal zu würfeln!" Hältst du diese Behauptung für zutreffend? – Begründe deine Auffassung.

TEST 2 Baumdiagramme

1 Bestimme bei den Baumdiagrammen alle fehlenden Wahrscheinlichkeiten.

a)

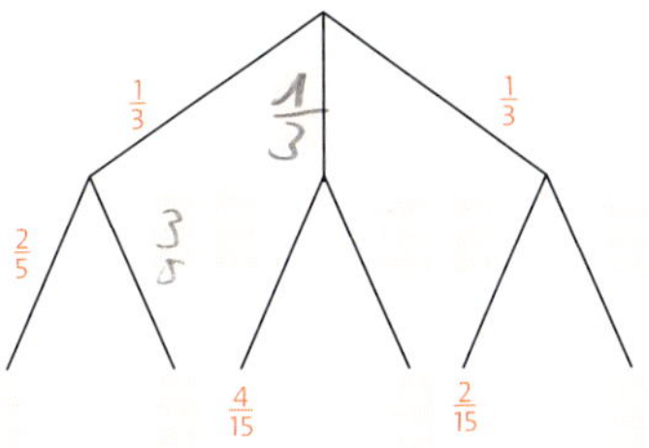

b)

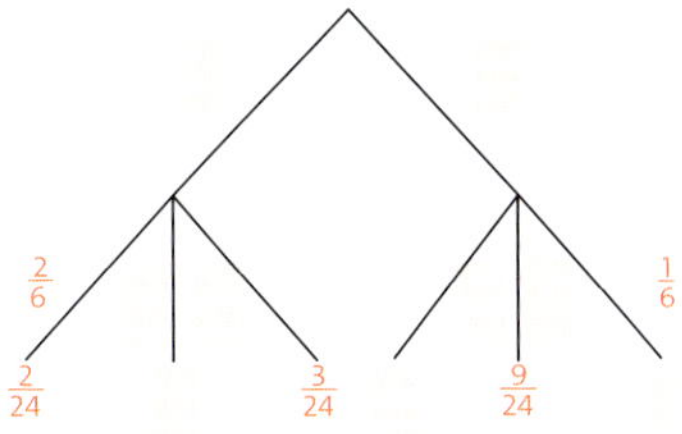

2 Beim Mensch-ärgere-dich-nicht-Spiel darfst du zu Beginn erst dann mit einer Spielfigur starten, wenn du eine 6 gewürfelt hast. Dazu darfst du pro Spielrunde höchstens dreimal würfeln.

a) Stelle das Würfeln in der ersten Runde des Mensch-ärgere-dich-nicht-Spiels als Baumdiagramm dar. Trage alle Einzel- und Gesamtergebnisse und alle Teil- und Gesamtwahrscheinlichkeiten in das Diagramm ein.

b) Mit welcher Wahrscheinlichkeit kannst du in der ersten Spielrunde …

… nicht starten? (A)

… starten ? (B)

… auf den dritten Wurf verzichten ? (C)

3 Eine Krankenkasse stellt fest, dass in einer repräsentativen Gruppe von 1600 Mitgliedern nur 688 Personen normalgewichtig (N) sind. In derselben Gruppe leiden 352 Personen an Diabetes (= Zuckerkrankheit) (D). Es gibt zu denken, dass alleine 224 Diabetiker auch übergewichtig sind und deshalb will man dem nachgehen.

a) Fülle die beiden **Vierfeldertafeln** für die absoluten Häufigkeiten (links) und für die relativen Häufigkeiten (rechts) aus. Wie gelangt man zu den entsprechenden Wahrscheinlichkeiten? Warum ist die Kenntnis der Wahrscheinlichkeiten von Vorteil? Hinweis: Der griechische Buchstabe Σ (Sigma) steht in den Tabellen für den Summenwert einer Spalte oder Zeile.

absolute Häufigkeiten

	N	$\overline{N}$	Σ
D			
$\overline{D}$			
Σ			

relative Häufigkeiten

	N	$\overline{N}$	Σ
D			
$\overline{D}$			
Σ			

b) Man kann die Beurteilung einer beliebigen Person nach den beiden Merkmalspaaren N, $\overline{N}$ und D, $\overline{D}$ als ein zweistufiges Zufallsexperiment auffassen. Je nachdem, welches Merkmalspaar vorrangig betrachtet wird, ergeben sich zwei verschiedene Baumdiagramme, die nachfolgend vorskizziert und zu ergänzen sind:

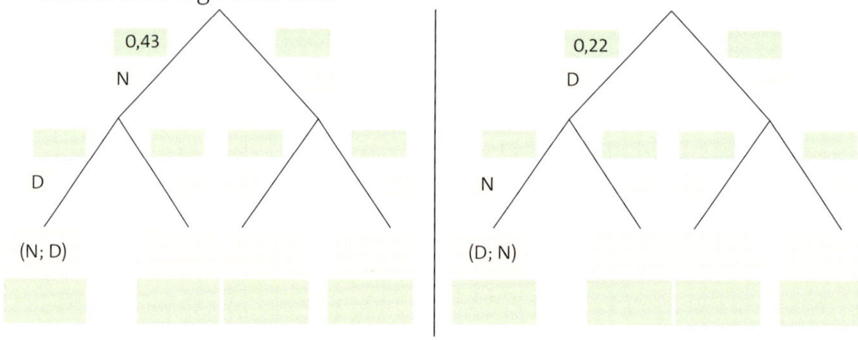

c) Gib die Wahrscheinlichkeiten für folgende Ereignisse an:

1. Eine normalgewichtige Person hat Diabetes.
2. Eine übergewichtige Person hat Diabetes.
3. Ein Diabetiker ist normalgewichtig.
4. Ein Diabetiker ist übergewichtig.

d) Durch einen Artikel in der Mitgliederzeitschrift wird über die Ergebnisse der Untersuchung informiert. Dort heißt es u. a.:

„Es zeigt sich, dass Prozent der Übergewichtigen an Diabetes erkranken. Damit ist ihr Diabetesrisiko um etwa Prozent höher als das der Normalgewichtigen. […] Noch auffälliger ist, dass Prozent der Diabetiker zu schwer sind, das sind etwa -mal mehr als normalgewichtige Diabetiker. […] Es muss also davon ausgegangen werden, dass einer der wesentlichen Faktoren ist, der eine Erkrankung an Diabetes begünstigt."

TEST 3 Ziehen mit und ohne Zurücklegen

1 In einer Urne sind drei gleichartige Kugeln, eine rote (r), eine grüne (g) und eine blaue (b). Du ziehst zweimal *mit Zurücklegen*, d.h., dass die erste gezogene Kugel vor dem zweiten Zug in die Urne zurückgelegt wird.

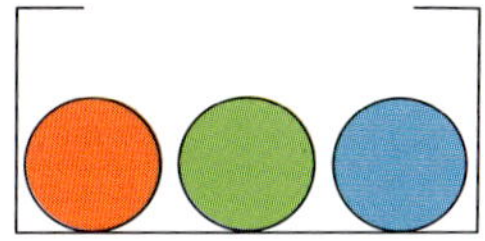

a) Stelle dieses Zufallsexperiment als Baumdiagramm dar. Welche Mächtigkeit hat die Ergebnismenge?

b) Bestimme die Wahrscheinlichkeiten für folgende Ereignisse:

(1) Beide Kugeln sind gleichfarbig (A).

(2) Beide Kugeln sind verschiedenfarbig (B).

(3) Mindestens eine der Kugeln ist grün (C).

(4) Die erste Kugel ist rot (D).

c) Wie viele Ergebnisse hätte dieses Zufallsexperiment, wenn man die Reihenfolge, in der die Farben auftreten, nicht berücksichtigt? Beantworte für diesen Fall erneut die Fragen aus Teilaufgabe b).

2 Das Zufallsexperiment von Aufgabe 1 wird nun so abgewandelt: Du ziehst zweimal *ohne Zurücklegen*, d.h., dass die erste gezogene Kugel vor dem zweiten Zug *nicht* in die Urne zurückgelegt wird.

a) Stelle dieses Zufallsexperiment als Baumdiagramm dar. Welche Mächtigkeit hat die Ergebnismenge?

b) Bestimme die Wahrscheinlichkeiten für folgende Ereignisse:

(1) Beide Kugeln sind gleichfarbig (A).

(2) Beide Kugeln sind verschiedenfarbig (B).

(3) Mindestens eine der Kugeln ist grün (C).

(4) Die erste Kugel ist rot (D).

c) Wie viele Ergebnisse hätte dieses Zufallsexperiment, wenn man die Reihenfolge, in der die Farben auftreten, nicht berücksichtigt? Beantworte für diesen Fall erneut die Fragen aus Teilaufgabe b).

Lösungen zu Test 1

1 a) Als Ergebnisse mehrstufiger Zufallsexperimente notiert man geordnete Ergebnis-Tuppel. Bei zweistufigen Experimenten sind es Ergebnis-Duppel, bei dreistufigen Experimenten Ergebnis-Trippel.

b) Bei einem dreistufigen Zufallsexperiment setzt sich jeder Pfad aus drei Teilpfaden zusammen. An jedem Teilpfad notiert man die zugehörende Teilwahrscheinlichkeit, an seinem Ende steht das Teilergebnis.

c) Die Zusammenfassung aller Ergebnisse bezeichnet man als Ergebnismenge, jede ihrer Teilmengen wird ein Ergebnis genannt.

2 a) Das zweimalige Werfen des Tetraederwürfels ist ein zweistufiges Zufallsexperiment, dessen Ergebnisse durch geordnete Duppel beschrieben werden. An erster Stelle erscheint stets die Augenzahl des ersten Wurfes, danch die des zweiten Wurfes.

1. Wurf (→) / 2. Wurf (↓)	1	2	3	4
1	(1; 1)	(2; 1)	(3; 1)	(4; 1)
2	(1; 2)	(2; 2)	(3; 2)	(4; 2)
3	(1; 3)	(2; 3)	(3; 3)	(4; 3)
4	(1; 4)	(2; 4)	(3; 4)	(4; 4)

b) Zwei gleichzeitig ausgeführte Würfe mit zwei Würfeln sind ebenso unabhängig voneinander, wie zwei Würfe mit einem Würfel. Deshalb ist Guidos Behauptung schon richtig. Allerdings muss auch er die Ergebnisse als *geordnete* Duppel angeben, was die Unterscheidbarkeit der Würfel voraussetzt! Er kann z. B. verschiedenfarbige Würfel verwenden und die Augenzahl einer zuvor festgelegten Farbe als ersten Wert notieren.

Lösungen zu Test 2

1 Unter Beachtunge der Verzweigungsregel (→ Seite xx, Nr. 16.2) und der beiden Pfadregeln (→ Seite xx, Nr. 16.3) erhält man folgende Werte:

a)

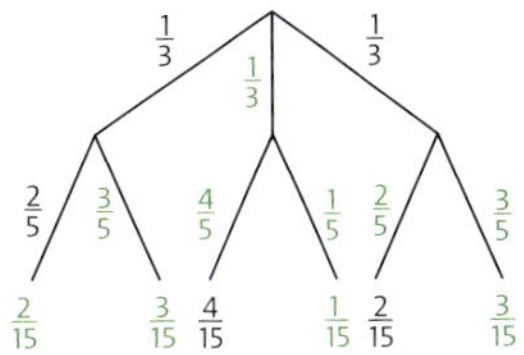

b)

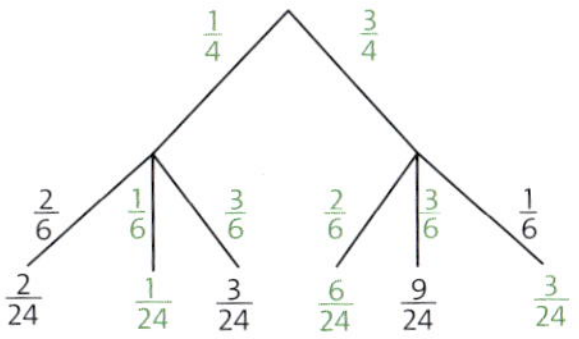

2 a)

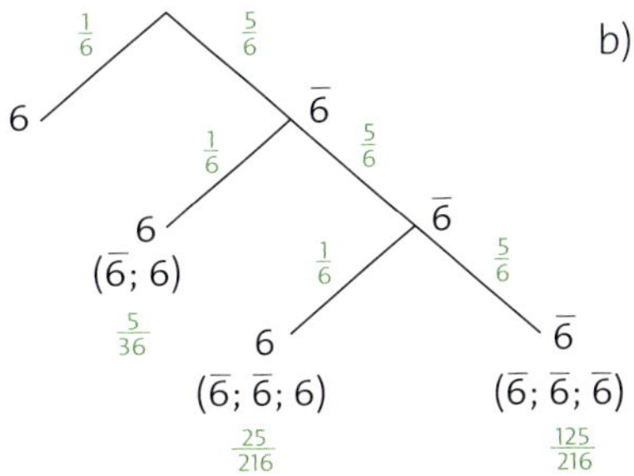

b) $p(A) = p(\overline{6}; \overline{6}; \overline{6}) = \left(\frac{5}{6}\right)^3 = \frac{125}{216} \approx 0{,}58$

$p(B) = p(\overline{A}) = 1 - p(A) = 1 - \frac{125}{216} = \frac{91}{216} \approx 0{,}42$

$p(C) = p(6) + p(\overline{6}; 6) = \frac{1}{6} + \frac{5}{6} \cdot \frac{1}{6} = \frac{11}{36} \approx 0{,}31$

> Das Ergebnis $\overline{6} = \{1; 2; 3; 4; 5\}$ fasst alle Augenzahlen, die nicht zum Spielstart führen, zusammen. Dadurch kann man sich im Baumdiagramm auf jeweils zwei Verzweigungen pro Knotenpunkt beschränken.

3 a) Trage zunächst die gegebenen Daten ein (hier: fett) und berechne anschließenden die fehlenden Werte durch entsprechende Differenzbildungen.

	N	$\overline{N}$	Σ
D	128	**224**	**352**
$\overline{D}$	560	688	1248
Σ	**688**	912	**1600**

Man rechnet z. B. so:

$h(\overline{N}) = 1600 - 688 = 912$; $h(\overline{D}) = 1600 - 352 = 1248$

$h(\overline{D} \cap \overline{N}) = 912 - 224 = 688$; $h(\overline{D} \cap N) = 1248 - 688 = 560$

$h(D \cap N) = 352 - 224 = 128$

Die relativen Häufigkeiten ergeben sich, indem man die absoluten Häufigkeiten jeweils durch den Stichprobenumfang $n = 1600$ teilt,

	N	$\overline{N}$	Σ
D	0,08	0,14	0,22
$\overline{D}$	0,35	0,43	0,78
Σ	0,43	0,57	1,00

z. B.: $r(N) = \frac{h(N)}{n} = \frac{688}{1600} = 0{,}43$;

$r(D \cap \overline{N}) = \frac{h(D \cap \overline{N})}{n} = \frac{224}{1600} = 0{,}14$; u.s.w.

Dem Gesetz der großen Zahlen entsprechend, stellen die relativen Häufigkeiten Schätzwerte für die entsprechenden Wahrscheinlichkeiten dar, z. B.: $p(N) \approx r(N) = 0{,}43$; $p(D \cap \overline{N}) \approx r(D \cap \overline{N}) = 0{,}14$; u.s.w. Mit den Wahrscheinlichkeiten können Schätzungen vorgenommen werden, die den von der speziellen Stichprobe umschlossenen Personenkreis überschreitet.

b)

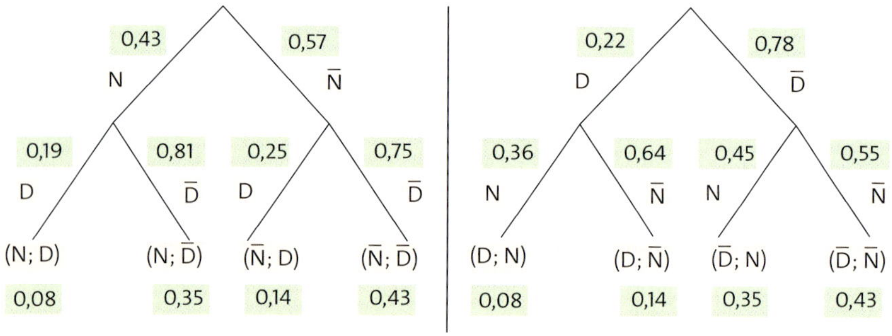

Während die Einzelwahrscheinlichkeiten auf der ersten Stufe der Baumdiagramme direkt aus der Tabelle der relativen Häufigkeiten (d. h. Wahrscheinlichkeiten), abgelesen werden können, müssen die Einzelwahrscheinlichkeiten der zweiten Stufe zusätzlich berechnet werden. Man kann hierzu auf die absoluten Häufigkeiten zurückgreifen und rechnet z. B. so:

2. Stufe des linken Baumdiagramms:
$p_N(D) = \frac{128}{688} \approx 0{,}19$; $p_N(\overline{D}) = \frac{560}{688} \approx 0{,}81$; u.s.w.

2. Stufe des rechten Baumdiagramms:
$p_D(N) = \frac{128}{352} = 0{,}36$; $p_D(\overline{N}) = \frac{224}{352} = 0{,}64$; u.s.w.

c) 1. $p_N(D) = 0{,}19$ 2. $p_{\overline{N}}(D) = 0{,}25$ 3. $p_D(N) = 0{,}36$ 4. $p_D(\overline{N}) = 0{,}64$

d) „Es zeigt sich, dass 25 % Prozent der Übergewichtigen an Diabetes erkranken. Damit ist ihr Diabetesrisiko um etwa 32 % Prozent höher als das der Normalgewichtigen. [...] Noch auffälliger ist, dass 64 % Prozent der Diabetiker zu schwer sind, das sind etwa 1,78-mal mehr als normalgewichtige Diabetiker. [...] Es muss also davon ausgegangen werden, dass Übergewicht einer der wesentlichen Faktoren ist, der eine Erkrankung an Diabetes begünstigt."

1. Wert: $p_N(D) = 0{,}25 \triangleq 25\,\%$;

2. Wert: $\frac{p_{\overline{N}}(D) - p_N(D)}{p_N(D)} \cdot 100\,\% = \frac{0{,}25 - 0{,}19}{0{,}19} \cdot 100\,\% \approx 32\,\%$

3. Wert: $p_D(\overline{N}) = 0{,}64 \triangleq 64\,\%$; 4. Wert: $\frac{p_D(\overline{N})}{p_D(N)} = \frac{0{,}64}{0{,}36} \approx 1{,}78$

Lösungen zu Test 3

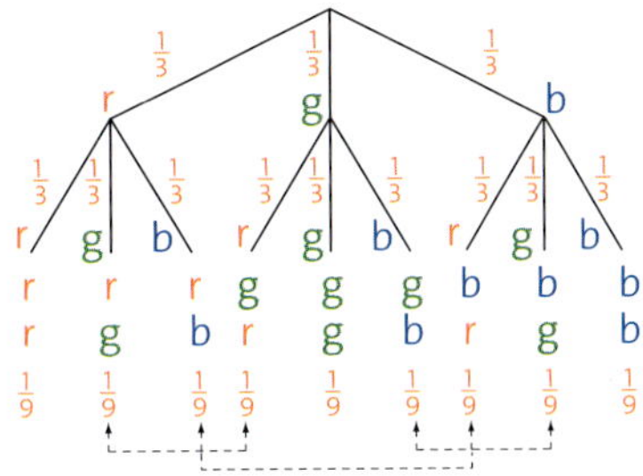

1 a) Die Ergebnismenge dieses zweistufigen Zufallsexperimentes lautet:

Ω_2 = {(r; r), (r; g), (r; b), (g; r), (g; g), (g; b); (b; r), (b; g), (b; b)}

Ihre Mächtigkeit beträgt: $|\Omega_2| = 9$.

b) Alle Ergebnisse dieses zweistufigen Zufallsexperimentes haben dieselbe Wahrscheinlichkeit von $\frac{1}{9}$, daher führt die Laplace-Formel auf:

(1) $p(A) = \frac{|\{(r; r), (g; g), (b; b)\}|}{|\Omega_2|} = \frac{3}{9} = \frac{1}{3}$

(2) $p(B) = p(\overline{A}) = 1 - p(A) = 1 - \frac{1}{3} = \frac{2}{3}$

(3) $p(C) = \frac{|\{(g; g), (g; r), (g; b), (r; g), (b;g)\}|}{|\Omega_2|} = \frac{5}{9}$

(4) $p(D) = \frac{|\{(r; r), (r; g), (r; b)\}|}{|\Omega_2|} = \frac{3}{9} = \frac{1}{3}$

c) Ohne Berücksichtigung der Reihenfolge, in der die Teilergebnisse auftreten, können drei Ergebnispaare zu jeweils einem Ergebnis zusammengefasst werden, z.B. (r; g) und (g; r) zu „r und g“(siehe Baumdiagramm). Die neue Ergbnismenge Ω_2^* = {r und r, r und g, r und b, g und g, g und b, b und b} besitzt die Mächtigkeit $|\Omega_2^* = 6|$

Allerdings liegt kein Laplace-Experiment mehr vor, weil die verschiedenfarbigen Paare mit $p = \frac{2}{9}$ jetzt doppelt so wahrscheinlich sind wie die gleichfarbige Paare. Um aber komplizierte Zählformeln zu vermeiden, kann man wieder auf die Ergebnismenge von Teilaufgabe a) zurückgreifen und kann so ebenfalls wieder die Laplace-Formel anwenden:

(1) $p(A) = \frac{1}{3}$, (2) $p(B) = \frac{2}{3}$ und (3) $p(C) = \frac{5}{9}$ bleiben unverändert, jedoch kann (4) p(D) nicht mehr berechnet werden, weil die Reihenfolge der Farben unbeachtet bleibt.

2 a) Ergebnismenge:

$\Omega_2 = \{(r; g), (r; b), (g; r), (g; b), (b; r), (b; g)\}$

Mächtigkeit: $|\Omega_2| = 6$

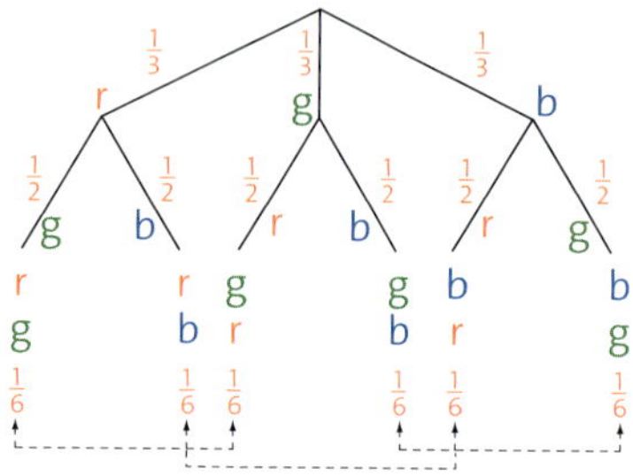

b) Alle Ergebnisse dieses zweistufigen Zufallsexperimentes haben dieselbe Wahrscheinlichkeit von $\frac{1}{6}$, daher führt die Laplace-Formel auf:

(1) $p(A) = \frac{|\{\ \}|}{|\Omega_2|} = \frac{0}{6} = 0$

(2) $p(B) = p(\overline{A}) = 1 - p(A) = 1 - 0 = 1$

(3) $p(C) = \frac{|\{(r; g), (g; r), (g; b), (b; g)\}|}{|\Omega_2|} = \frac{4}{6} = \frac{2}{3}$

(4) $p(D) = \frac{|\{(r; g), (r; b)\}|}{|\Omega_2|} = \frac{2}{6} = \frac{1}{3}$

c) Ohne Berücksichtigung der Reihenfolge, in der die Teilergebnisse auftreten, können drei Ergebnispaare zu jeweils einem Ergebnis zusammengefasst werden, z.B. (r; g) und (g; r) zu „r und g“ (siehe Baumdiagramm). Die neue Ergebnismenge $\Omega_2^* = \{$r und g, r und b, g und b$\}$ besitzt die Mächtigkeit $|\Omega_2^*| = 3$. Alle Ergebnisse von Ω_2^* sind mit $p = \frac{1}{3}$ gleich wahrscheinlich und so führt hier die Laplace-Formel auf:

(1) $p(A) = \frac{|\{\ \}|}{|\Omega_2^*|} = \frac{0}{3} = 0$,

(2) $p(B) = p(\overline{A}) = 1 - p(A) = 1 - 0 = 1$,

(3) $p(C) - \frac{|\{\text{r und g, g und b}\}|}{|\Omega_2^*|} = \frac{2}{3}$,

jedoch kann (4) $p(D)$ nicht mehr bestimmt werden, weil jetzt die Reihenfolge der Farben unbeachtet bleibt.

17 Abschlusstest

Löse alle Aufgaben im Heft.

1 Rechne so weit wie möglich im Kopf und fülle die folgende Tabelle aus.

x	y	x + y	x − y	x · y	x : y
11,5	−4,6				
$-\frac{4}{5}$	$-\frac{2}{3}$				

2 a) Kürze vollständig: $\frac{4p^2x - 4px^2 + x^3}{4p^2x - x^3}$

b) Mache gleichnamig und addiere: $\frac{1}{a^2 + 2ab + b^2} + \frac{1}{a^2 - 2ab + b^2}$

3 Löse die Gleichungen über den Grundmengen $\mathbb{Q}$ und $\mathbb{Z}$.

$$\frac{2}{3} \cdot \left(1\frac{1}{2} - \frac{3}{4}x\right) - 2\frac{1}{2}x = 4\frac{1}{4} - \frac{3}{4} \cdot \left(2x - 2\frac{2}{3}\right)$$

4 Axel will beim Schulsportfest am 1000-m-Lauf teilnehmen und verbesserte seine Zeit nach intensivem Training um 10 %. Eine verletzungsbedingte Unterbrechung warf ihn jedoch wieder um 10 % zurück, sodass er die 1000 m-Strecke jetzt in 2 min 38,4 s läuft. Welche Zeiten lief er vor seiner Verletzung und zu Beginn des Trainings?

5 Zwei Öltanks à 5000 ℓ Fassungsvermögen werden gleichzeitig befüllt. In Tank 1, der noch eine Restmenge von 500 ℓ enthält, laufen 250 Liter Öl pro Minute ein, in Tank 2 mit der Restmenge 1000 ℓ strömen 200 Liter Öl pro Minute.

a) Stelle beide Füllvorgänge grafisch dar.

b) Lies aus der Grafik den Zeitpunkt und die Füllmenge ab, für die in beiden Tanks Gleichstand herrscht.

c) Überprüfe deine Ergebnisse von Teilaufgabe b) durch eine Rechnung:

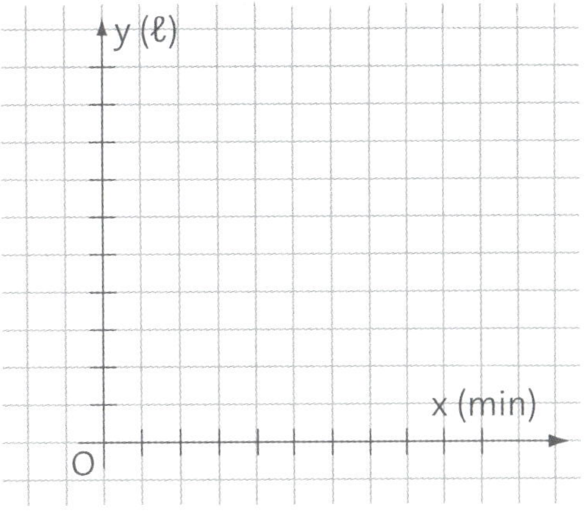

6 Bestimme die Nullstellen und den Scheitelpunkt von $f_1(x) = -2x^2 + 12x - 16$.

7 Gegeben sind die Funktionen: $f_1(x) = \frac{2}{x-2}$ und $f_2(x) = \frac{4}{(x-2)^2} - 12$.
Bestimme die Koordinaten der Schnittpunkte.

8 Lege auf dem Kreisrand drei beliebige Punkte A, B und C fest, verbinde sie zu einem Dreieck und trage die Innenwinkel α, β und γ ein. Trage nun zu jedem der drei Winkel einen Winkel ein, der doppelt so groß ist, und beweise so den Innenwinkelsummensatz für Dreiecke.

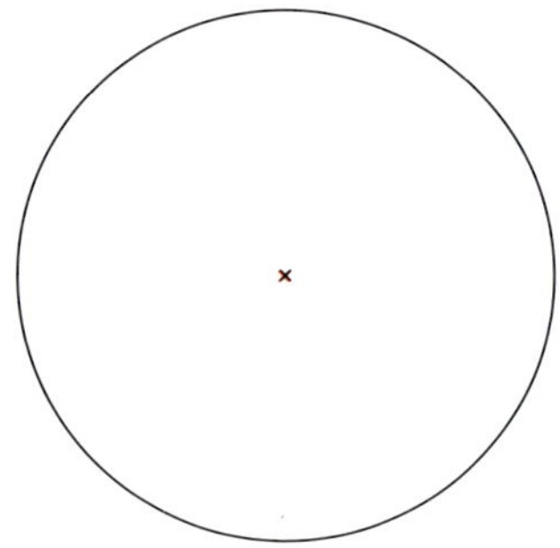

9 Konstruiere ein Dreieck mit der Seitenlänge $c = 6\,\text{cm}$ und den Winkeln $\alpha = 50°$ und $\gamma = 90°$.

10 Zwei Stäbe der Länge $a = 1{,}4\,\text{m}$, bzw. $b = 2{,}4\,\text{m}$ werden im Abstand $d = 3{,}2\,\text{m}$ aufgestellt, wobei der längere Stab $\ell = 80\,\text{m}$ vom Fußpunkt eines Turmes entfernt ist. Blickt man über die oberen Stabenden hinweg, so sieht man die Turmspitze. Wie hoch ist der Turm?

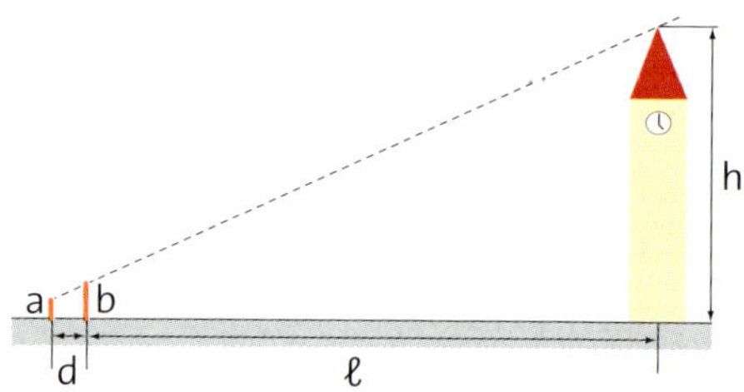

11 Prüfe zunächst ob aus den folgenden Angaben ein konvexes Viereck eindeutig kostruiert werden kann, und führe wenn möglich die Konstruktion durch.
$a = 7{,}5\,\text{cm}$; $b = 6\,\text{cm}$; $c = 5{,}5\,\text{cm}$; $\alpha = 85°$; $\beta = 48°$

12 Die ägyptische Cheops-Pyramide wurde ca. 2600 v. Chr. fertiggestellt. Ihre quadratische Grundfläche hatte damals eine Kantenlänge von 230,37 m (heute: 225 m), ihre ursprüngliche Höhe betrug 146,60 m (heute: 138,75 m), und die Höhe der Seitenflächen betrug damals 186,44 m (heute: 178,63 m).

a) Um wie viel Prozent hat sich das Volumen der Pyramide seit ihrer Fertigstellung verringert?

b) Um wie viel Prozent hat die Mantelfläche der Pyramide abgenommen?

13 Ein Glücksrad wird gedreht. Nachdem es wieder steht, gewinnt diejenige Zahl X, auf die der Pfeil zeigt.

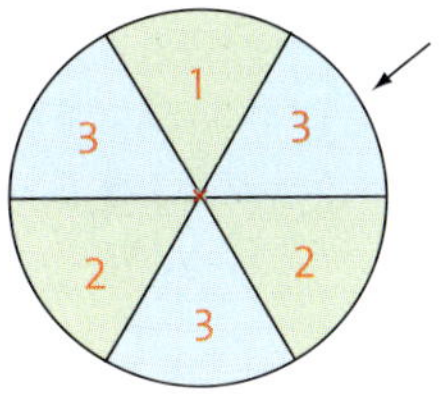

a) Warum stellt das Drehen des abgebildeten Glücksrades ein Zufallsexperiment dar? Warum ist es sogar ein Laplace-Experiment? Bestimme die Wahrscheinlichkeiten für die Gewinnzahlen $x_1 = 1$, $x_2 = 2$ und $x_3 = 3$.

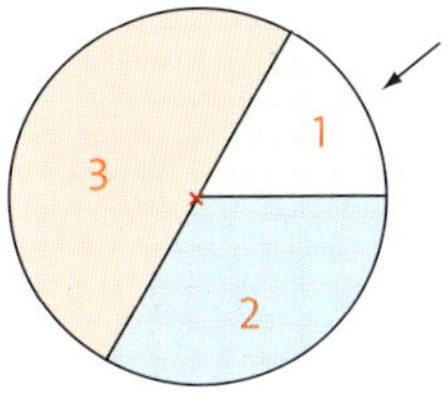

b) Nun wird das nebenstehende Glücksrad gedreht. Liegt auch in diesem Fall ein Laplace-Experiment vor? Bestimme auch hier die Wahrscheinlichkeiten für die Gewinnzahlen $x_1 = 1$, $x_2 = 2$ und $x_3 = 3$.

14 Aus einer Urne, die drei gleichartige Kugeln mit den Ziffern 1, 2 und 3 enthält, wird zweimal gezogen. Wird beim ersten Zug eine ungerade Zahl gezogen, so wird die Kugel vor dem zweiten Zug zurückgelegt, bei einer geraden Zahl nicht.

a) Stelle dieses Zufallsexperiment als Baumdiagramm dar.

b) Die Summe der beiden gezogenen Ziffern sei X. Notiere die Wahrscheinlichkeitsverteilung für X.

c) Die Größe X wird als Gewinnbetrag in Euro ausgezahlt. Wie hoch muss der faire Spieleinsatz sein?

Lösung zum Abschlusstest

Für jede Antwort gibt es so viele Punkte wie du Häkchen ✓ siehst.
Notiere die erreichte Punktzahl am Seitenrand.
Die ausführlichen Lösungen findest du auf der CD.

/4 **1**

x	y	x + y	x − y	x · y	x : y	
11,5	−4,6	6,9	16,1	−52,9	−2,5	✓✓
$-\frac{4}{5}$	$-\frac{2}{3}$	$-1\frac{7}{15}$	$-\frac{2}{15}$	$\frac{8}{15}$	$1\frac{1}{5}$	✓✓

/6 **2** a) $\frac{4p^2x - 4px^2 + x^3}{4p^2x - x^3} = \frac{2p - x}{2p + x}$ ✓✓✓ b) $\frac{1}{a^2 + 2ab + b^2} + \frac{1}{a^2 - 2ab + b^2} = \frac{2 \cdot (a^2 + b^2)}{(a^2 - b^2)^2}$ ✓✓✓

/5 **3** $\frac{2}{3} \cdot \left(1\frac{1}{2} - \frac{3}{4}x\right) - 2\frac{1}{2}x = 4\frac{1}{4} - \frac{3}{4} \cdot \left(2x - 2\frac{2}{3}\right) \Leftrightarrow -1\frac{1}{2}x = 5\frac{1}{4} \Leftrightarrow x = -3\frac{1}{2}$ ✓✓✓✓

(1) bei $G = \mathbb{Q}$: $L = \left\{-3\frac{1}{2}\right\}$ (2) bei $G = \mathbb{Z}$: $L = \{\ \}$ ✓

/4 **4** Die Zeit vor Axels Verletzung betrug 2 min 24 s. ✓✓
Die Zeit vor Beginn des Trainings betrug 2 min 40 s. ✓✓

/6 **5** a)
b)

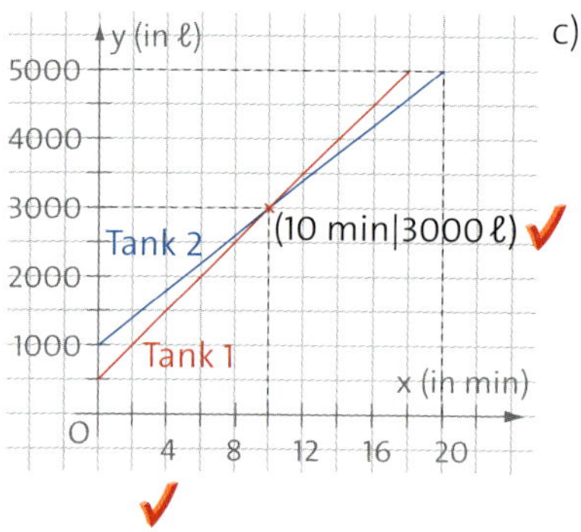

c) Tank 1: $y(\ell) = 250\frac{\ell}{\text{min}} \cdot x(\text{min}) + 500\,\ell$ ✓

Tank 2: $y(\ell) = 200\frac{\ell}{\text{min}} \cdot x(\text{min}) + 1000\,\ell$ ✓

Gleichsetzung:

$250\frac{\ell}{\text{min}} \cdot x + 500 = 200\frac{\ell}{\text{min}} \cdot x + 1000$

$\Leftrightarrow x = 10\,\text{min}$ ✓

Einsetzung: x → Tank 1:

$y = 250\frac{\ell}{\text{min}} \cdot 10\,\text{min} + 500\,\ell = 3000\,\ell$ ✓

/4 **6** Nullstellen: $f_1(x) = -2x^2 + 12x - 16 = 0 \Rightarrow x_{1/2} = 3 \pm \sqrt{9 - 8}$; $x_1 = 2$; $x_2 = 4$ ✓✓
Scheitelpunkt: $f_1(x) = -2 \cdot [(x^2 - 6x + 9) - 9 + 8] \Rightarrow S(3\,|\,2)$ ✓✓

/6 **7** $\frac{2}{x-2} = \frac{4}{(x-2)^2} - 12 \;|\; D = \mathbb{Q} \setminus \{2\} \Rightarrow x_{1/2} = \frac{23}{12} \pm \sqrt{\frac{529}{144} - \frac{480}{144}} = \frac{23}{12} \pm \frac{7}{12}$ ✓✓✓

$\Rightarrow x_1 = 1\frac{1}{3} \in D;\; x_2 = 2\frac{1}{2} \in D \Rightarrow y_1 = f_1(x_1) = -3;\; y_2 = f_1(x_2) = 4$ ✓✓

$\Rightarrow S_1\left(1\frac{1}{3}\middle|-3\right);\; S_2\left(2\frac{1}{2}\middle|4\right)$ ✓

/4 **8** Jeder Innenwinkel des Dreiecks ABC ist gleichzeitig auch Umfangswinkel bezüglich der gegenüberliegenden Dreiecksseite als Sehne des Umkreises, und die zugehörenden Mittelpunktswinkel sind nach dem Mittelpunktswinkelsatz doppelt so groß. ✓ Es folgt:
$2\alpha + 2\beta + 2\gamma = 360° \Leftrightarrow \alpha + \beta + \gamma = 180°$. ✓

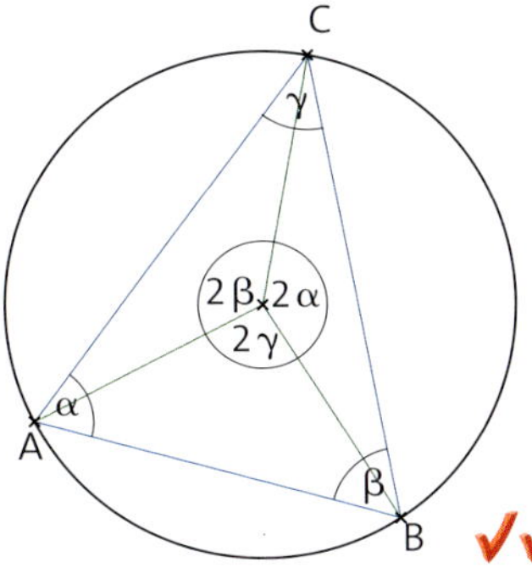

✓✓

/5 **9**
1. Grundseite $c = \overline{AB} = 6\,\text{cm}$.
2. Schenkel s_1 unter $\alpha = 50°$ gegen c.
3. $\beta = 180° - (50° + 90°) = 40°$ (Innenwinkelsummensatz)
   $\Rightarrow$ Schenkel s_2 unter $\beta = 40°$ gegen c.
4. Die Schenkel s_1 und s_2 schneiden sich im Eckpunkt C. ✓✓✓

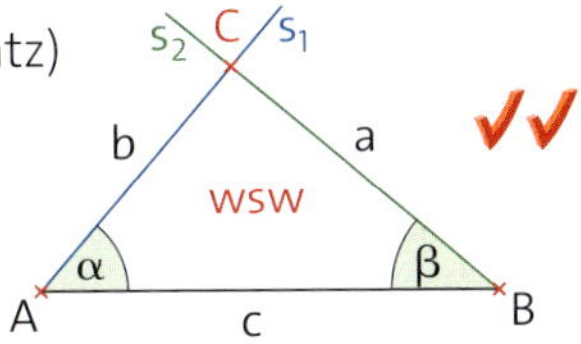

✓✓

/5 **10** Ergänzung einer Hilfslinie (blau) auf Höhe des kurzen Stabes. ✓✓

2. Strahlensatz:

$\frac{h-a}{b-a} = \frac{\ell + d}{d} \quad |\cdot(b-a) \quad |+a$

$\Leftrightarrow \quad h = \frac{(\ell + d)(b-a)}{d} + a = 27{,}4\,\text{m}$. ✓✓✓

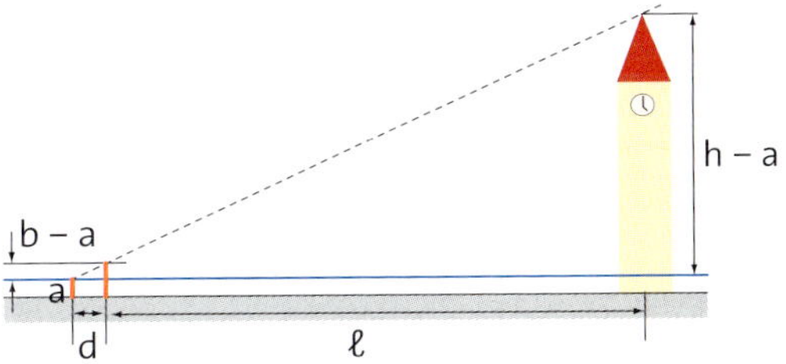

/6 **11** a) 1. Strecke $a = \overline{AB} = 7{,}5\,\text{cm}$.
2. Schenkel s_1 unter $\alpha = 85°$ gegen a.
3. Schenkel s_2 unter $\beta = 48°$ gegen a.
4. K_B um B ($r = b = 6\,\text{cm}$) schneidet s_2 in C. ✓✓
5. K_C um C ($r = c = 5{,}5\,\text{cm}$) schneidet s_1 in D und D*.
Es gibt zwei nicht-kongruente Lösungen. ✓✓

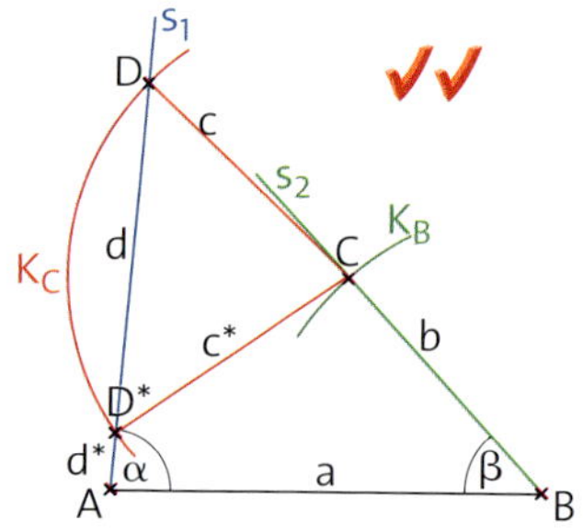

/6 **12** a) $V_0 = 2\,593\,370\,\text{m}^3$; $V_1 = 2\,341\,406\,\text{m}^3$; $p\,\% = 9{,}7\,\%$ ✓✓
b) $A_{M_0} = 85\,900\,\text{m}^2$; $A_{M_1} = 80\,384\,\text{m}^2$; $p\,\% = 6{,}4\,\%$ ✓✓

/5 **13** a) Das Drehen des Glücksrades ist ein Zufallsexperiment. Alle sechs Kreissektoren haben den Winkel von 60° und gewinnen deshalb mit derselben Wahrscheinlichkeit $p = \frac{1}{6}$. Es liegt ein Laplace-Experiment vor. ✓✓
Die Wahrscheinlichkeiten der Gewinnzahlen betragen:

$p(x_1 = 1) = \frac{1}{6}$; $p(x_1 = 2) = \frac{1}{3}$; $p(x_1 = 3) = \frac{1}{2}$ ✓

b) Durch die unterschiedlichen Winkelgrößen , nämlich $1 = 60°$, $2 = 120°$ und $3 = 180°$ handelt es sich nicht unmittelbar um ein Laplace-Experiment. Jedoch können die Sektoren der Zahlen 2 und 3 durch Hilfslinien so unterteilt werden, dass wieder sechs gleiche Sektoren entstehen, auf die jetzt die Laplace-Formel anwendbar ist. Die Wahrscheinlichkeiten stimmen mit denen aus Teilaufgabe a) überein. ✓✓

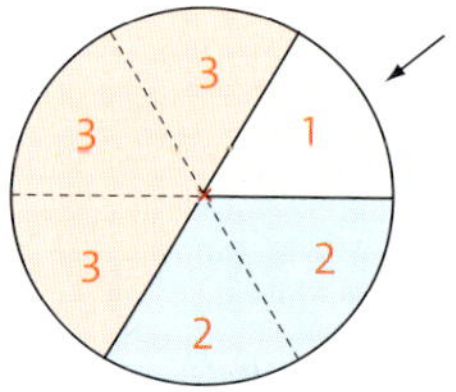

/6 **14** a)

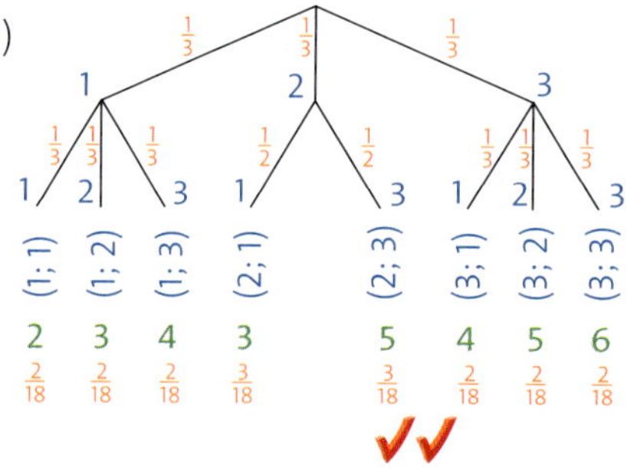

b)

x_i (€)	2	3	4	5	6
p_i	$\frac{2}{18}$	$\frac{5}{18}$	$\frac{4}{18}$	$\frac{5}{18}$	$\frac{2}{18}$

✓✓

c) Bei einem fairen Spiel entspricht der Spieleinsatz dem durchschnittlichen Gewinn $\overline{x}$ (auch: Erwartungswert).
Man rechnet so:

$$\overline{x} = \frac{2}{18} \cdot 2\,€ + \frac{5}{18} \cdot 3\,€ + \frac{4}{18} \cdot 4\,€ + \frac{5}{18} \cdot 5\,€ + \frac{2}{18} \cdot 6\,€ = \frac{72}{18}\,€ = 4\,€$$ ✓✓

Alle Tests aus dem Buch

Die CD-ROM-Versionen der Tests eignen sich hervorragend zum Ausdrucken. Auf diesen Ausdrucken ist dann immer genug Platz für Zeichnungen und Antworten. So können alle 52 Tests problemlos wiederholt werden.

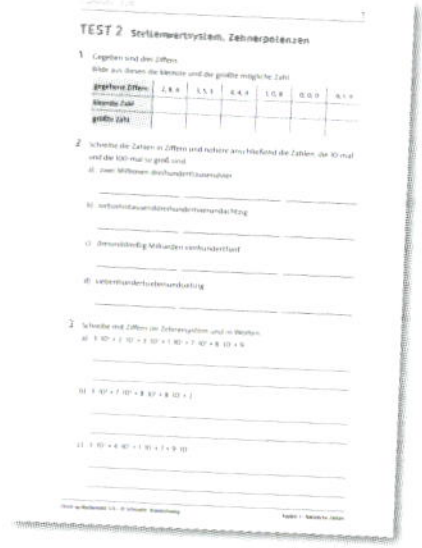

Die Dateien sind nach folgendem Schema benannt:
Kapitel 1, Test 1 .... Kapitel01Test1.pdf
Kapitel 1, Test 2 .... Kapitel01Test2.pdf
...
Kapitel 16, Test 3 .... Kapitel16Test3.pdf
Abschlusstest .... Abschlusstest.pdf

Zusätzliche Aufgaben

Auf der CD finden sich viele zusätzlichen Aufgaben, die inhaltlich den Kapiteln des Buchs zugeordnet sind. Sie eignen sich zum Vertiefen, Wiederholen und Üben. Die Lösungen stehen hinter den Aufgaben.

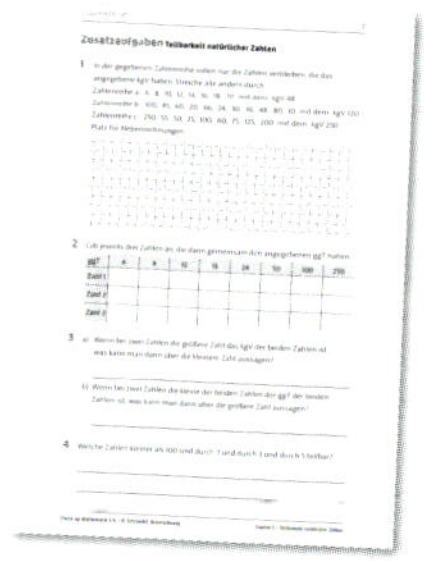

Dateibenennung:
Zusätzliche Aufgaben zu Kapitel 1 .... ZusatzK01.pdf
Zusätzliche Aufgaben zu Kapitel 2 .... ZusatzK01.pdf
usw.

Sonstiges

Des Weiteren befinden sich noch die **ausführlichen Lösungen zum Abschlusstest** und Check-Listen auf der CD.

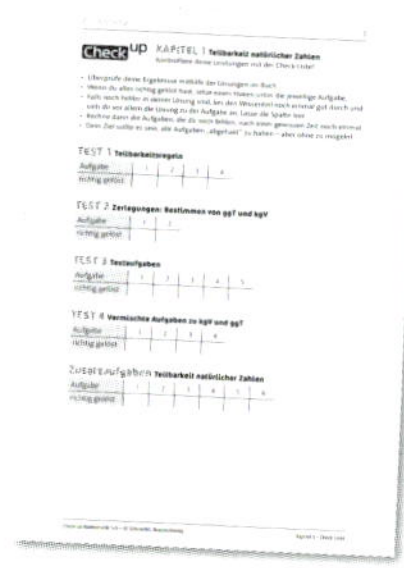

Mithilfe der **Check-Listen** zu den einzelnen Kapiteln kann der individuelle Lernfortschritt schnell überprüft werden.

Die Check-Liste zum Abschlusstest hilft, Wissenslücken schnell zu erkennen – und zu beheben!

Die Dateien auf der CD-ROM haben das **pdf-Format**. Zum Ansehen und Ausdrucken wird der AcrobatReader™ benötigt, den man kostenlos aus dem Internet laden kann. Alle Dateien sind im DIN-A4-Format in schwarz-weiß angelegt. Um die pdf-Dateien in Originalgröße auszudrucken (bei manchen Tests ist das wichtig), sollte darauf geachtet werden, dass im Druckmenü bei „Seitenanpassung" „keine" steht.